Zum Geleit

Kleben, ein Wort der modernen Verbindungstechnik, hatte in der Vergangenheit eine sehr zwiespältige Bedeutung. Es war der Inbegriff für schlechte Schweiß- und Lötarbeiten oder für zweifelhafte Befestigungen schlechthin. Diese negative Beurteilung des Klebens – und damit der Qualität oder Sicherheit dieser Verbindungsart – gehört heute bedingt der Vergangenheit an. Weshalb diese bewußte und betonte Einschränkung? Weil Kleben mehr Wissen, mehr Vertrauenswürdigkeit des Anwenders und des Klebstoff-Lieferanten erfordert. Ohne Wissen und Vertrauenswürdigkeit bleibt Kleben „Kleben". Sind die angedeuteten Qualifikationen jedoch vorhanden, so eröffnet sich mit dem Kleben eine großartige Variante des Verbindens. Damit erhält die Spezifikation der „unlösbaren" Verbindung eine weitere wichtige Position.

Mit dem vorliegenden Werk wird der Industrie und dem Gewerbe eine Anleitung zum optimalen Kleben in die Hand gegeben. Indem bewußt auch an die Instruktion des Nachwuchses gedacht wurde, wird damit der Technik ein Hilfsmittel mit progressiver, langfristiger Wirkung in die Hand gegeben. Es ist eine Arbeit, auf die schon lange gewartet wurde, und eine große Verbreitung ist ihr sicher. Nur die genaue Kenntnis der richtigen Auswahl und der richtigen Verarbeitung der Klebstoffe läßt uns jene Arbeit leisten, die man von uns erwartet, zu der wir stehen können und die uns keine Sorgen mehr bereitet. Somit gelingt es uns, den peripheren Bereich unseres beruflichen Schaffens in einem wichtigen Zweig wesentlich zu verbessern. Darüber freuen wir uns.

Hans Jossi
Präsident der Bildungskommission
des Schweizerischen Verbandes
mechanisch-technischer Betriebe
SWISSMECHANIC

Das Kleben ist längst über den Stand eines „Bastelverfahrens" hinausgewachsen. Immer anspruchsvoller werden die klebtechnischen Fertigungsverfahren hinsichtlich Anforderungen an Leistungsdaten, Automatisierbarkeit, Sicherheit und nicht zuletzt an Wirtschaftlichkeit.

Von den Beteiligten werden Kenntnisse verlangt, die ihnen während ihrer technischen Grundausbildung nur selten in der notwendigen Tiefe vermittelt wurden. Techniker und Ingenieure müssen plötzlich Arbeitsabläufe organisieren und realisieren, bei denen chemisch-verfahrenstechnische Prozesse und maschinenbauliche Fertigungsabläufe eng verknüpft sind und interdisziplinär-kreatives Schaffen verlangt wird.

Die Autoren von *Konstruktives Kleben* erleichtern mit ihrem Werk den Einstieg in die Materie für den technisch Vorgebildeten beträchtlich: Eine gelungene Komposition zwischen kleb-chemischen Grundlagen, Anleitungen zu anwendungstechnischen Recherchen und ausgewählten praxisorientierten Hinweisen vermittelt auf der einen Seite das Denken auf diesem komplexen Gebiet; auf der anderen Seite zeigen klebtechnische Tips und ausgewählte Anwendungs- und Berechnungsbeispiele das zweckmäßige Vorgehen des Anwenders bei der Problemlösung.

Da für die kommenden Jahre die industrielle Breitenanwendung neuartiger Werkstoffe vor allem auf keramischer und Verbundbasis vorhergesagt wird, ist die Klebtechnik auch hierfür als materialschonendes und -überbrückendes Fügeverfahren besonders gefordert.

Dieses Buch leistet darüber hinaus für die Vorbereitung künftiger fertigungs- und verbindungstechnischer Betriebsprozesse eine wertvolle Hilfestellung. Es wird wegen seiner Praxisorientiertheit durch Herausstellung des vom Anwender auch wirklich „Machbaren" in Gewerbe und Industrie starken Anklang finden.

Dr.-Ing. Gerhard Fauner
Professor an der Universität
der Bundeswehr, München

Vorwort

Es wurde schon viel über „das Kleben" geschrieben, und es steht eine ganze Reihe wissenschaftlicher Abhandlungen über den Gegenstand zur Auswahl bereit.

Dieses Buch soll die im didaktischen Bereich bestehende Lücke im Buchangebot schließen. Es will alle Lernenden in den verschiedenen Berufszweigen auf verständliche Weise in das Arbeitsgebiet einführen. Es behandelt einen Teil der Verbindungstechnik und soll das Dreieck Schweißen – Nieten – Kleben vervollständigen.

In den letzten 50 Jahren hat neben dem Nieten das Schweißen zu den Erfolgen der Technik einen wesentlichen Beitrag geleistet.

Als weiteres Fügeverfahren gewinnt in neuerer Zeit das Kleben zunehmend an Bedeutung. Das konstruktive Gestalten unter Verwendung von Klebstoffen hat heute schon einen beachtlichen Stellenwert in der Industrie. Das Kleben soll jedoch nie mit anderen Fügeverfahren in Wettbewerb treten, sonst ist der Sinn dieser Fügetechnik verfehlt. Es soll eine Ergänzung zu den anderen Verbindungstechniken sein.

Ein deutlicher Unterschied zwischen dem Schweißen und dem Kleben ist die Wärmearmut beim Kleben während des Aushärtungsprozesses. Dadurch ergeben sich keine Gefügeveränderungen an den Fügestellen, das Material wird nicht verändert.

Der Vorteil des Klebens gegenüber dem Nieten besteht darin, daß keine Schädigung der Fügeteile durch Spannungserhöhungen an den Verbindungsstellen erfolgt. Die optimal ausgelegte Klebung zeichnet sich besonders durch eine gleichmäßige Spannungsverteilung über die ganze Fügefläche aus.

Die moderne Klebetechnik, insbesondere im Leichtbau, setzt eine geeignete Bauweise der Fügeteile voraus. Anfang der Vierziger Jahre wurden die ersten Flugzeugteile geklebt. Die Bewährung der zu diesem Zeitpunkt noch sehr jungen Verbindungstechnologie im harten Einsatz sowie die Weiterentwicklung der Klebstoffe selbst brachten in der jüngsten Zeit in der Raumforschung einen weiteren Höhepunkt.

Um geeignete Elemente konstruieren und den Klebstoff dafür auswählen zu können, ist ein fundiertes Wissen über diese Verbindungstechnik von ausschlaggebender Bedeutung. Eine gründliche Ausbildung der sich mit dem Kleben befassenden Mitarbeiter in Planung und Ausführung ist dafür eine Vorbedingung. Jede Improvisation ist auf die Dauer mit Fehlverklebungen verbunden.

Dieses Lehrbuch vermittelt allgemeine Kenntnisse auf dem Klebstoffgebiet und hilft somit, konstruktive und klebtechnische Fehler auszuschließen.* Wir haben es möglichst firmenneutral abgefaßt und auf die Angaben von Warenzeichen bewußt verzichtet.

Ein herzliches Dankeschön gilt den zahlreichen Firmen und deren Mitarbeitern, die uns mit Rat und Tat sowie mit technischen Informationen, Graphiken und Bildern unterstützt und damit wesentlich zum guten Gelingen unseres Vorhabens beigetragen haben. Mein besonderer Dank gehört Herrn Dr. Hans Friedrich Ebel, Lektor bei der VCH Verlagsgesellschaft, für die ausgezeichnete Zusammenarbeit. Ich danke ferner den Mitarbeitern des Verlags, insbesondere Frau Marlies Wesch, die dieses Fachbuch mit viel Sorgfalt mitgestaltet haben.

Wir hoffen, mit diesem Buch den Lernenden und Ausbildenden eine Hilfe an die Hand gegeben zu haben.

Rorbas/Winterthur E. H. Schindel-Bidinelli
im Juli 1988 W. Gutherz

---

*Der Leser, der eine breitere Information sucht, sei auf das im Hinterwaldner Verlag, Postfach 90 04 25, D-8000 München 90, erscheinende zweibändige Werk von E. H. Schindel-Bidinelli, *Strukturelles Kleben und Dichten,* verwiesen.

Inhaltsverzeichnis

1	**Einführung und Geschichte**	1
1.1	Entwicklung der synthetischen Kleb- und Dichtstoffe	4
1.2	Kleben als Fertigungsverfahren	6
2	**Theoretische Grundlagen**	9
2.1	Adhäsion	9
2.2	Kohäsion	11
2.3	Van-der-Waals-Kräfte	12
2.4	Diffusionsklebung	13
2.5	Zusammenfassung	13
2.6	Versuch zur Darstellung der Adhäsion	15
3	**Aufgaben der Klebstoffe in der modernen Technik**	19
3.1	Stoffschlüssige Verbindung	19
3.2	Spannungsverteilung	20
3.3	Spannungsverteilung bei unterschiedlichen Fügeteildeformationen	22
3.4	Erhöhung der Haftreibung	23
3.5	Abdichten eines Zwischenraums	24
4	**Klebstoffsysteme und Klebstofftypen**	25
4.1	Chemische Basis der Klebstoffe	25
4.2	Physikalisch abbindende Klebstoffe	26
4.2.1	Natürliche Klebstoffe (Leime)	26
4.2.2	Klebelösung	26
4.2.3	Lösungsmittelklebstoff	27
4.2.4	Haftklebstoff	28
4.2.5	Kontaktklebstoff	28
4.2.6	Schmelzklebstoff	29
4.3	Chemisch reagierende Klebstoffe	30
4.3.1	Ein- und Zweikomponenten-Klebstoff	31
4.3.2	Einkomponenten-Klebstoff (Reaktion durch Wärmezufuhr)	32
4.3.3	Zweikomponenten-Klebstoff (Reaktion durch Wärmezufuhr)	32
4.3.4	Einkomponenten-Klebstoff mit Härterlack	34
4.3.5	Einkomponenten-Klebstoff (UV-härtend)	35

4.3.6	Einkomponenten-Klebstoff (Reaktion durch Luftfeuchtigkeit)	36
4.3.7	Einkomponentige, anaerobe Klebstoffe (Reaktion durch katalytischen Effekt und unter Luftsauerstoff-Ausschluß)	38
4.4	Anwendungstechnische Hinweise für anaerobe Klebstoffe	39
4.4.1	Schraubensicherungen und ihre Bedeutung	39
4.4.2	Ursachen für das Lösen von Schraubenverbindungen	39
4.4.3	Sichern mit anaeroben Klebstoffen	42
4.4.4	Richtige Wahl des Klebstoffs	42
4.4.5	Verhältnis der Vorspannkraft zum Anzugsmoment	43
4.4.6	Sichern von Schraubenverbindungen durch konstruktive Maßnahmen	45
4.4.7	Dehnschrauben	51
4.4.8	Kostenvergleich verschiedener Schraubensicherungen	51
4.5	Fügeverbindungen	52
4.5.1	Schrumpfpassungen mit Klebstoff	54
4.5.2	Preßpassungen mit Klebstoff	54
4.5.3	Gleitpassungen mit Klebstoff	55
4.5.4	Gleitpassungen mit Keil und Klebstoff	56
4.5.5	Berechnungsbeispiel für anaerobe Klebstoffe	57
4.5.6	Einflußfaktoren (Rauhtiefe und Spaltbreite)	58
4.5.7	Fertigungskosten von Fügeverbindungen	60
4.5.8	Abdichten von Rohrverschraubungen	62
4.5.9	Abdichten von Flächen	62
5	**Klebstoff als Dichtungs- und Verbindungselement**	65
5.1	Silikonkautschuk als Dichtstoff	68
5.2	Butadien-Acrylnitril-Kautschuk als Dichtungsmasse	69
5.3	Butyl-Kautschuk als Dichtungsmasse	69
5.4	Polyurethan-Dichtungsmassen	70
5.5	Technische Dichtung	70
5.6	Prinzip einer Flächendichtung	71
5.7	Verschiedene Anwendungsbeispiele einer Dichtung aus elastischem Klebstoff oder plastischen Dichtungsmassen	73
5.8	Nahtabdichtung	76
5.9	Klebstoffe als Dichtungsmasse für Blech- und Stahlkonstruktionen	78
5.10	Verformungseigenschaften plastischer und elastischer Dichtstoffe	81
5.11	Profilierte und ungeformte Dichtungsmassen	82
5.12	Verarbeitung der Dichtungsmassen	84
5.13	Tendenz und Wechsel der Dichtungs- und Klebstofftechnologie	85
5.14	Berechnung der Soll-Fugenbreite (graphisch und rechnerisch)	86
6	**Klebebänder und Klebefilme**	89
6.1	Aufbau verschiedener Klebebänder	89

6.2	Anforderung an die Klebebänder	91
6.3	Eigenschaften der Klebebänder	92
6.4	Einsatz und Herstellung von Klebebändern	94
7	**Verklebbarkeit von Werkstoffen**	**97**
7.1	Verkleben von Metallen	97
7.2	Verkleben von Sinterlagern	98
7.3	Verkleben von Kunststoffen	98
7.3.1	Thermoplaste	99
7.3.2	Duroplaste	100
7.3.3	Elastomere	100
7.3.4	Polarität der Kunststoffe	101
7.3.5	Kontaktwinkel bei Flüssigkeitsbenetzung fester Oberflächen	104
7.3.6	Zugscherfestigkeit verschiedener Kunststoffklebungen	104
7.4	Sonstige Werkstoffe	105
7.5	Abdichtungs- und Isolierungsaufgaben	107
7.6	Kraftübertragung der Klebstoffe	107
7.7	Materialverbund	108
8	**Fügeteiloberfläche als Haftgrund**	**111**
8.1	Volumen- und Oberflächeneigenschaften der Werkstoffe	111
8.2	Grundbegriffe der Oberflächentechnik	113
8.3	Oberflächenbeschaffenheit	114
8.4	Werkstoffoberfläche	117
8.5	Bearbeitungseinflüsse auf die Fügeteiloberflächen	118
8.6	Klebegerechte Vorbehandlung der Fügeteile	119
8.7	Kritische Beurteilung der Werkstoffoberflächen	121
8.8	Vorbehandlung von Metallen	124
8.9	Vorbehandlung von Kunststoffen	134
8.10	Vorbehandlung von Nichtmetallen	150
9	**Wichtige Parameter beim Kleben**	**155**
9.1	Arbeitsbedingungen für den Klebevorgang	156
9.1.1	Fertigungsbedingungen	156
9.1.2	Klebeprozeß-Arbeitsablaufschema	157
9.1.3	Zeit	159
9.1.4	Temperatur und Druck	160
9.1.5	Raumbedingungen	161
9.1.6	Härten im Vakuum	162
9.1.7	Härten im Autoklaven	163
9.2	Klebstoffauftrag	163
9.2.1	Flüssige Systeme (physikalisch härtend)	164

9.2.2	Flüssige, reaktive Systeme (chemisch härtend)	164
9.2.3	Pastöse, reaktive Einkomponentensysteme (heißhärtend)	165
9.2.4	Feste Systeme	166
9.3	Optische und hochoptische Verklebungen	167

10 Umgang mit Klebeverbindungen 169

10.1	Behandlung bei der Weiterverarbeitung	169
10.2	Mechanische Bearbeitung nach dem Kleben	170
10.3	Kontrolle und Prüfung von Klebeverbindungen	171
10.4	Klebstoffbruch	175
10.4.1	Adhäsionsbruch	175
10.4.2	Kohäsionsbruch	176
10.4.3	Materialbruch der Fügeteile	176
10.5	Zerstörung von Klebeverbindungen (Demontage)	177
10.5.1	Wiederherstellung von Klebeverbindungen	178

11 Klebegerechtes Konstruieren 181

11.1	Allgemeine konstruktive Gestaltungsrichtlinien	181
11.2	Vor- und Nachteile von Klebeverbindungen	183
11.3	Grundlagen der Gestaltung von Klebeverbindungen	186
11.3.1	Konstruktive Maßnahmen gegen Abschälen	190
11.4	Konstruktive Gestaltung und Berechnung	191
11.4.1	Nahtformen der Klebeverbindung aus der Grundform abgeleitet	192
11.4.2	Formelsammlung zur Berechnung geklebter Fügeteile	194
11.5	Vereinfachtes Dimensionierungsverfahren für einfach überlappte Klebeverbindungen (Berechnungsbeispiele)	196
11.6	Einfluß verschiedener Faktoren auf die Festigkeit einer Klebeverbindung	198
11.7	Wichtige Größen zur Festigkeitsbestimmung für den Konstrukteur (Berechnungsbeispiele)	199
11.8	Einfluß der Fügeteildicke auf die Klebfestigkeit und Spannungsverteilung	207
11.9	Biegemoment bei Klebeverbindungen	207
11.10	Fügeteilfaktor bei unterschiedlichen Verbindungsformen	208
11.11	Einfluß der Probenbreite (Klebbreite) auf die Zugscherfestigkeit einer Klebung bei gleicher Überlappungslänge	210
11.12	Einfluß der Klebeschichtdicke auf die Zugscherfestigkeit bei Klebstoffen mit unterschiedlichem Verformungsverhalten	212
11.13	Berechnung dynamisch beanspruchter Klebeverbindungen	215
11.14	Dauerfestigkeit	215
11.15	Berechnung der Gleitpassung mit Keil und Klebstoff	216

11.16	Berechnung der Überdeckungslängen (Überlappungslängen) bei Flanschklebeverbindungen	217
12	**Fehlverklebungen**	219
13	**Handhabung von Klebstoffen – Hinweise zur Arbeitssicherheit**	223
14	**Zusammenfassung und Zukunftsaussichten**	231
Anhang A	**Produktspezifische Parameter: Abbildungen und Tabellen**	233
A1	Aushärtung eines Lösungsmittelklebstoffs an PMMA	234
A2	Einteilung der Klebeverbindungen	234
A3	Bindefestigkeit eines Lösungsmittelklebstoffs in Abhängigkeit von der Aushärtungszeit	237
A4	Offene Zeit eines Lösungsmittelklebstoffs in Abhängigkeit von der Schichtdicke	238
A5	Druckscherfestigkeit eines Lösungsmittelklebstoffs in Abhängigkeit von der Zeit und der Spaltbreite	239
A6	Beispiel des Verklebungsablaufs eines Hotmelt-Klebstoffs	240
A7	Epoxidklebstoff, verschiedene Parameter	241
A8	Polyurethan-Klebstoff, verschiedene Parameter	252
A9	Aushärtungstemperaturen von Epoxid-Einkomponenten-Klebstoffen	256
A10	MMA-Klebstoff, verschiedene Parameter	257
A11	Cyanacrylat-Klebstoff, verschiedene Parameter	259
A12	Anaerobe Klebstoffe, verschiedene Parameter	266
Anhang B	**Größen, Einheiten und Umrechnungsfaktoren**	271
B1	Physikalische Größen und Einheiten	272
B2	Umrechnungsfaktoren	276
Anhang C	**Kunststoffe – eine Übersicht**	281
C1	Thermoplaste	282
C2	Duroplaste	284
Anhang D	**Reaktionsklebstoffe im Vergleich**	285
Anhang E	**Physikalische Eigenschaften der Werkstoffe**	287
Anhang F	**Wärmeausdehnung der Werkstoffe**	291

Anhang G Fragebogen und Berechnungsbeispiel für die Verklebung einer Rohrverbindung mit Epoxidharz 293

G1 Fragebogen 294
G2 Berechnungsbeispiel 296

Anhang H R/S-Sätze mit Bedeutung für den Klebstoffverarbeiter und -anwender 299

Anhang I Normen mit Bedeutung für den Klebstoffverarbeiter und -anwender . 301

I1 DIN-Normenverzeichnis 302
I2 ASTM-Normenverzeichnis 308

Anhang J Glossar klebstofftechnischer Begriffe 315

Weiterführende Literatur 319

Register 321

1 Einführung und Geschichte

Die Herstellung von tierischen und pflanzlichen Leimen geht bis ungefähr 3000 Jahre vor Christus zurück. Durch genaues Beobachten von Naturvorgängen lernten die Menschen schon sehr früh die natürlichen Leime zu erkennen und auch einzusetzen. Der Grieche DAIDALUS kann als eigentlicher *„Erfinder" der Klebtechnik* angesehen werden, floh er doch mitsamt seinem Sohn Ikaros mit selbstgefertigten Flügeln von einer Insel über das Meer. Die Phönizier und Römer verwendeten Fisch- und Knochenabfälle zur Herstellung von tierischen Leimen. Diese Leime wurden für die Holzverklebung herangezogen.

Bei den alten Ägyptern verklebte man Holz und Stein mit pflanzlichen Leimen *(Abb. 1.1)*. Bei Ausgrabungen stieß man auf Leimrückstände oder Überreste. Aus Oberägypten, der alten Stadt Theben, wurde auf einem Relief des Stadthalters REKHANARA und auf einer Skulptur Leimtiegel und arbeitende Ägypter bei der Herstellung von Möbeln aufgezeigt.

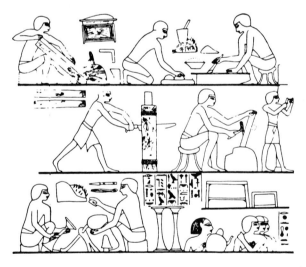

Abb. 1.1. Ägyptisches Relief, das die Herstellung von Möbeln mit Leim zeigt.

Über die Knochenleimherstellung wissen wir aus Schriften von PLINIUS DEM ÄLTEREN, der *Historia Naturalis,* von der damaligen hohen Technologie. Auch kennen wir die Papyrusherstellung. Aus dem Mark des Zyperngrases wurden Streifen geschnitten. Diese Streifen wurden kreuzweise übereinandergelegt und miteinander verklebt. Als

Klebstoff diente der Saft des Zyperngrases. Auch ist bekannt, daß mit Eiweiß aus Hühnereiern, Baumharzen und Pflanzensäften Holz verklebt wurde.

Die Chinesen, denen wir mancherlei Entwicklungen verdanken, verwendeten Lacke und Klebstoffe für das Bemalen von Seidenstoffen.

Die Schiffsbauer alter Zeiten verwendeten Erdpech und Holzkohlenteer zum Abdichten der Holzplanken an ihren Booten. Diese Arbeiten werden zum Teil noch in der heutigen Zeit mit Hanf, Sisal und Pech von den Fischern in Europa ausgeführt. Bei verschiedenen Ausgrabungen von Römergräbern wurden Gegenstände gefunden, welche mit Pech zusammengefügt sind. Eines der ältesten Schmelzklebeverfahren ist das vom Mönch THEOPHILUS beschriebene Einschwefeln von Messerklingen und Pfeilspitzen in Griffe und Schäfte.

Mit der Verbreitung der Buchdruckkunst im 15. Jahrhundert wurden vermehrt pflanzliche und tierische Leime gebraucht.

Gummi Arabicum, der Saft einer Akazie und *Latex,* der Saft von Kautschukbäumen, waren unseren Vorfahren schon ein Begriff.

Tabelle 1.1 Geschichte der Klebetechnik.

Zeit	Verkleben von	Klebstoffe	Anwendung
3000 v. Chr.	Stein, Ton	tonhaltige Erde	Töpferei
2000 v. Chr.	Holz	Erdpech (Asphalt) Holzkohlenteer	Schiffsbau, Kleben und Abdichten von Schiffsplanken
1470 v. Chr.	Holz, Papier	Knochenleim	Möbelherstellung
1000 v. Chr.	Holz, Stoff, Stein	pflanzliche Leime	
1100 n. Chr.	Holz, Horn, Stahl	Schwefel	Einschwefeln von Messerklingen in Griffe
19. Jahrhundert	Kautschuk		Kautschuk wird das erste Mal vulkanisiert
1850 ca.	Erster halbsynthetischer Kunststoff, *Zelluloid*		
1900 ca.	Phenol-Formaldehyd-Harz, *Bakelite*		
1930 ca.	Polymerisate entstehen, lösungsmittelhaltige und dispergierte Produkte		
1936	Ungesättigte Polyester		
1938	Epoxid-Klebstoffe		
1947	Patent für Herstellungsverfahren von Cyanacrylat-Klebstoffen		
1953	Anaerobe Klebstoffe, Produkt *Loctite*		
1957	Herstellung von Cyanacrylat, Produkt *Eastman 910*		
1967	Polyimide, Klebstoffe für Dauertemperaturbelastungen von +350 °C		

Im Laufe der Zeit erfolgte eine ständige Verbesserung der Leimqualitäten. Bessere Resistenz brachte eine geringere Anfälligkeit der Systeme gegenüber Schädlingsbefall.

Pflanzliche und tierische Leime werden heute noch direkt, wie auch in Verbindungen mit synthetischen Klebstoffen in der Papierindustrie, Holzindustrie, Photoindustrie und bei der Herstellung von Schleifmitteln eingesetzt.

Tabelle 1.2 Geschichte der Dichtungsstoffe.

Zeit	Abdichten von	Dichtungsstoff	Anwendung
2000 v. Chr.	Holz, Stein	bituminöse Masse auf Basis von Asphalt aus Palästina, später Trinidad-Asphalt	Ägypter, Griechen und Römer setzten Bitumen zum Abdichten von Schiffsfugen und Dächern ein
1700 n. Chr.	Holz, Glas	Ölkitte, basierend auf trocknenden, pflanzlichen Ölen	Ölkitte ersetzen teilweise die Bleiverglasung
1912		modifizierte Bitumenkitte	Einsatz im Straßenbau
1942 bis 1945	Metall	Polysulfid Dichtungsmassen (Thyokol)	Einsatz in den USA im Flugzeug- und Schiffsbau
1955	Stein, Metall	Polysulfid Dichtungsmassen	erste Anwendung im Baugewerbe in den USA
1955	Metall	Butyl- und Polyisobutylen Dichtungsmassen	erste Anwendung im Metallbau und Industrie
1956/57		Polysulfid Dichtungsmassen	erste Anwendung in Europa
1959	Holz, Glas	weichplatische Ölkitte	keine Verhärtung wie bei traditionellen Ölkitten
1960		modifizierte Kautschuke und Kunstharz-Bitumenmassen	erste Silikondichtungsmassen in den USA
1962/64		Polyurethan- und lösungsmittelhaltige Acryldichtungsmassen (Zweikomponenten)	Polyurethandichtungsmassen oft mit Teer verschnitten als Teer-PU-Dichtungsmassen
1963	Glas, Metall	Silikondichtungsmassen (Einkomponenten)	Einsatz von Polysulfidmassen in den USA zum Einkleben von Windschutzscheiben im Automobilbau

Tabelle 1.2 Geschichte der Dichtungsstoffe (Fortsetzung).

Zeit	Abdichten von	Dichtungsstoff	Anwendung
1965		Dispersionsacrylat-dichtungsmassen	
1968	Beton, Metall, Kunststoffe, Holz	Polyurethan-dichtungsmassen (Einkomponenten)	PU-1K-Dichtmasse (*Sikaflex 1 a*)
ab 1975	Metall	Polyurethandichtungs-massen, neue latente Härter für 1K-Polyure-thandichtungsmassen sowie warmhärtende elastische Kleber auf Polyurethanbasis (Ein- und Zwei-komponenten)	Einkomponenten Silikon- und Polyurethandichungsmassen ver-drängen immer mehr 2-K-Poly-sulfidmassen, häufiger Einsatz von 1-K und 2-K-Polyurethanen

1.1 Entwicklung der synthetischen Kleb- und Dichtstoffe

Die zunehmende Industriealisierung zwang die Klebstoffindustrie nach neuen Verfahren zu suchen, wobei bestehende Leime wesentlich verbessert und neue Klebstoffe entwickelt wurden.

Die steigende Nachfrage nach diesen pflanzlichen und tierischen Leimen brachte der noch jungen Klebstoffindustrie einen großen Aufschwung. Um 1850 wurde *das Vulkanisieren* von Kautschuk erfunden.

Der erste Schritt zu neuen synthetischen Verfahren war durch den chemisch-physikalischen Eingriff ins natürliche Molekül gemacht worden.

Mit der Nitrierung der Cellulose nach dem Ago-Verfahren trat um 1900 die Wende ein. Dabei gelang es, den ersten halbsynthetischen Kunststoff, das *Zelluloid* herzustellen.

Obwohl das Phenolformaldehyd bereits 1877 entdeckt worden ist, gelang es den RÜTGERS-WERKEN HÖCHST erst um 1912 mit dem Klebstoff auf den Markt zu kommen. Dieser erste Phenolharzklebstoff wurde unter dem Namen *Bakelite R* angeboten und speziell für das Verkleben von Holz eingesetzt. Im Jahre 1917 folgten die ersten Kasein-leime, denen Celluloseester und Alkydharzklebstoffe folgten. Um 1930 wurde das Verfahren zur Herstellung synthetischer Kautschuke entwickelt. Die „Geburtsstunden" der Dispersionsklebstoffe, Neoprenklebstoffe, Kontaktklebstoffe und der Harnstoffklebstoffe war gekommen.

Den größten Aufschwung brachte die Herstellung makromolekularer Stoffe (Kunststoffe). Diese Kunststoffe benötigten spezielle Klebstoffe für den Verbund. Hier konnten die pflanzlichen und tierischen Leime nicht mehr eingesetzt werden.

Wiederum lieferten diese Kunststoffe die Basis für die Herstellung von weiteren synthetischen Klebstoffen, welche für das Verkleben von Papier, Holz, Gewebe, Metall, Glas, Keramik und Beton Verwendung fanden. Die ersten ungesättigten Polyester-Klebstoffe wurden 1936 entwickelt, denen ab 1938 die Epoxidharz-, Polyurethan- und Polyvinylacetat-Klebstoffe folgten. Damit konnten die ersten hochfesten Konstruktionsklebstoffe für die metallverarbeitende Industrie angeboten werden.

Im Jahre 1947 wurde das Patent für das Herstellungsverfahren von Cyanacrylat-Klebstoffen durch die Firma GOODRICH in New York angemeldet.

Die anaeroben Klebstoffe, welche als Schraubensicherung, zum Befestigen und zum Abdichten von Konstruktionselementen eingesetzt werden, folgten im Jahre 1953.

Erst 1958 konnte der Cyanacrylat-Klebstoff EASTMAN 910 durch die Firma ARMSTRONG in den USA eingeführt werden.

Ein noch junges Kind auf dem Klebstoffgebiet ist ein Klebstoff auf der Basis von Polyimiden und Polybenzimidazolen. Dieser Klebstoff kam erst 1967 auf den Markt. Er zeichnet sich durch hohe Temperaturbeständigkeit aus, selbst Dauerbelastungen von +350° C sind heute kein Problem mehr. Die moderne Klebetechnik kann jetzt die Welt erobern: Begriffe wie Sateliten, Spaceshuttle, Spacelab, Flugzeuge, Erdgas-Container; begegnen uns fast täglich *(Abb. 1.2)*.

Abb. 1.2. Klebstoffeinsatz bei Flugturbinen.
(Bildarchiv Ciba Geigy Basel).

Die Klebstofftechnik wurde bis 1986 bei ca. 40 % aller Konsumgüter angewandt und es kommen immer neue Industriezweige dazu. Dieser Umschwung brachte zwangsläufig auch ein Umdenken bei der konstruktiven Gestaltung der Verbindungsteile mit sich.

Es war einmal ein Molekül, das wurde zum Makromolekül und es klebte und ... klebte ... damit beginnt unser Lehrbuch.

1.2 Kleben als Fertigungsverfahren

Um den Eingang in die Klebetechnik zu finden soll der Begriff „Klebstoff" erläutert werden.

Ein Klebstoff ist ein nichtmetallischer Werkstoff, welcher Fügeteile durch Adhäsion und durch Kohäsion verbinden kann. Durch diesen Vorgang entstehen keine Gefügeveränderungen an den Fügeteilen.

Ein Klebstoff kann sich aus folgenden Komponenten zusammensetzen: Beschleuniger, Farbstoffe, Füllstoffe, Härter, Harze, Klebgrundstoff, Lösungsmittel, Netzmittel, polymere Anteile, Stabilisatoren, Streckmittel, Verdickungsmittel, Weichmacher.

Unter dem Überbegriff „Klebstoffe" versteht man: Leime, Kleblöser, Kleblack, Lösungsmittelkleber, Klebdispersionen, Kitte, Kleister.

Klebstoffe werden als Dichtungs- und Verbindungselemente eingesetzt.

Die Funktion eines Klebstoffs beinhaltet auch zwangsläufig ein Abdichten der verklebten Fügeteile. Die Grenzen zwischen Klebstoff und Dichtstoff sind nur sehr schwer zu ziehen. Wesentlich verständlicher wäre der Ausdruck „Klebdichtstoff". Sowohl bei den Dichtstoffen als auch bei den Klebstoffen finden wir immer eine Haftung (Adhäsion) und eine innere Festigkeit (Kohäsion) des Produkts. Die Festigkeit ist aber produktspezifisch unterschiedlich.

Begnügen wir uns vorerst mit den „Dichtstoffen", die in erster Linie die Dichtheit einer Verbindung gewährleisten und den „Klebstoffen", die sowohl für allgemeine Verklebungen als auch für das hochfeste Verkleben von Konstruktionselementen eingesetzt werden.

In den 6 Hauptgruppen der Fertigungsverfahren nach DIN-Vorschrift 8580 wird das Kleben in die 4. Hauptgruppe „Fügen" geordnet und hier in die Untergruppe 4.6 „Stoffvereinigung" DIN 8593 unterteilt. *Abb. 1.3* gibt den Zusammenhang in einem Fließschema wieder.

1.2 Kleben als Fertigungsverfahren

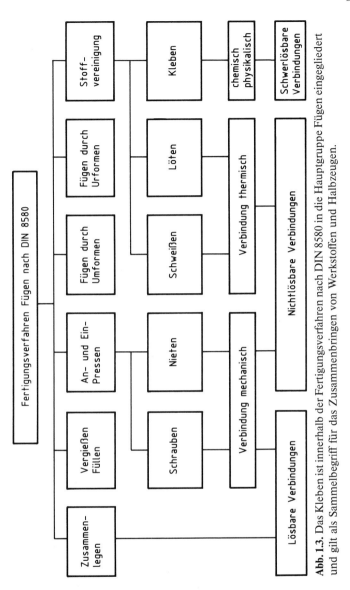

Abb. 1.3. Das Kleben ist innerhalb der Fertigungsverfahren nach DIN 8580 in die Hauptgruppe Fügen eingegliedert und gilt als Sammelbegriff für das Zusammenbringen von Werkstoffen und Halbzeugen.

2 Theoretische Grundlagen

Bei den Klebungen von Verbundelementen wird die Endfestigkeit bestimmt durch:

- *Fügeteilfestigkeit*
- *Klebstoffestigkeit*
- *Grenzschichten*

Dabei wird die Gesamtfestigkeit des Verbundsystems durch die geringste Festigkeit bestimmt.
Für die gesamte Haftung (Adhäsion) sind die Bindekräfte verantwortlich. Diese Kräfte werden durch die Adhäsion und die Kohäsion bestimmt.
- Die Adhäsion wirkt an der Grenzschicht von Fügeteil und Klebstoff.
- Die Kohäsion wirkt im Innern der Klebschicht bzw. des Fügeteils.

2.1 Adhäsion

Unter diesem Begriff faßt man die Haftkräfte an den Kontaktflächen zweier gleicher oder verschiedener Stoffe zusammen. Es kann sich dabei um Stoffe im festen, gasförmigen oder flüssigen Zustand handeln.
Für das Kleben sind zwei Zustandsarten von Bedeutung:

- Beim Klebstoffauftrag im flüssigen und somit fließfähigen Zustand auf die Fügeteiloberflächen wirkt sich die Adhäsion auf die gleichmäßige Verteilung aus. Im flüssigen Zustand werden die Klebstoffmoleküle sehr nahe an die zu verklebende Oberfläche herangebracht.
Je nach Oberflächenbeschaffenheit findet eine gute oder schlechte Benetzung statt. Dies ist abhängig von der Oberflächenspannung des Klebstoffs und des Fügeteils. Die Klebstoffmoleküle werden an der Oberfläche „festgehalten".

Dafür verantwortlich sind die Adsorptionskräfte. Diese Kräfte werden wirksam, sobald sich ein Molekül der Fügeteiloberfläche weniger als 5×10^{-8} cm (0,00000005 cm) genähert hat.
- Nach dem Aushärten des Klebstoffs besteht die Adhäsion zwischen der verfestigten Oberfläche des Klebstoffs und der Fügeteiloberfläche. Hier sind physikalische und chemische Bindekräfte beteiligt.

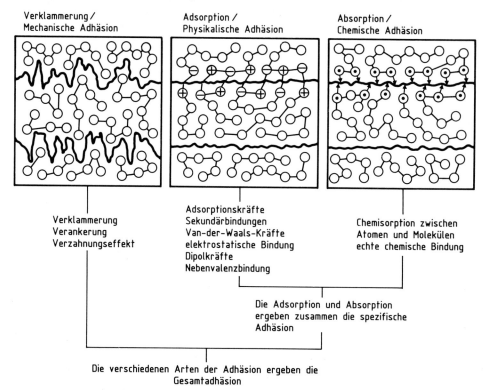

Abb. 2.1. Die Gesamtadhäsion setzt sich aus verschiedenen Komponenten zusammen.

Die Adhäsion setzt sich aus folgenden Kräften zusammen *(s. auch Abb. 2.1)*:

- **Physikalische Bindung** (Adsorption)
  Physikalische Anziehungs- bzw. Adsorptionskräfte bestehen zwischen den zum Teil artfremden Atomen und Molekülen. Diese Kräfte wirken auf die sich berührenden Oberflächen.
- **Chemische Bindung** (Absorption)
  Es handelt sich um eine echte chemische Bindung, die zwischen den Atomen und Molekülen der aneinanderliegenden Oberflächen entstehen.

● **Mechanische Verklammerung**
Die mechanische Verklammerung oder Verankerung kommt durch Eindringen bzw. Einlagern des Klebstoffs in Vertiefungen (Oberflächenrauheiten) oder Faserstrukturen zustande.
Diese „mechanische Adhäsion" ergibt keine Haftung auf völlig glatten Fügeteiloberflächen. Eine Adhäsion, die ausschließlich auf physikalischen Anziehungskräften beruht, ist im Vergleich zur chemischen Bindung immer schwächer. Begründer der Adhäsionstheorie sind DE BRUYNE (1944) und MCLAREN. Weiter haben sich damit WAKE, (1977) CHEMBALL und LONDON auseinandergesetzt.

2.2 Kohäsion

Unter dem Begriff Kohäsion faßt man jene Kräfte zusammen, die den Zusammenhalt der Masseteilchen im gleichen Material gewährleisten *(s. Abb. 2.2)*.

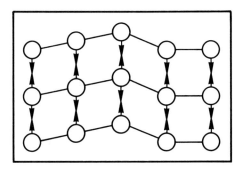
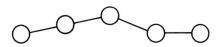

Abb. 2.2. Wirkung der Kohäsion im Molekülverband.

Die Kohäsion hängt u. a. von der Temperatur ab und bestimmt den Aggregatzustand der Stoffe.

● Starke Kohäsion führt zum festen Zustand eines Stoffes und beeinflußt die innere Festigkeit.

- Abnehmende oder schwache Kohäsion führt zur Gefügeaufweichung bis zum flüssigen und schließlich gasförmigen Zustand, in Sonderfällen sogar zur chemischen Zersetzung.

Merke: Die Kohäsion ist somit für die Zähigkeit eines Klebstoffs bei der Verarbeitung und für seine Festigkeit nach der Aushärtung maßgebend.

2.3 Van-der-Waals-Kräfte

Die Van-der-Waals-Kräfte sind die molekularen Anziehungskräfte zwischen neutralen Atomen und Molekülen, die rasch mit zunehmender Entfernung abnehmen *(s. Abb. 2.3)*.

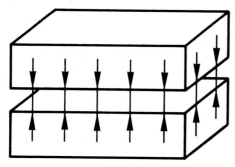

Abb. 2.3. Wirkung der Van-der-Waals-Kräfte.

Sie sind verantwortlich für die Absorption von Gasen an festen Oberflächen, sowie für die Bildung von lockeren, sog. Molekülverbindungen. Man spricht in diesem Zusammenhang auch von einer Sekundärbindung.

2.4 Diffusionsklebung

Bei der **Diffusionsklebung** diffundieren Lösungsmittel, Monomere und Polymere des Klebstoffs in den Kunststoff ein und bewirken durch Quell- und Lösungseffekte Molekularbewegungen, die zu einer Verbindung führen. Diese Verbindung ist dem Verschweißen sehr ähnlich.

2.5 Zusammenfassung

Adhäsion ist die Kraft, die an den Berührungsflächen zweier Körper deren Zusammenhaften bewirkt.

Folgende Kräfte tragen zur Adhäsion bei: Die *Verankerung an der Oberfläche* (mechanische Adhäsion), die *physikalische Adhäsion* und die *chemische Adhäsion.*

Verankerung ist die mechanische Adhäsion, eine Verfilzung, Eindringen des Klebstoffes in Vertiefungen und Fasern, z. B. bei Holz, Papier, Textilien und Leder *(Abb. 2.4).*

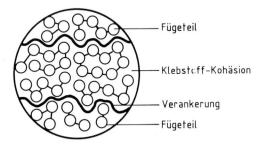

Abb. 2.4. Mechanische Adhäsion.

Physikalische Adhäsion wird durch *Adsorptionskräfte* und *Sekundärbindungen* (Van-der-Waals-Kräfte) hervorgerufen *(Abb. 2.5).*

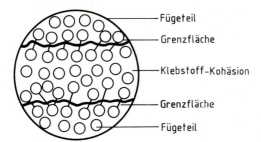

Abb. 2.5. Physikalische Adhäsion.

Chemische Adhäsion wird durch Hauptvalenzbindungen zwischen den benachbarten Atomen und Molekülen hervorgerufen. Sie wird auch als Chemisorption bezeichnet *(Abb. 2.6)*.

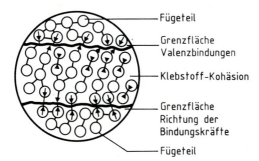

Abb. 2.6. Chemische Adhäsion.

Chemische und **physikalische Adhäsion** werden als *spezifische Adhäsion* bezeichnet.

Adsorption ist die *physikalische Anziehung* zwischen den Atomen und Molekülen an der Oberfläche, z. B. Kreide und Wandtafel, Wasser und Glas.
Sie verursacht ebenfalls die Anreicherung von Molekülen oder Ionen an den Grenzflächen zweier unterschiedlicher Aggregatzustände, z. B. zwischen einem festen Körper und einer Flüssigkeit bzw. einem Gas oder zwischen einer Flüssigkeit und einem Gas.

Absorption ist die *chemische Bindung* zwischen den Atomen und Molekülen an der Grenzfläche (Flügeteil und Klebstoff) z. B. Metall/Klebstoff, Metall/Wasser.

In *Abb. 2.7* werden noch einmal alle Kräfte, die bei der Verklebung eines Werkstoffs zusammenwirken, dargestellt.

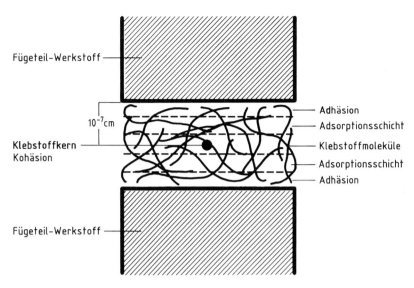

Abb. 2.7. Zusammenspiel der Kräfte bei einer Verklebung. Die Adsorptionsschicht hat eine Dicke von $2 \cdot 10^{-8}$ cm = 2 Å.

2.6 Versuch zur Darstellung der Adhäsion

Versuch 1
Versuchsaufbau:

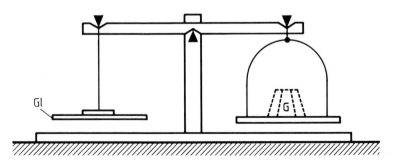

Abb. 2.8. Versuchsaufbau zur Bestimmung der Adhäsion. Gl Glasplatte, G Gewichtstück.

Feststellung: Auf der Waagschale kann ein „Gewichtstück" aufgelegt werden bis die Glasplatte von der Unterlage abhebt.

Ursache: Die Glasplatte hat eine, wenn auch geringe Adhäsion (Anhangskraft) zur Tischplatte, die überwunden werden muß.

Versuch 2
Wir wiederholen Versuch 1, benetzen aber die Unterlage mit wenigen Tropfen Wasser.

Feststellung: Die Masse des „Gewichtstücks" auf der Waagschale kann erhöht werden.

Ursache: Das Wasser wirkt als Kleber und vergrößert die Haftung sehr stark.

Vergleich der Versuche 1 und 2:
In Versuch 1 *(Abb. 2.9)* kommt es nur an wenigen Stellen zu einer direkten Berührung der beiden „unebenen" Flächen (bei A). Die Adhäsion, als Molekularkraft, kann aber nur wirksam werden, wenn sich die Moleküle der beiden Stoffe genügend nahe kommen.

Abb. 2.9. Versuch 1. Gl Glasplatte, T Tisch, A direkte Berührung von Glas- und Tischplatte.

In Versuch 2 *(Abb. 2.10)* können wir grundsätzlich drei Bereiche der Haftung zwischen Glasplatte (Gl), Wasser (W) und Tischplatte (T) unterscheiden:

- Direkte Berührung von Glas- und Tischplatte (A),
- der Abstand zwischen Glas- und Tischplatte ist kleiner als die Länge des Wassermoleküls (B),
- der Abstand wird größer als die Moleküllänge (C).

Die größte Haftung wird im Bereich (B) erzeugt – bei einer Trennung muß das Wasser entweder von der Glasplatte oder von der Tischplatte abgerissen werden (große Adhäsion).

Im Bereich (C) dagegen wird die Wasserschicht selbst geteilt, und die erforderliche Kraft wird wesentlich kleiner, da nur die Festigkeit (Kohäsion: Zusammenhangskraft) vom Wasser überwunden werden muß.

2.6 Versuch zur Darstellung der Adhäsion   17

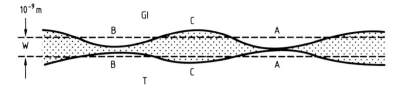

Abb. 2.10. Versuch 2. W Wasser.

Versuch 3:
Wir führen den Versuch 2 noch einmal aus und geben am Rand der Glasplatte reichlich Wasser dazu.

Feststellung: Die Platte hebt bereits bei einer geringeren Belastung des Gewichtstücks ab.

Vergleich der Versuche 2 und 3: Vergleichen wir die Versuche 2 und 3 *(Abb. 2.11)*, so finden wir die Ursache der unterschiedlichen Haftung:

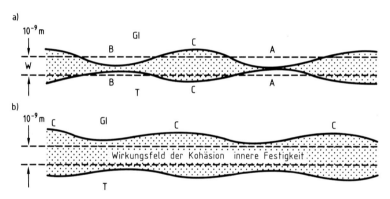

Abb. 2.11. Vergleich der Versuche 2 (a) und 3 (b) untereinander.

In Versuch 3 *(Abb. 2.11 b)* ist die Wasserschicht durchweg dicker als die Moleküllänge des Wassers, so daß bei der Trennung nur die geringe Zusammenhangskraft des Wassers (Kohäsion) überwunden werden muß (C).

Zusammenfassung und Folgerung: Versuch 2 zeigt, daß die dünnste Schicht die besten Hafteigenschaften ergibt. Ersetzen wir Wasser durch Klebstoff so gilt: Die Klebefuge ist so klein wie möglich zu halten. Als Richtwerte gelten je nach der Art des Klebers 0,002 mm bis 0,3 mm.

3 Aufgaben der Klebstoffe in der modernen Technik

Die neuzeitliche, konstruktive Verklebung von Fügeteilen erstreckt sich vorerst auf gering beanspruchte Teile und Verbindungen. Die Entwicklung sowie auch die Bestätigung in der Praxis führten jedoch im Laufe der Zeit zu sehr hochwertigen Klebkonstruktionen, so daß heute z. B. hochbelastete Flugzeugkonstruktionen verklebt werden. Auch der gelungene Verbund zwischen Stahlkörper und Elastomeren als Folge des Vulkanisierens, gab neue Anregungen. Der Maschinenbau und auch die Elektronik folgten mit eigenen Problemen und Anwendungen. Der Rohrleitungsbau, die Stahlblechverarbeitung und Feinwerktechnik schlossen sich nach kurzer Zeit an.

3.1 Stoffschlüssige Verbindung

Stoffschlüssig bedeutet, daß bei der Beanspruchung einer Klebeverbindung der „Kraftfluß" von einem Fügeteil durch die Klebstoffschicht in das andere gegenüberliegende Fügeteil übergeht, ohne dabei die Klebeschicht zu verformen *(Abb. 3.1)*.

Merke: Die Hauptaufgabe der Klebstoffe ist, eine kraftübertragende Verbindung herzustellen.

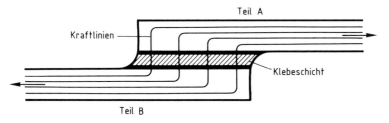

Abb. 3.1. Stoffschlüssige, kraftübertragende Verbindung.

3.2 Spannungsverteilung

Metall- und Kunststoffverbindungen sind technologisch als Verbundkörper zu betrachten. Ihre Verbundpartner, Fügeteilwerkstoff und Klebstoff, besitzen unterschiedliche Festigkeits- und Verformungseigenschaften, welche das Verhalten des Verbundes unter Last bestimmen. Wesentlicher Vorteil einer richtig gestalteten Klebeverbindung gegenüber anderen Verbindungsverfahren ist die gleichmäßige Spannungsverteilung in Klebeschicht und Fügeteil.

Hierzu ist es sehr wichtig, daß die Klebeverbindungen möglichst klebegerecht ausgelegt werden (s. Abschn. 11).

Abb. 3.2 bis *3.4* zeigen die unterschiedlichen Spannungsverteilungen bei den verschiedenen Verbindungsverfahren.

3.2 Spannungsverteilung

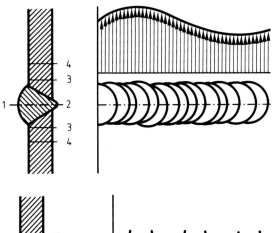

Abb. 3.2. Schweißverbindung: Ungleichmäßige Spannungsverteilung durch Schweißspannungen.
1 Schweißnaht,
2 Überhitzungszone,
3 Entfestigungszone,
4 unbeeinflußtes Gefüge.

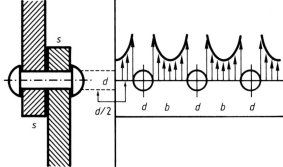

Abb. 3.3. Nietverbindung: Spannungsspitzen an den Nieträndern.
b Abstand zwischen den Nietlöchern, d Nietlochdurchmesser, s Blechdicke.

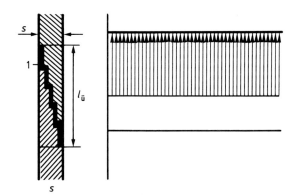

Abb. 3.4. Geschäftete Klebeverbindung.
1 Klebfuge, s Blechdicke,
$l_ü$ Überlappungslänge der Fügeteile.

3.3 Spannungsverteilung bei unterschiedlichen Fügeteildeformationen

Der Grund für viele Schadensfälle an Fügeteilen und Klebekonstruktionen unter Beanspruchung ist teilweise das unterschiedliche Verhalten des Materials der Fügeteile und des Klebstoffs.

Die unterschiedliche Ausdehnung der verschiedenen Werkstoffe bei erhöhter Temperatur führt an den Klebstellen zu zusätzlichen Spannungen. Dies bedeutet, daß die Fügeverbindung durch ungleichmäßige Spannungsverteilung auf Verziehen beansprucht wird. Dadurch entsteht ein Abschälen der Klebung. *Abb. 3.5* demonstriert die Spannungsverteilung bei unterschiedlichen Werkstoffen.

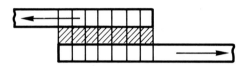

a) Einfache Überlappung ohne Beanspruchung

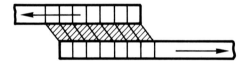

b) Gleichmäßige Spannungsverteilung bei gleichen Werkstoffen

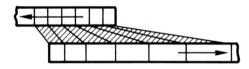

c) Ungünstige Spannungsverteilung bei ungleichen Werkstoffen. Dies verlangt größere Elastizität der Klebeschicht.

Abb. 3.5. Spannungsverteilung bei unterschiedlichen Werkstoffen.

3.4 Erhöhung der Haftreibung

Die Erhöhung der Haftreibung beruht darauf, daß der ausgehärtete Klebstoff zwischen den aufeinandergepreßten Fügeteilen eine Schicht bildet, welche als mechanische Verzahnung (Verklammerung) ein Abgleiten der Flächen voneinander erschwert *(Abb. 3.6)*.

Eine solche Klebeanwendung ist dort sinnvoll, wo eine zusätzliche Sicherung wie Stifte, Keile usw. erforderlich wären.

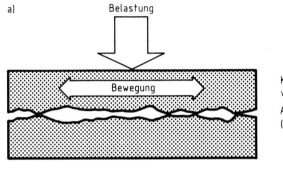

Kraft zur Bewegung abhängig vom Haftreibwert
μ_o = 0,15 bis 0,2
(bei Stahl/Stahl, Stahl/Grauguß trocken)

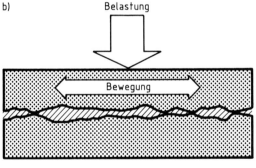

Mit Klebstoff:
Kraft zur Bewegung abhängig vom Haftreibwert μ_o und der Scherfestigkeit des Klebstoffs.
Haftreibwert:
μ_o = 0,45 bis 0,6
(wie Metall auf Holz oder Leder)

Abb. 3.6. Veränderung des Haftreibwerts. Die Abbildungen zeigen Oberflächen mit Rauhtiefen von ca. 3 μm in 2000facher Vergrößerung.

3.5 Abdichten eines Zwischenraums

Durch die Abdichtung von Montagebauteilen mittels Klebstoff wird der Zutritt von Fremdmedien unterbunden. Dadurch wird Korrosion, Ätzung und Zersetzung der Konstruktionsteile verhindert. Dies ist u. a. für die Elektronik bedeutsam, wo z. B. Feuchtigkeit die Funktionsfähigkeit von Bauteilen beeinträchtigt.

Die Bildung von Kontaktkorrosion, Reibungskorrosion, Passungsrost usw., welche in vielen Fällen zur Ermüdungsbruchbildung führt, wird durch die Isolation der Fügeteile verhindert. Diese Begleiterscheinung der Korrosionsbildung zeigt sich auch an Schraubenverbindungen, Verkeilungen sowie auch bei Querpreßpassungen.

Durch eine einwandfreie Klebung wird der direkte Kontakt zwischen den Fügeteilen verhindert *(Abb. 3.7 und 3.8)*. Eine Korrosionsbildung wird ausgeschlossen.

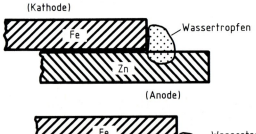

Abb. 3.7. Kontaktkorrosion durch Elementbildung. Es bildet sich ein galvanisches Element, Korrosion ist die Folge davon.

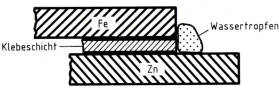

Abb. 3.8. Die isolierende Klebschicht läßt keine Korrosion zu.

4 Klebstoffsysteme und Klebstofftypen

Die Klebstoffe lassen sich gut nach ihren Härtungsmechanismen einteilen. Damit kann man das chemische Verhalten der Klebstoffe und teilweise auch die Anwendungsbedingungen erfassen. In der Theorie werden immer wieder Versuche unternommen, die Klebstoffe nach ihren Eigenschaften einzuteilen und zu normieren. Hier können wir auf die DIN-Vorschriften 16920 und 16921 sowie auf die VDI-Richtlinien 2229 und VDI/VDE 2251 hinweisen. Durch die rasche Entwicklung neuer Systeme und den vielfältigen Einsatz von Klebstoffen allgemein erweisen sich jedoch diese außerbetrieblichen Normierungen von Klebstoffen als äußerst schwierig.

4.1 Chemische Basis der Klebstoffe

Man unterscheidet die Klebstoffe in anorganische und organische Produkte.

Die anorganischen Klebstoffe sind vorwiegend auf mineralischen, keramischen oder glasartigen Bestandteilen aufgebaut. Diese Klebstoffe sind allgemein wärmebeständig, jedoch in ihrer Struktur sehr spröde.

Die organischen Klebstoffe werden in der Hauptsache als natürliche oder synthetische Kohlenwasserstoff-Verbindungen aufgebaut. Die natürlichen organischen Verbindungen sind Pflanzenharze, Eiweißstoffe, Kohlenhydrate und Stärken.

Bei den synthetisch hergestellten organischen Verbindungen finden wir die Polyurethane, Epoxide und Acrylate.

Eine „Zwitterbildung" finden wir bei den Silikonklebstoffen. Diese Produkte beinhalten sowohl organische als auch anorganische Verbindungen und weisen deshalb eine gute Wärmestabilität auf.

4.2 Physikalisch abbindende Klebstoffe

4.2.1 Natürliche Klebstoffe (Leime)

Bei den natürlichen Klebstoffen unterscheidet man tierische und pflanzliche Leime.

- **Tierische Leime** sind:
  Glutin-Leime (Haut-, Knochen- und Lederleime), Kasein-Leime (Eiweißstoffe aus der Milch), Blutalbumin-Leime (Eiweißstoffe aus dem Blut).
- **Pflanzliche Leime** bestehen aus:
  Weizenkleber-Leim (Stärkeklebstoff), Dextrinen (Stärkeerzeugnisse aus Kartoffeln, Mais u. a.), Gummiarabicum (Pflanzengummi afrikanischer oder australischer Akazien), Tragant-Leim (gummiartige Absonderung der Stragelpflanze), Alginat-Leim (Salz aus der Alginsäure der Braunalge), Pektinen (Gemisch hochmolekularer Kohlenhydrate, quellbare Substanzen von der Zellwand), Naturharzen (Kolophonium), Latex (Kautschukmilch).

4.2.2 Klebelösung

Klebelösungen enthalten als Basis: Natur- und Synthesekautschuk, Polyvinylether, Vinylacetat-Copolymere, Polyacrylsäureester, Polyurethane und Polyester.

Diese Produkte eignen sich für das Verkleben von porösen Materialien, in welche das Lösungsmittel oder das Trägermaterial (Wasser) des Klebstoffs wegdiffundieren kann *(Abb. 4.1)*.

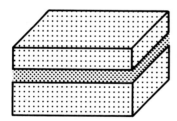

Abb. 4.1. Verkleben von porösem Material mit einer Klebelösung.

Material: Papier, Karton, Gewebe, Stoff, Filz und Holz.
Verwendung: Hobby, Haushalt, Büroarbeiten, industrielle Papier-, Karton-, Holz- und Folienverklebung.

Produkte: Dispersionen für den Haushalt: Ponal, Ponal Express u. a. Lösungsmittelhaltige Klebstoffe für den Haushalt: Pritt, Cementit, Uhu u. a.
Beachtenswert: Dispersionen und lösungsmittelhaltige Klebstoffe binden nach der Verarbeitung durch Verdunsten und/oder Wegdiffundieren des Lösungsmittels oder Wassers ab.

Deshalb eignen sich diese Systeme ausschließlich für poröse Werkstoffe. Bei Metall-, Kunststoff- oder Elastomer-Verbindungen härten diese Produkte nicht aus.

4.2.3 Lösungsmittelklebstoff

Produkte auf Lösungsmittelbasis ergeben eine Diffusionsklebung, sie eignen sich gut für das Verkleben von Kunststoffen *(Abb. 4.2).*

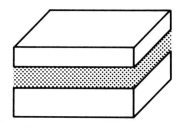

Abb. 4.2. Verkleben von Kunststoffen mit Produkten auf Lösungsmittelbasis.

Material: Thermoplastische Kunststoffe wie Hart Polyvinylacetat (H-PVC), Polymethylmethacrylat (PMMA) u. a.
Produkte: Für Hart-PVC: Tangit, Dytex, Balco, Wevo, Mökoflex, u. a.
Für PMMA: Acryfix u. a.
Verwendung: Hart-PVC: PVC-Rohrleitungsklebung
PMMA: Spielzeugindustrie, Schmuckindustrie, Reklameindustrie u. a.
Beachtenswert: Während den ersten 5 min sollen die Verbindungen nicht bewegt werden, geringe Beanspruchung ist erst nach ca. 30 min möglich.

Zug- und Druckprüfung sollen erst nach 24 Stunden (h) durchgeführt werden. Diese Angaben beziehen sich auf eine Aushärtung der Verbindung bei Raumtemperatur. Bei höheren Temperaturen verkürzt sich die Aushärtungszeit. Zugbeanspruchung bzw. Druckprüfung einer Hart-PVC-Klebung, Angaben aus der technischen Information „Tangit":

Merke: Die Angaben der technischen Informationsblätter sind unbedingt einzuhalten. Produktespezifische Parameter werden in Anhang A zusammengestellt.

4.2.4 Haftklebstoff

Die Basis des Haftklebstoffs besteht aus Natur- und Synthesekautschuk, Polyacrylaten oder Polyvinylethern.
Haftklebstoffe eignen sich für die Herstellung von Klebebändern, Selbstklebeetiketten, Selbstklebe-Typenschildern, Heftpflastern, Abdeckbändern usw.

Material: Papier, Karton, Gewebe, Stoffe, Filz, Leder, Holz, Kunststoffe, Elastomere, Metalle, Glas.
Verwendung: Kleben von Blechkonstruktionen im Metallbau, Flugzeugindustrie, Automobilindustrie, Spiegelindustrie, Elektronik- und Elektroindustrie. Papier-, Kunststoff- und Elastomerindustrie, Medizin.
Produkte: Technomelt Q, Adhesin J, Technocol u. a.
Beachtenswert: Es ist ein Klebstoff, dessen Klebefilm ohne Wärmeeinwirkung, unter geringem Anpreßdruck haftet *(Abb. 4.3)*.

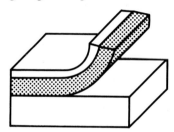

Abb. 4.3. Verkleben mit Hilfe von Haftklebstoff.

Ein rationeller Produktauftrag erfolgt vorzugsweise über spezielle Auftragsmaschinen. Dabei wird der Klebstoff in dünnen Schichten aufgetragen und unverzüglich mit einem Schutzpapier abgedeckt.
Vorsicht: Diese Klebstoffe neigen zum Kriechen.

4.2.5 Kontaktklebstoff

Die Basis von Kontaktklebstoffen sind Polychlorbutadien, Copolymere des Butadiens mit Styrol oder Acrylnitryl.
Kontaktklebstoffe eignen sich für das Einkleben von Isolationen, das Herstellen von Verbundelementen, das Verkleben von Leder/Textilien in der Schuhindustrie, das Aufkleben von Bodenbelägen usw.

Material: Papier, Karton, Gewebe, Stoff, Filz, Leder, Holz, Kunststoffe, Elastomere, „Isolationsmaterial", Metalle.
Verwendung: Metallbau, Automobilindustrie, Leder-, Kunststoff- und Elastomerindustrie, Holzindustrie, Baugewerbe usw.
Produkte: Pattex, Pattex Compact, Adhesin B, Brigatex, Balco ME, Chemisol, Bostik, Kleberit, Technicol, Isatex, Herberts-Kleber, Miranit, Rakol u. a.
Beachtenswert: Die Klebung entsteht durch das Zusammenpressen mit Klebstoff vorbeschichteter und vorgetrockneter Klebstoffschichten *(Abb. 4.4)*.

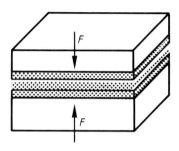

Abb. 4.4. Beim Kleben mit Kontaktklebstoff werden die vorbeschichteten und vorgetrockneten Klebstoffschichten zusammengepreßt (*F*).

Nach dem Produktauftrag auf beide Fügeteile muß die vorgeschriebene Ablüftzeit unbedingt eingehalten werden. Lösungsmitteleinschlüsse in den Verbund führen zu Fehlverklebungen.

4.2.6 Schmelzklebstoff

Die Basis des Schmelzklebstoffs besteht aus Ethylen-Vinylacetat-Copolymeren, Styrol-Butadien-Blockpolymeren, Polyamid oder Polyester.

Schmelzklebstoffe eignen sich für verschiedene Klebeanwendungen bei der Papierverklebung, in der Holz- und Metallindustrie sowie im Baugewerbe.

Material: Papier, Karton, Gewebe, Stoff, Filz, Leder, Holz, Kunststoffe und Elastomere (bedingt), Stein und Beton, Metalle.
Verwendung: Automobil-, Schuh-, Kleiderindustrie, Holz- und Möbelindustrie, Metall- und Elektroindustrie, Elastomerindustrie sowie im Metallbau und im Baugewerbe.
Produkte: Technomelt Q, Eurelon, Grilon, Kleberit u. a.
Beachtenswert: Es handelt sich hier um einen Klebstoff, der aus der Schmelze aufgetragen wird und beim Abkühlen die Klebeschicht bildet *(Abb. 4.5)*. Auftragen und

Verarbeitung sind nur mit speziellen Geräten möglich, dazu sind im Handel Schmelz-kleberpistolen, Schmelzklebergeräte sowie Spezialanlagen erhältlich.

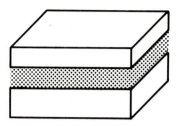

Abb. 4.5. Der Klebstoff wird als Schmelze aufgetragen und bildet beim Abkühlen die Klebeschicht.

Merke: Eine Reaktivierung der Klebeschicht ist durch Wärme möglich. Man spricht deshalb von **reaktivierbaren Klebstoffen,** welche durch geeignete Lösungsmittel oder durch Wärme aufgeweicht und wieder verwendbar werden.

Zu diesen Produkten zählen die **Heißsiegel-Klebstoffe** bekannt auch als „aufbügel-bare" Klebstoffvorbeschichtung bei Stoffen.

Weitere Parameter für die Schmelzklebstoffe werden in Anhang A6 angegeben.

4.3 Chemisch reagierende Klebstoffe

Die chemisch reagierenden Klebstoffe werden nach ihrer Reaktionsart eingeteilt. Dabei finden wir bei den verschiedenen Klebstoffsystemen unterschiedliche Aushärtungsmechanismen wie z. B.:

- **Polyaddition:** Dabei handelt es sich um Stufenwachstums-Reaktionen, bei denen zunächst aus zwei verschiedenen polyfunktionellen Monomeren durch Addition, Makromoleküle gebildet werden.
- **Polykondensation:** So bezeichnet man die Stufenwachstums-Reaktionen, bei denen aus polyfunktionellen Verbindungen, unter Abspaltung von niedermolekularen Verbindungen, wie z. B. Wasser oder Alkohol, Polymere aufgebaut werden.
- **Polymerisation:** Hier werden Monomere mit reaktiven Doppelbindungen unter Einfluß von Initiatoren (Radikalen, Kationen oder Anionen) über Kettenwachstums-Reaktionen in Makromoleküle überführt.

Die Aushärtung dieser Klebstoffe tritt durch eine Reaktion ein. Für diese Reaktionen stehen verschiedene „Initiatoren" wie Härter, Härterlack, Aktivatoren, Luftfeuchtigkeit, Katalysatoren, Energie und UV-Bestrahlung zur Verfügung. Nach dem Kontakt mit der vorgegebenen Komponente tritt unverzüglich eine Reaktion ein. Der Klebstoff verfestigt sich und baut dabei Adhäsion und Kohäsion auf.

4.3.1 Ein- und Zweikomponenten-Klebstoff

Zweikomponenten-Klebstoffe sind auf Epoxid-, Polyurethan-. Silikon-. Polyester-, und Methylacrylat-Harzbasis aufgebaut.

Sie eignen sich für das hochfeste Verkleben von Konstruktionselementen.

Material: Metalle, Kunststoffe, Elastomere, Glas, Keramik, Stein, evtl. Holz und Karton (Wirtschaftlichkeitsfrage).
Anwendung: Metall-, Flugzeug-, Glas- und Automobilindustrie, Feinmechanik, Maschinenbau, Containerbau, Optik und Elektronik.
Produkte: Araldit, Metallon FL, Makroplast UK, Gupalon, Wevo, Uhu--Plus, Kleberit, Delomet, Technicol, Epotec, Eccobond, Körapur, Europox, Epasol, Beckopox, Scotch-Weld u. a.
Beachtenswert: Harz und Härter werden in genau festgelegtem Verhältnis gemischt. Das vorgeschriebene Mischverhältnis muß eingehalten werden. Gutes Mischen der Komponenten sowie auch Einhalten der Topfzeit, sind Voraussetzungen für eine gleichmäßige Kleberfestigkeit. Beim Mischvorgang muß das Einziehen von Luftblasen nach Möglichkeit vermieden werden. Das Entfernen der Luftblasen aus dem Klebstoff durch Evakuieren ist eine Voraussetzung für eine qualitativ gute Klebung. Die Klebstoff-Schichtdicke d sollte bei 0,02 bis 0,15 mm liegen *(Abb. 4.6)*.

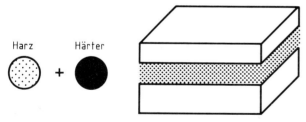

Abb. 4.6. Zweikomponenten-Klebstoffe bestehen aus Harz und Härter, die genau nach Vorschrift verarbeitet werden müssen.

Weitere Parameter für Epoxidklebstoffe werden in Anhang A7 und für Polyurethanklebstoffe in Anhang A8 angegeben.

4.3.2 Einkomponenten-Klebstoff (Reaktion durch Wärmezufuhr)

Einkomponenten-Klebstoffe, die durch Wärmezufuhr aushärten, bestehen aus Epoxidharzen oder Polyurethan-Dimethacrylaten.

Diese Produkte eignen sich für das hochfeste Verkleben von Konstruktionselementen.

Material: Metalle, Kunststoffe (bedingt) nur mit guter Wärmeverträglichkeit.
Verwendung: Sandwichs-Bauelemente, Flugzeug- und Automobilbau.
Produkte: Araldit, Reduxsysteme, Permabond, Scotch-Weld, Gupalon u. a.
Beachtenswert: Einkomponenten-Klebstoffe mit latenten Härtern härten nur durch Wärme aus. Die vorgeschriebene Aushärtungstemperatur und Aushärtungszeit sind unbedingt einzuhalten. Die Aushärtung muß unter leichtem Anpreßdruck erfolgen *(Abb. 4.7)*.

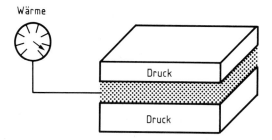

Abb. 4.7. Bei der Aushärtung von Einkomponenten-Klebstoffen müssen bestimmte Werte für Temperatur, Zeit und Druck eingehalten werden.

Weitere Parameter für diese Klebstoffe werden in Anhang A9 angegeben.

4.3.3 Ein- und Zweikomponenten-Klebstoff (Reaktion durch Wärmezufuhr)

A) Einkomponenten-Produkte: ESP-Klebstoffe sind Einkomponenten-Klebstoffe, die auf Epoxidharzbasis mit Polymeren aufgebaut sind.

Sie eignen sich für das hochfeste Verkleben von Konstruktionselementen mit hoher Schäl- und Schlagfestigkeit.

Material: Metalle, Kunststoffe (bedingt) nur mit guter Wärmeverträglichkeit.
Verwendung: Für hochbelastete Klebeverbindung unter hoher Schlag- und Schälbelastung in der Metallindustrie.
Produkte: Araldit AV 118/119, Permabond, Delomet ESP 106 u. a.

Beachtenswert: Die bei ESP-Produkten eingebauten, mikroskopisch kleinen (gummiartigen) Polymere geben der Klebung eine wesentlich höhere Schlag- und Schälfestigkeit. Diese Einkomponenten-Klebstoffe mit latenten Härtern härten nur durch Wärme aus. Die vorgeschriebene Aushärtungstemperatur sowie Aushärtungszeit sind unbedingt einzuhalten. Die Aushärtung muß unter leichtem Anpreßdruck erfolgen *(Abb. 4.8)*.

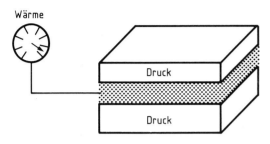

Abb. 4.8. Die Aushärtung der ESP-Klebstoffe erfolgt unter Wärmezufuhr bei vorgeschriebener Aushärtungszeit unter leichtem Druck.

B) Zweikomponenten-Klebstoffe, die Phenol- und Formaldehydharze, modifizierte Epoxid- und Phenolharze oder Polyamide enthalten.

Diese Klebstoffe eignen sich für das hochfeste Verkleben von Konstruktionselementen.

Material: Metalle, Holz, Papierpreßmassen.
Verwendung: In der Flugzeugindustrie, im Metallbau, sowie für das Verkleben von Holz.
Produkte: Redux, Araldit u. a.
Beachtenswert: Harz und Härter werden in festgelegtem Verhältnis zusammengemischt. Die Aushärtung erfolgt durch Wärme und Anpreßdruck auf die Fügeteile. Bei diesen Systemen muß das angegebene Mischverhältnis, die Aushärtungstemperatur und Aushärtungszeit eingehalten werden *(Abb. 4.9)*.

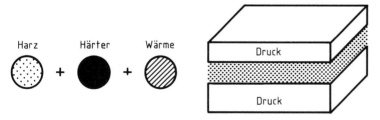

Abb. 4.9. Zweikomponenten-Klebstoff der durch Wärme unter Anpreßdruck aushärtet.

Gutes Mischen der Komponenten ist eine Voraussetzung für eine gleichmäßige Kleberfestigkeit. Beim Mischvorgang muß das Einziehen von Luftblasen nach Möglichkeit vermieden werden.

Merke: Eine wichtige Voraussetzung für eine gute Klebung ist das Entfernen der Luftblasen vor der Aushärtung durch Evakuieren.

4.3.4 Einkomponenten-Klebstoff mit Härterlack

Einkomponenten-Klebstoffe, die als Harz und Härtersystem aufgetragen werden, bestehen aus Acryl- und Methacrylsäureestern.

Sie eignen sich besonders für das Verkleben von Konstruktionselementen.

Material: Metalle, Kunststoffe, Acrylharzbeton, Holz.
Verwendung: Für Klebungen im Metallbau.
Produkte: Araldit B 3141, Bostik M 890, Agomet F 300, F 310, Loctite Multi Bond, Permabond 241 u. a.

Beachtenswert: Das Härtersystem ist in einem leichtflüchtigen, organischen Lösungsmittel eingebaut. Der Härterlack wird auf ein Fügeteil aufgetragen und abgelüftet. Nach dem Härterauftrag muß die Ablüftzeit eingehalten werden *(Abb. 4.10)*.

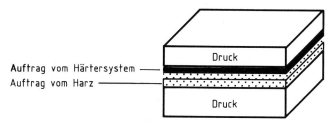

Abb. 4.10. Der Klebstoff wird als Harz und Härtersystem aufgetragen, die Fügeteile anschließend mit leichtem Druck zusammengepreßt.

In einem zweiten Arbeitsgang wird das Harz auf die zweite Fügefläche aufgetragen. Die Teile sollen im Nachhinein unverzüglich unter leichtem Druck zusammengefügt werden.

Modifizierte Klebstoffe können sowohl mit dem Härterlack, als auch als Zweikomponenten-Produkt verarbeitet werden.

4.3.5 Einkomponenten-Klebstoff (UV-härtend)

UV-härtende Klebstoffe sind auf Polyester, Diacrylat-, Acrylat- oder Silikonharzbasis aufgebaut.

Man verwendet Sie für Klebungen mit Glas und UV-durchlässigen Materialien, z. B. Polymethylmethacrylat-, Polyoximethylen-, Polycarbonat-Epoxid-Kunststoffe.

Material: Glas, Acrylglas, Hart-PVC klar, Metalle, Kunststoffe, Holz, Stein.
Verwendung: Optik, Lichtleiter-Informationsübertragung, Elektronikindustrie, SMD-Technik-Chipsverklebung, Verguß von elektrischen Bauteilen.
Produkte: OmniFIT UV 2000/2100, Vitralux, NOA-Typ-Merz + Benteli, Loctite 352, Gussolit, Gupalon UV 250 u. a.
Beachtenswert: Der Klebstoff härtet durch UV-Licht aus. Ein Fügeteil muß deshalb UV-durchlässig sein. Es ist zu beachten, daß die vorgeschriebene Wellenlänge (angegeben in nm) und die Stärke der Lampe (angegeben in Watt) den Angaben des Klebstoffherstellers entsprechen *(Abb. 4.11)*. Die vorgeschriebene „Belichtungszeit" muß genau eingehalten werden.

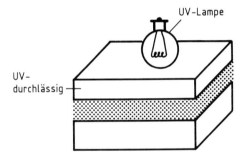

Abb. 4.11. Verkleben mit UV-härtenden Klebstoffen.
UV-A-Bereich   380 bis 315 nm
UV-B-Bereich   315 bis 280 nm
UV-C-Bereich   280 bis 100 nm

Modifizierte Systeme härten durch UV-Licht an, sind jedoch anaerob eingestellt und härten im nachhinein unter Luftsauerstoff-Abschluß aus. Durch Wärmezufuhr wird die Aushärtezeit wesentlich verkürzt. Die Aushärtungszeiten liegen zwischen 3 bis 30 Sekunden, abhängig von der Produkteinstellung, der Klebstoff-Schichtdicke und der UV-Durchlässigkeit der Fügeteilmaterialien. (Ein 1 mm dickes Polycarbonat-Stück ist z. B. nicht mehr UV-Licht durchlässig).

4.3.6 Einkomponenten-Klebstoff (Reaktion durch Luftfeuchtigkeit)

Einkomponenten-Klebstoffe, die durch Luftfeuchtigkeit aushärten, bestehen aus Polyurethanen oder Polydioxansiloxanen.

A) Polyurethanklebstoffe eignen sich für das Einkleben von Isolationen, Herstellung von Verbundelementen und Klebarbeiten in der Holzverarbeitung.

Material: Metalle, Kunststoffe, Elastomere, Holz.
Produkte: Makroplast UK, Ponal 1-K-PU-Leim Sikaflex 11 FC u. a.

B) Silikonklebstoffe werden für das Verkleben von Glaskonstruktionen und für Klebe- und Abdichtungsarbeiten im Metall-, Container- und Schiffsbau, in der Elektroindustrie und Elektronik verwendet.

Material: Metalle, Kunststoffe, Glas.
Produkte: omniVISC 1002, Sista, Sikaflex, Gurit, Silastic, Silopren, Silastomer, Silocon-Rubber, Rhoderosil, Silastene, Teroson, Wacker-Silicone, Silocon-General-Electric, RTV-Silicon-Dow-Chemical u. a.

Beachtenswert: Für die Aushärtung von Polyurethan- oder Polydioxansiloxan-Klebstoffen ist eine relative Luftfeuchtigkeit von 65 % wichtig *(Abb. 4.12)*. Starkes Unter- oder Überschreiten dieser Feuchtigkeit führt zu Aushärtungsstörungen.

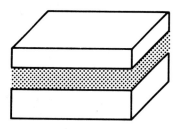

Abb. 4.12. Einkomponenten-Kleb- und Dichtungsstoffe benötigen zur Aushärtung eine relative Luftfeuchtigkeit von 65 %.

C) α-Cyanacrylsäureesterklebstoffe eignen sich für Konstruktionsklebungen in der Kunststoff- und Elastomerindustrie.

Material: Cyanacrylat auf der Basis von Methylestern für: Metalle, Sinterbuchsen.
Cyanacrylat auf der Basis von Ethylestern für: Thermoplaste- und Duroplaste Kunststoffe.
Cyanacrylat mit Ester-Gemisch für: Elastomere.

Verwendung: Klebungen von kleinflächigen Teilen in der Kunststoff- und Elastomer-Industrie.
Produkte: Sicomet, Loctite IS u. a.
Beachtenswert: Klebstoffe auf α-Cyanacrylsäureesterbasis sind nicht geeignet für alterungsbeständige Glas- und Metallverklebungen, eine Ausnahme bilden Sinterbuchsen und Metallverbindungen für geringe Anforderungen.

Produktspezifische Angaben

Aushärtung: Bei Raumtemperatur und einer relativen Luftfeuchtigkeit von 65 % *(Abb. 4.13)*. Unter 30 % Luftfeuchtigkeit gibt es keine Aushärtung, über 80 % erfolgt Schockhärtung mit schlechter Alterungsbeständigkeit der Klebeverbindung.

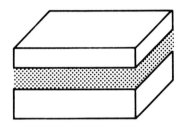

Abb. 4.13. Klebstoffe auf α-Cyanacrylsäureester-Basis benötigen zur Aushärtung eine relative Luftfeuchtigkeit von 65 %.

Alkalische Werkstoffoberflächen beschleunigen die Aushärtung des Produkts, saure Werkstoffoberflächen verzögern oder verhindern die Aushärtung.

Aushärtungszeit der Produkte, je nach Oberfläche, Luftfeuchtigkeit, Schichtdicke und produktspezifischen Werten, zwischen 2 bis 300 Sekunden; Endfestigkeit der Klebung nach 12 Stunden.

Temperaturbeständigkeit: Von -40 bis $+80°$ C (max. 100° C). Ober- und unterhalb dieser Temperaturen werden die polymeren Klebstoffschichten allmählich zerstört.

Blooming-Effekt: „Ausblühen" (weiße Belagsbildung auf der Werkstoff-Oberfläche) des Produkts. Dieser Effekt ist abhängig von der Basis des Klebstoffs, der Aushärtungstemperatur, der relativen Luftfeuchtigkeit, der Klebstoff-Schichtdicke, der chemischen Beschaffenheit der Fügeteiloberflächen und der produktspezifischen Aushärtungsgeschwindigkeit.

Lager-Stabilität: Bei $-18°$ C 1 Jahr, bei Raumtemperatur 6 Monate.
Bitte jeweils Angaben der Hersteller berücksichtigen.

38 4 Klebstoffsysteme und Klebstofftypen

Produkteinsatz: Einsatz von Cyanacrylat-Klebstoffen eher an kleinen Klebflächen. Bei großflächigen Klebeverbindungen kann der Aushärteprozeß durch mangelnde Luftfeuchtigkeit gestört werden.

Weitere Parameter für diese Einkomponenten-Klebstoffe werden in Anhang A11 angegeben.

4.3.7 Einkomponentige, anaerobe Klebstoffe (Reaktion durch katalytischen Effekt und unter Luftsauerstoff-Ausschluß)

Die Klebstoffbasis von einkomponentigen anaeroben Produkten ist Diacrylat *(Abb. 4.14)*.

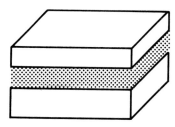

Abb. 4.14. Diacrylat-Klebstoffe härten durch den katalytischen Effekt beim Metallkontakt und den Luftsauerstoff-Ausschluß in der Klebnaht aus.

Sie eignen sich für das Kleben von Metallverbindungen (Verankerungstechnologie).

Material: Metalle, Kunststoffe in Ausnahmefällen.
Verwendung: Produkteinsatz für das Sichern von Schraubenverbindungen, Befestigen von Fügeteilen und das Abdichten von Fügeverbindungen.
Produkte: omniFIT, Loctite u. a.
Beachtenswert: Durch Metallkontakt und Luftsauerstoff-Ausschluß erfolgt die Produktaushärtung. Die Aushärtungszeit ist von der produktspezifischen Einstellung, der Metall-Aktivität bzw. Metall-Passivität, der Klebstoffschichtdicke und der Aushärtungstemperatur abhängig. Die Funktionsfestigkeit tritt nach 3 bis 6 h, die Endfestigkeit nach 6 bis 24 h ein.

Die Temperaturbeständigkeit reicht von $-60°$ C bis $+200°$ C, je nach produktspezifischer Einstellung.

Bei beschleunigter Aushärtung der Produkte durch Aktivatoren muß mit einer Festigkeitsverminderung bis zu 30% gerechnet werden.

Weitere Parameter für diese Einkomponenten-Klebstoffe werden in Anhang A12 angegeben.

4.4 Anwendungstechnische Hinweise für anaerobe Klebstoffe

In der Verbindungstechnik ist das unbeabsichtigte Lösen von Schraubenverbindungen ein Problem, das durch Sichern gelöst werden kann.

4.4.1 Schraubensicherungen und ihre Bedeutung

Schraubenverbindungen lassen sich nach der VDI-Richtlinie 2230 berechnen. Zusätzliche Tabellen stellen die Schraubenhersteller zur Verfügung. Durch Fehler in der Konstruktion, in der Berechnung oder der Montage, sowie durch den Einsatz von ungeeigneten Sicherungselementen kommt es zum:

- Verlust der Vorspannkraft F_v,
- vollständigen Lösen und Herausfallen der Schraube und Mutter,
- Dauerbruch der Schraube.

4.4.2 Ursachen für das Lösen von Schraubenverbindungen

Aus der Erkenntnis heraus, daß eine Schraubenverbindung nur so fest ist wie sie vorgespannt ist, muß beachtet werden, daß die Vorspannkraft F_v erreicht wird und auch erhalten bleibt.

Das ungewollte Lösen von Schraubenverbindungen ist ein zentrales Problem in der Verbindungstechnik. Die durchgeführten Versuche zeigen, daß die Ursache für das Lösen von Schraubenverbindungen in zwei unterschiedlichen Belastungsarten liegt *(Abb. 4.15)*.

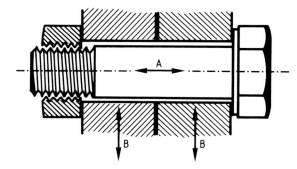

Abb. 4.15. Darstellung der zwei unterschiedlichen Belastungsarten die zum Lösen von Schraubenverbindungen führen.
A) axiale dynamische Belastung,
B) dynamische Querbelastung.

Die **axial dynamische Belastung** (A) führt zu plastischen Deformationen (Kaltfluß) in der Verbindung und läßt so die Schraubenvorspannung bis auf Null abfallen.

Die **dynamische Querbelastung** (B) wirkt senkrecht zur Schraubenachse und verringert dadurch den Reibschluß zwischen den verspannten Teilen oder hebt ihn gar auf.

Bei Relativbewegungen, Stoßbelastungen und Vibrationen kommt es in der Verbindung zu Mikrobewegungen, die die Reibkraft in den Gewindegängen teilweise oder ganz aufheben. Die unter Vorspannung stehende Schraube löst sich selbst.

Eine ordentlich ausgelegte Konstruktion und Gewindeabmessung ist in der Lage, die rein axial dynamischen Belastungen aufzunehmen.

Dem Lösen durch die dynamische Querbelastung kann mit Erfolg begegnet werden, indem der teilweisen oder ganzen Aufhebung der Reibkräfte entgegengewirkt wird.

Dabei gilt es nicht, die Kopfauflagen oder Gewindeflanken zu sichern. Der Schwerpunkt muß auf das Sichern der Gewindesteigung gelegt werden. Nur so kann ein Abgleiten der Gewindeflächen verhindert werden. *Abb. 4.16* zeigt uns die Gewindereibwerte einer Schraubverbindung und ihren Einfluß auf die Schraubensicherung.

Daraus kann folgende Formel abgeleitet werden:

$$\begin{aligned} M_a &= + M_{Kr} + M_{Gr} + M_{Gst} \\ M_{LB} &= + M_{Kr} + M_{Gr} - M_{Gst} \\ \hline M_a - M_{LB} &= 0 \phantom{M_{Kr}} + 0 \phantom{M_{Gr}} + 2 M_{Gst} \end{aligned}$$

somit wird

$$M_{LB} = M_a - 2 M_{Gst}$$

4.4 Anwendungstechnische Hinweise für anaerobe Klebstoffe

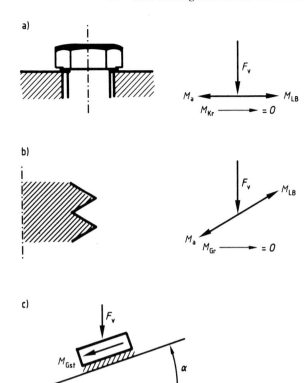

Abb. 4.16. Gewindereibwerte einer Schraubenverbindung und ihr Einfluß auf die Schraubensicherung. F_v Vorspannkraft, M_a Anzugsmoment M_{LB} Losdrehmoment, M_{Kr} Drehmoment Kopf (Kopfreibung), M_{Gr} Drehmoment Gewinde-Flanken (Flankenreibung), M_{Gst} Drehmoment Gewindesteigung (Reibung Gewindesteigung).

Aus *Abb. 4.16a* wird ersichtlich, daß das Moment M_a bei gleichem Reibwert, dem Moment M_{LB} entspricht. Somit wird $M_{Kr} = 0$.
Abb. 4.16b zeigt uns, daß das Moment M_a bei gleichem Reibwert, dem Moment M_{LB} entspricht. Somit wird $M_{Gr} = 0$.
Aus *Abb. 4.16c* entnehmen wir, daß nur das Moment, welches aus der Gewindesteigung resultiert für die Gewindesicherung ausschlaggebend ist.

Beim Anziehen wie auch beim Lösen einer Schraubenverbindung sind die Reibkräfte M_{Kr} (Kopfreibung) und die M_{Gr} (Flankenreibung) zu überwinden.
Der Reibwert M_{Gst} (Gewindesteigung) hat jedoch nur beim Anziehen einen Einfluß. Beim Lösen einer Verbindung muß M_{Gst} nicht berücksichtigt werden.

4.4.3 Sichern mit anaeroben Klebstoffen

Die im Labormaßstab durchgeführten Versuche, bei denen auf Testanlagen Betriebsbedingungen simuliert wurden, zeigten, daß eine Verhinderung der Relativbewegung in den Gewindegängen durch das wesentliche Erhöhen des Reibungswertes an den Gewindeflächen erreicht wird.

Ein monomerer (flüssiger) Klebstoff füllt den freien Raum zwischen den Gewindeflanken bis in die kleinsten Rauhtiefen hinein aus, härtet in der Folge zu einem zähharten Kunststoff aus und verhindert dadurch ein Abgleiten der Gewindeflächen. Ein „Setzen" in den Gewindeverbindungen kann dadurch weitgehend verhindert werden, zudem sind die Gewindeverbindungen dicht und bestens gegen Korrosion geschützt.

4.4.4 Richtige Wahl des Klebstoffs

Die richtige Wahl des Klebstoffs ist ausschlaggebend für die Festigkeit und für die Lösbarkeit einer Gewindeverbindung.
Dabei unterscheiden wir:

a) Produktfestigkeit: Produktspezifische Festigkeit des Klebstoffs im ausgehärteten Zustand.
b) Losbrechmoment M_{LB}**:** Gemessener Wert bei der ersten Relativbewegung zwischen den Gewindeverbindungen (Teile ohne Vorspannung).
c) Drehmoment M_{LB}/M_a**:** Verhältniszahl zwischen Losdrehmoment und Anzugsmoment.
d) Weiterdrehmoment M_{LW}**:** Maximalwert, der sich innerhalb einer Umdrehung einstellt.

Abb. 4.17 zeigt die produktspezifische Festigkeit der anaeroben Klebstoffe.

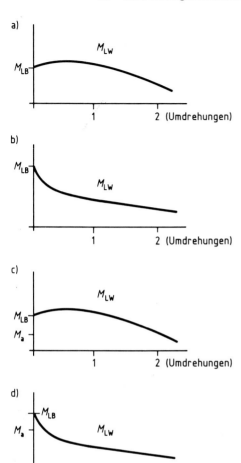

Abb. 4.17. a-d Produktspezifische Festigkeit der anaeroben Klebstoffe.
Moment M = Kraft · Hebelarm, gemessen in Nm.

4.4.5 Verhältnis der Vorspannkraft zum Anzugsmoment

Als Grundlage zur Ermittlung der Vorspannkraft F_v im Verhältnis zum Anzugsmoment M_a, dienen vom Schraubenhersteller ermittelte Werte. Jedem Diagramm liegt ein bestimmter Reibungswert (μ) zugrunde. Bei phosphatierten, leicht geölten Schrauben liegt dieser Wert bei $\mu_{Ges} = 0{,}125$. Jeder Fremdeinfluß und jede Oberflächenveränderung wirkt sich unmittelbar auf die Reibungswerte aus und beeinträchtigt somit das Verhältnis F_v/M_a direkt *(Abb. 4.18)*.

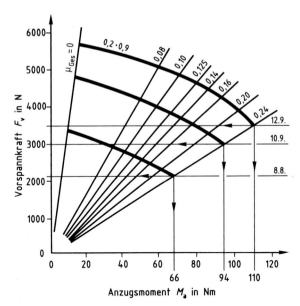

Abb. 4.18. F_v/M_a-Diagramm.

Durch den Einfluß von anaeroben Klebstoffen (Standardprodukte) wird der Reibungswert μ_{Gew} **direkt beeinflußt.** So erhöhen sich die Reibwerte bei einer mittelfesten Produkteinstellung auf $\mu_{Gew} = 0{,}25$.

Die Kopfreibung kann aufgrund der Vielzahl der verspannten Oberflächen (Materialgüte, Oberflächengüte usw.) und der daraus resultierenden, unterschiedlichen Reibwerte nicht angegeben werden. So muß z. B. bei einer Erhöhung von μ_{Gew} auf 0,25 mit einem Verlust an Vorspannkraft F_v um ca. 50 % gerechnet werden.

Spezielle Klebstoffe sind in der Lage, den gestellten Anforderungen nachzukommen, und beeinträchtigen aufgrund ihrer produktspezifischen Einstellung die Reibungswerte nicht.

In Versuchen wurden die in *Tabelle 4.1* aufgeführten Werte ermittelt.

4.4 Anwendungstechnische Hinweise für anaerobe Klebstoffe

Tabelle 4.1 Empirisch ermittelte Reibungswerte bei unterschiedlichen Produkten.

Produkt	M_a (Nm)	μ_{Ges}	F_v (kN)
Schrauben*	50	0,13	28
leicht	50	0,14	27
geölt	50	0,13	28
Standardprodukt / Mittelfeste Produkteeinstellung			
	50	0,285	14
	50	0,28	14
	50	0,26	16
Sonderprodukt / Mittelfeste Produkteeinstellung			
	50	0,15	25
	50	0,12	30
	50	0,13	28

* Schraube: M 10 x 35 DIN 933-8.8 geschwärzt, Mutter: M 10 nach DIN 934-8 blank, Spannhülse: gehärteter Stahl HCR 58-64, Durchgangsloch: nach DIN 69, $M_a = 50$ Nm.

4.4.6 Sichern von Schraubenverbindungen durch konstruktive Maßnahmen

Tabelle 4.2 gibt einige konstruktive Maßnahmen an, durch die das Losdrehen von Schraubenverbindungen verhindert werden kann.

Tabelle 4.2 Sichern von Schraubenverbindungen gegen Losdrehen.

Maßnahmen	erzielte Wirkung
Größere Dimension, höhere Festigkeitsklassen	Höhere Vorspannkraft, dadurch kann die zulässige Grenzverschiebung erhöht werden.
Paß-, Schulterschrauben, Zylinder- oder Spannstifte	Reduktion oder Verminderung der Relativbewegung zwischen den verspannten Teilen.
Lange Schrauben, Dehnschrauben	Erhöhung der Nachgiebigkeit bei den Verbindungselementen.
Saubere Trennfugenflächen	Verminderung des Vorspannverlustes durch Setzen.

46 4 Klebstoffsysteme und Klebstofftypen

Tabelle 4.3 beschreibt einige Möglichkeiten zur Sicherung von Schraubenverbindungen gegen Lockern mit Hilfe konstruktiver Maßnahmen.

Tabelle 4.3 Sichern von Schraubenverbindungen gegen Lockern durch konstruktive Maßnahmen.

Maßnahmen	erzielte Wirkung
Lange Schrauben, Dehnschrauben, Schraubenbolzen	Hohe Elastizität, minimaler Vorspannverlust durch Setzen, höhere Dauerhaltbarkeit.
Verbindungselemente mit Flanschen	Größere Auflagefläche, verhindert das Überschreiten der zulässigen Grenzflächenpressung, größere Toleranz des Bohrungsdurchmessers.
U-Scheiben TP 200	Gleiche Vorteile wie oben, Einsatz bei Festigkeitsklassen 10.9.
Kein Einsatz von plastischen oder quasiplastischen Elementen, wenig Trennfugen	Reduktion der möglichen Setzverluste.
Spezialfertigung von Hülsen und U-Scheiben	Richtige Werkstoffwahl, besonders geeignet für Schrauben der Festigkeitsklasse 12.9.

4.4 Anwendungstechnische Hinweise für anaerobe Klebstoffe

Tabelle 4.4 gibt uns Hinweise auf Sicherungselemente gegen Verlieren, *Tabelle 4.5* zeigt uns Sicherungselemente gegen Lockern und Losdrehen, *Tabelle 4.6* führt Sicherungselemente gegen Lockern auf. *Tabelle 4.8* zeigt deutlich, daß die Länge der Dehnschraube mindestens 5mal länger sein muß als ihr Durchmesser. Kürzere Schrauben sind keine Dehnschrauben und genügen den gestellten Anforderungen nicht.

Tabelle 4.4 Sicherungselemente gegen Verlieren.

Elementbezeichnung DIN/VSM-Norm	In Verbindung mit Schrauben der Festigkeitsklasse bis				1	2	3	4
	6.8	8.8	10.9	12.9				
Sicherungsmutter mit mit Polyamidring DIN 982/985/986	B	C	-	-	E-H	C-G	B	A
Ganzmetall-Sicherungsmutter DIN 980 V/M	B	C	-	-	B	C-G	A-E	A
Gewindefurchende Schrauben/Spiralform	B	C	-	-	B	C	A	A
Tuflok-Beschichtete Schrauben	A	B	B	B	C	C	A	A
Flüssige Schraubensicherung VC 3	C	B	-	-	G	G	A	E-H
Anaerobe Klebstoffe	A	A	A	A	E-H	G-H	A	A-C

1 Temperaturbeständigkeit
2 Wiederverwendbarkeit
3 Verletzung der Oberfläche
4 Montagekosten

Die Bewertung in diesen Tabellen kann aufgrund von Qualitätsverbesserungen oder Änderungen leicht abweichen.

A sehr gut
B gut bis sehr gut
C gut
D befriedigend bis gut
E befriedigend
F unbefriedigend bis befriedigend
G unbefriedigend
H schlecht

Tabelle 4.5 Sicherungselemente gegen Lockern und Losdrehen.

Elementbezeichnung DIN/VSM-Norm	In Verbindung mit Schrauben der Festigkeitsklasse bis				1	2	3	4
	6.8	8.8	10.9	12.9				
Fächerscheiben DIN 6798 A/J/V/	D	H	-	-	B	E	E-H	D
Fächerscheiben DD/AZ/JZC	D	H	-	-	B	E	E-H	D
Zahnscheiben DIN 6797 D/A	D	H	-	-	B	E	E-H	D
6 Kt.-Mutter mit Zahnscheiben	D	H	-	-	B	E	E-H	A
Rippenscheiben	C	E	-	-	B	E	E-H	D
Sperrzahnschraube	-	-	B	B	B	F	C-H	A
Sperrzahnmutter	-	-	B	B	B	F	C-H	A

Anmerkung und Bewertung s. *Tabelle 4.4*

4.4 Anwendungstechnische Hinweise für anaerobe Klebstoffe

Tabelle 4.6 führt Sicherungselemente gegen Losdrehen auf.

Tabelle 4.6 Sicherungselemente gegen Losdrehen.

Elementbezeichnung DIN/VSM-Norm	In Verbindung mit Schrauben der Festigkeitsklasse bis				1	2	3	4
	6.8	8.8	10.9	12.9				
Sicherungsmuttern mit PA-Ring	D	F	–	–	E-H	C-G	B	A
Ganzmetall-Sicherungsmutter DIN 980 V/M	D	F	–	–	B	C-G	A-E	A
Kronenmutter VSM 13780	D	H	–	–	B	D	C	H
Sicherungsblech DIN 93/432/436	D	H	–	–	B	G-H	B	G-H
Drahtsicherung	E	H	–	–	B	H	–	H
Gewindefurchende Schraube/Spiralform	A	C	–	–	B	B	A	A
Mikroverkapselte Schraube *Precote*	A	A	A	A	150°C	G-H	A	A
Anaerobe Klebstoffe	A	A	A	A	200°C	H	A	A-C
Tuflok-beschichtete Schrauben	C	E	–	–	120°C	E	A	A-G

Anmerkung und Bewertung s. *Tabelle 4.4*

4 Klebstoffsysteme und Klebstofftypen

Tabelle 4.7 Sicherungselemente gegen Lockern.

Elementbezeichnung DIN/VSM-Norm	In Verbindung mit Schrauben der Festigkeitsklasse bis				1	2	3	4
	6.8	8.8	10.9	12.9				
Federringe DIN 127 A	D	H	–	–	B	E	E–H	D
Federringe DIN 127 B	D	H	–	–	B	E	E–G	D
Federringe DIN 7980	D	H	–	–	B	E	E	D
Federringe doppelt	D	H	–	–	B	E	E–H	F
Federscheiben DIN 137 A/B	D	H	–	–	B	E	E	D
Spannscheiben SN 212745	D	H	–	–	B	E	E	D
Spannscheiben DIN 6796	C	E	–	–	B	D	E	D
Tellerfedern DIN 2093	D	D	–	–				
Sicherungsmuttern *Serpress*	D	H	–	–	B	E	E	A
Sicherungsmuttern *Combi-S*	D	H	–	–	B	E	E	A

Anmerkung und Bewertung s. *Tabelle 4.4*

4.4.7 Dehnschrauben

Tabelle 4.8 Mindestlänge einer Dehnschraube in Abhängigkeit vom Durchmesser.

Schrauben-länge (mm)	Gewindeabmessung								
	M 5	M 6	M 8	M 10	M 12	M 14	M 16	M 18	M 20
10									
12									
15									
20									
25									
30									
35									
40									
45									
50									
60									
70									
80									
90									
100									
110									
120									

4.4.8 Kostenvergleich verschiedener Schraubensicherungen

Die Kosten der Schraubenverbindungen M 10 in der Kombination Schraube DIN 933 mit Mutter DIN 934 (mit verschiedenen Sicherungen) werden in *Tabelle 4.9* verglichen. Der Kostenfaktor ist auf die Verbindung ohne Sicherung bezogen.

Tabelle 4.9 Kostenvergleich verschiedener Schraubensicherungen.

Schraubenverbindung und Sicherung	Kostenfaktor
Verbindung ohne Sicherung	1,00
anerober Klebstoff (automatischer Auftrag)	1,04
Ganzmetallsicherungsmutter	1,20
Mikroverkapselung (Precote)	1,22
Federring DIN 127	1,25
Sicherungsmutter mit PA-Ring	1,40
anerober Klebstoff (manueller Auftrag)	1,45
Schraube mit aufgeschweißtem Kunststoff	1,50
Sperrzahnschraube	1,80
Schraube mit Kunststoffzapfen	1,85
Sicherungsmutter V 3/DIN 980 V	2,00
Mutter, verstiftet	4,40

Die Auswahl erfolgte ohne Berücksichtigung der technischen Eignung der Verbindung als „Schraubensicherung".

4.5 Fügeverbindungen

Für die Herstellung von Fügeverbindungen stehen uns verschiedene Verbindungsarten zur Verfügung *(Abb. 4.19):*

- **Schrumpfpassung** z. B. H 8-u 8 *(Abb. 4.19 a)*
- **Schrumpfpassung mit Klebstoff**
- **Preßpassung** z. B. H 7-s 6 *(Abb. 4.19 b)*
- **Preßpassung mit Klebstoff**
- **Gleitpassung mit Klebstoff,** z. B. H 7- h 6 *(Abb. 4.19 c)*
- **Gleitpassung mit Keil und mechanischer Sicherung,** z. B. H 7-h 6 *(Abb. 4.19 d)*
- **Gleitpassung mit Keil und Klebstoff**

4.5 Fügeverbindungen 53

a)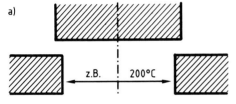

Schrumpfpassung H8-u8

b)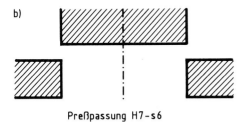

Preßpassung H7-s6

c)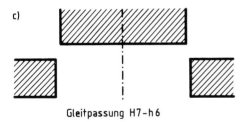

Gleitpassung H7-h6

d)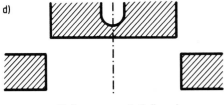

Gleitpassung mit Keil und
mechanischer Sicherung
H7-h6

Abb. 4.19. Fügeverbindungen aus verschiedenen Verbindungsarten.

4.5.1 Schrumpfpassungen mit Klebstoff

Für die Schrumpfpassung *(Abb. 4.19 a)*, kann für eine wesentliche Qualitätsverbesserung und Festigkeitserhöhung z. B. ein anaerober Klebstoff eingesetzt werden.
Dabei müssen allerdings einige Parameter eingehalten werden:

- Die **Fügeteiltemperatur** soll, für einen hochfesten und wärmebeständigen Klebstoff +180° C bis maximal +200° C betragen.
- Der **Klebstoffauftrag** muß auf den „kalten" Fügeteilkörper erfolgen.
- Ein **Unterkühlen** der Fügeteile soll **unterbleiben.** Durch die Bildung von Kondenswasser besteht die Gefahr einer schlechten Aushärtung des Klebstoffs.
- Es muß ein **langsam aushärtendes Produkt** gewählt werden.
  Bei zu schneller Produktaushärtung besteht die Gefahr einer vorzeitigen Aushärtung des Klebstoffs und eine Positionierung der Teile ist nicht mehr möglich.
- Das Übermaß $\frac{D-d}{2}$ soll verringert werden.

(*D* Durchmesser der Bohrung, *d* Durchmesser der Welle)
Dadurch erhalten wir optimale Montagespiele, ebenso wird einer möglichen Zerstörung der Klebeschicht durch zu hohe Druckkräfte entgegengewirkt.
Die Vorteile eines anaeroben Klebstoffs bestehen in:
Erhöhung der Druckscherfestigkeit τ_D (DIN 54452) und der Torsionsfestigkeit τ_T (DIN 54455), Ausschluß von Korrosionserscheinungen wie Kontaktkorrosion, Passungsrost usw. durch den Ausschluß von Luftsauerstoff aus der Verbindung. Bei optimaler Benetzung erhalten wir zudem fast 100 % Traganteile der Fügeflächen.

4.5.2 Preßpassungen mit Klebstoff

Auch bei der Preßpassung *(Abb. 4.19b)* kann, für eine wesentliche Qualitätsverbesserung und Festigkeitserhöhung, ein anaerober Klebstoff eingesetzt werden. Dabei müssen folgende Parameter eingehalten werden:

- **Benetzung beider Fügeteile:** Dadurch wird einem Klebstoffmangel in der Verbindung mit Abreißen vom Klebstofffilm entgegengewirkt.
- Das Übermaß $\frac{D-d}{2}$ darf nicht zu groß sein. Dadurch hat der Klebstoff die Möglichkeit, sich in den Oberflächenrauheiten einzulagern. Ein Abstoßen des Klebstoffs erfolgt in diesem Fall nicht.

- Die **Oberflächenrauheit** mit Rauhtiefen R_z von 10 bis 15 µm (N 8) bringt dem Klebstoff eine optimale Voraussetzung.
- **Kein zu schnellhärtendes Produkt** einsetzen. Durch die beim Einpreßvorgang entstehende Reibungswärme besteht die Gefahr der vorzeitigen Produktaushärtung.
- **Bei zu großen Überdeckungslängen** kann in der Verbindung ein Klebstoffmangel entstehen. Dieser führt unweigerlich zum Abreißen des Klebstoffilms.

Die Vorteile einer Preßpassung mit Klebstoff sind:

- Erhöhung der Druckscherfestigkeit t_D (DIN 54452) und der Torsionsfestigkeit t_T (DIN 54455)
- Kostenverringerung durch die Herabsetzung der Fertigungskosten (Oberfläche R_z 10–15 µm),
- Erhöhung der Traganteile der Fügeflächen durch den ausgehärteten Klebstoff. Die Luftspalte werden durch den Klebstoff vollständig ausgefüllt.
- Ausschluß von Korrosionserscheinungen wie Kontaktkorrosion, Passungsrost usw. durch den Ausschluß von Luftsauerstoff aus der Verbindung.

4.5.3 Gleitpassungen mit Klebstoff

Ein preislich sehr günstiger Montagefall ist das Befestigen von Fügeverbindungen mit anaeroben Klebstoffen (Gleitpassung, *Abb. 4.19c*). Durch diese Methode können die Herstellkosten stark reduziert werden. Neben einem breiten Toleranzfeld ist bestenfalls eine Oberflächenrauheit R_z von 10 bis 15 µm (N 8) erforderlich. Die produktspezifischen Festigkeiten von niedrigfest mit 4 N/mm^2 bis hochfest mit 40 N/mm^2 lassen eine optimale Gestaltung einer Fügeverbindung zu. Dabei sollen folgende Parameter eingehalten werden:

- Die **Oberflächenrauheit** R_z soll 10 bis 15 µm (N 8) betragen. Dadurch erhalten wir eine optimale Produktfestigkeit der Fügeverbindung.
- Der **Klebstoffauftrag** soll nach Möglichkeit auf beide Fügeflächen erfolgen. Dies bringt den Vorteil, daß insbesondere bei großen Überdeckungslängen in der Verbindung kein Klebstoffmangel auftritt.
- Das **Zusammenfügen** der Teile ist unter leichter Drehbewegung durchzuführen.
- **Keine Bewegung der Teile** bis zur Eigenfixierung des Klebstoffs.

Die *Vorteile der Gleitpassung mit Klebstoff* sind:

- Geringe Herstellungskosten durch eine betriebsgerechte Fertigung der Fügeteile. Die Montagearbeiten lassen sich an jedem Arbeitsplatz ausführen, da keine Presse erforderlich ist. Keine Deformierung der Teile während der Montage.
- Winkelfehler, welche durch den Einpreßvorgang entstehen können, werden ausgeschlossen. Da fertige Montageteile verbaut werden können, ist eine Nachbearbeitung der Bauteile in vielen Fällen nicht mehr notwendig.
- Ausschluß von Korrosionserscheinungen wie Kontaktkorrosion, Passungsrost usw. durch den Ausschluß von Luftsauerstoff aus den Verbindungen.

4.5.4 Gleitpassungen mit Keil und Klebstoff

Wie bei der Gleitpassung ohne Keil bringt auch der Einsatz von anaeroben Klebstoffen bei der Verwendung von Gleitpassungen mit Keil Vorteile. In jedem Fall empfiehlt es sich, die Konstruktion zu berechnen, da bei „normaler" Betriebslast der Verbindung möglicherweise auf den Keil verzichtet werden kann.

Rechenbeispiel:

Aufgabe: Auf eine Stahlwelle soll ein Zahnrad aufgeklebt werden.

Konstruktion: Welle Stahl CK 60, Durchmesser 20 mm; Zahnrad Stahl CK 60, Bohrungsdurchmesser 20 mm
Spiel 2/100 bis 4/100 mm
Überdeckungslänge $l_ü = 25$ mm
Oberflächenrauheit $R_z = 2$ bis 3 µm (N 4)
Temperaturbelastung + 10 °C bis 50 °C
Belastung, dynamisch
Kleberfestigkeit $\tau_{Kl} = 21$ N/mm^2

Gesucht: a) Druckscherfestigkeit τ_D
b) Torsionsfestigkeit τ_T

Faktoren: Material	0,75
Fügespiel $\frac{D-d}{2}$	1,0
Überdeckungsfläche	1,0
Oberflächenrauheit	0,8
Temperaturbelastung	1,0
Belastung, dynamisch	0,17
Faktor f_{ges}	0,102

a) Druckscherfestigkeit

$\tau_D = d \cdot \pi \cdot l_{ü} \cdot \tau_{Kl} \cdot f_{ges}$
$\tau_D = 20 \cdot 3{,}14 \cdot 25 \cdot 21 \cdot 0{,}102$

Druckscherfestigkeit τ_D der Verbindung = 3362,94 N

b) Torsionsfestigkeit

$\tau_T = \tau_{Kl} \dfrac{\pi \cdot l_{ü} \cdot d^2 \cdot f_{ges}}{2}$

$\tau_T = 21 \dfrac{3{,}14 \cdot 25 \cdot 400 \cdot 0{,}102}{2} = 33629{,}4 \text{ Nmm}$

Torsionsfestigkeit τ_D der Verbindung = 33,629 Nm

4.5.5 Berechnungsbeispiel für anaerobe Klebstoffe

Aufgabe: In einen Flansch aus GG soll eine Stahlwelle eingeklebt werden. Die gesamte Druckscherkraft F_D liegt bei 35000 N.
Welche Überdeckungslänge $l_{ü}$ muß eingehalten werden, damit diese Kraft übertragen werden kann?

Konstruktion: Welle Stahl 37, $d = 18$ mm,
Flansch GG 20, Bohrungsdurchmesser 18 mm
Spiel 3/100 bis 5/100 mm,
Oberfläche $R_z = 10$ bis 15 µm (N 8),
Temperaturbelastung + 55 °C,
Belastung, leicht schwellend,
Kleberfestigkeit $\tau_{Kl} = 36{,}5$ N/mm²

Faktoren:	
Material	0,6
Oberflächenrauheit	1,0
Temperaturbelastung	1,0
Spiel $\frac{D-d}{2}$	1,0
Belastung (Zeitstandfestigkeit)	0,7
Faktor f_{ges}	0,42

Dies ergibt eine effektive Festigkeit $\tau_{Kl\,eff}$ vom Klebstoff von $\tau_{Kl} \cdot f_{ges} = 36{,}5 \cdot 0{,}42 = 15{,}33$ N/mm²

Gesucht: Fläche A zur Übertragung der Gesamtkraft F_D von 35000 N.

$$\text{Fläche } A = \frac{F_D}{\tau_{Kl\,eff}}$$

$$A = \frac{35000}{15{,}33} = 2280 \text{ mm}^2$$

$$\text{Überdeckungslänge } l_{\ddot{u}} = \frac{A}{d \cdot \pi}$$

$$l_{\ddot{u}} = \frac{2280}{18 \cdot 3{,}14} = 40{,}33 \text{ mm.}$$

Für die Übertragung der Druckscherkraft F_D von 35000 N ist bei einem Durchmesser von 18 mm, eine Überdeckungslänge $l_{\ddot{u}}$ von 40,33 mm erforderlich.

4.5.6 Einflußfaktoren (Rauhtiefe und Spaltbreite)

Einfluß der Rauhtiefe bei einer Naben-Wellenverbindung mit Diacrylatklebstoffen
Die geometrische Oberfläche (Rauhtiefe) des Fügeteils hat einen bedeutenden Einfluß auf die Festigkeit der Fügeverbindung. *Abb. 4.20* zeigt uns deutlich den Zusammen-

hang zwischen der Rauhtiefe und der Festigkeit bei anaeroben Produkten. Der Idealwert von R_z liegt bei 10 µm. Unter 7 µm und über 12 µm Rauhtiefe fällt die Gesamtfestigkeit der Verbindung ab.

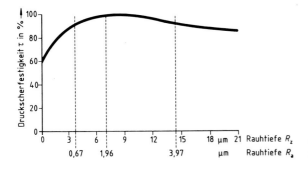

Abb. 4.20. Einfluß der Rautiefe bei anaeroben Klebstoffen.

Spaltbreiten und deren Überbrückung

Ein wesentlicher Faktor ist die Spaltbreite, auch als Klebstoffschicht bekannt. Aus den Diagrammen *(Abb. 4.20 und 4.21)* sehen wir, daß ein Zusammenhang zwischen Rauhtiefe, Spaltbreite und Festigkeit des Klebstoffs besteht. Die höchste Festigkeit wird bei Diacrylaten mit einem Klebespalt von 25 µm erreicht, darunter und darüber fällt die Festigkeit ab. Für die verschiedenen Spaltbreiten und Einsatzgebiete als Sicherung, Dichtung oder Naben-Wellenverbindung werden unterschiedliche Viskositäten und festigkeitsunterschiedliche Produkte eingesetzt. Für Spaltbreiten von 6 bis 25 µm sollte eine dünnflüssige Viskosität von 40 mPa·s (Wasser ähnlich), von 25 bis 75 µm eine Viskosität von 150 mPa·s (ölartig), von 75 bis 300 µm eine Viskosität von 700–1000 mPa·s (honigartig) und von 300 bis 400 µm und mehr eine hohe Viskosität (ablauffest) von 4000 mPa·s oder thixotrope Einstellungen eingesetzt werden. Bei Spaltgrößen von mehr als 0,5 mm fällt die Festigkeit auf 20% der Anfangsfestigkeit bei einer Klebstoffdicke von 0,025 mm.

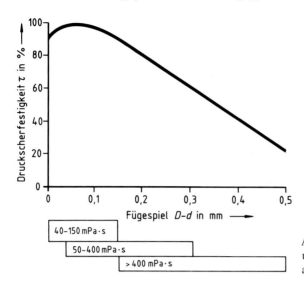

Abb. 4.21. Einfluß der Spaltbreiten und deren Überbrückung mit anaeroben Klebstoffen.

4.5.7 Fertigungskosten von Fügeverbindungen

Neben den technischen, konstruktiven Gesichtspunkten – bei der Verwendung von Diacrylaten zur Verklebung – spielt der Kostenfaktor eine wichtige Rolle. Für die in *Abb. 4.22* aufgezeigte Kostenbetrachtung sind jeweils gleiche Qualität und Funktion der Verbindung maßgebend gewesen.

Die Graphik *(Abb. 4.22)* zeigt uns die relativen Fertigungskosten in Abhängigkeit von der Passungstoleranz für zwei verschiedene Durchmesser. (Verwendet wurden anaerobe Klebstoffe.) In der Regel werden durch das Kleben kostensparende Konstruktionen möglich und es kann mit gröberen Passungen und einer geringeren Oberflächengüte gearbeitet werden. Die Montage ist nicht kompliziert. Das markierte dunkle Feld zeigt die Passungstoleranzen, welche bei der Herstellung einer Klebefügeverbindung verwendet werden. An dem spezifischen Schnittpunkt von Passungstoleranz und Durchmesser ergeben sich die relativen Fertigungskosten. Der Vergleich zeigt deutlich wie preisgünstig mit der Klebetechnik gefertigt werden kann.

Den Einfluß der Rauhtiefe R_z auf die relativen Fertigungskosten bei verschiedenen Durchmessern können wir in *Abb. 4.23* erkennen. Der günstigste Rauhtiefenbereich für Diacrylate ist der dunkle markierte Bereich. Wie wir aus der Graphik *(Abb. 4.23)* ersehen, ergeben größere Rauhtiefen (R_z) deutliche Kostenvorteile gegenüber feinerer mechanischer Oberflächenbearbeitung. Die Klebetechnik bietet eindeutig einfachere Fertigungsverfahren bei gleicher Qualität gegenüber mechanischer Sicherung oder Schrumpfung von Naben-Wellen an. Ein weiterer Vorteil liegt auch in der gleichmäßigen Spannungsverteilung über der Welle.

4.5 Fügeverbindungen 61

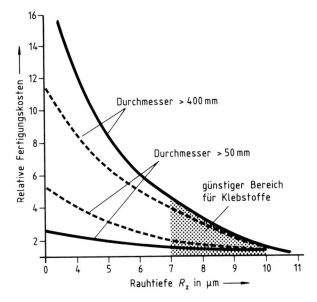

Abb. 4.22. Relative Fertigungskosten für ISO-Toleranzen, abhängig vom Durchmesser. (Bezug IT 11).
Klebstoffe: Anaerobe Produkte.

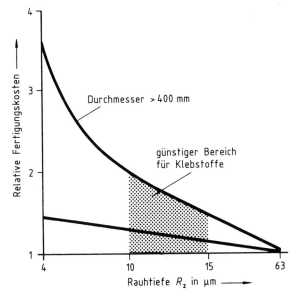

Abb. 4.23. Relative Fertigungskosten, bezogen auf die Oberflächenrauheit bei verschiedenen Durchmessern.
($R_z = 63\ \mu m$).
Klebstoffe: Anaerobe Produkte.

4.5.8 Abdichten von Rohrverschraubungen

Das Abdichten von **Rohrverschraubungen** *(Abb. 4.24)* wie Hydraulikleitungen, Druckluftleitungen, Kühl- und Schmierstoffleitungen kann mit Feststoffdichtungen problematisch sein.

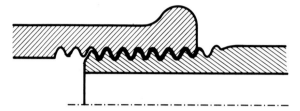

Abb. 4.24. Die Rohrverschraubung.

Werden Flächen wie Getriebebauteile, Flansche usw. mit Feststoffdichtungen abgedichtet, so kann es durch diese Dichtungen zu „Setzerscheinungen" in den Verbindungen kommen. Aufwendige „Servicearbeiten" sind nicht zu umgehen. Bei unsachgemäßem Nachziehen der Verbindungen sind Leckagen eine unumgängliche Folge.

Durch den Einsatz von anaeroben Kleb- und Dichtstoffen wird bei Rohrgewindeverbindungen der ganze Zwischenraum zwischen den Gewinden mit Klebstoff ausgefüllt. Die Verbindungen sind dicht und gegen Vibrationen gesichert. Zusätzlich wird die Korrosionsgefahr in den Gewinden weitgehend ausgeschlossen.

Das gute Gelingen ist aber weitgehend vom normgerechten Schneiden der Gewinde abhängig. Die Gewindeverbindungen müssen bei der Montage angezogen werden. Die dabei zustandekommende Flankenpressung im Gewinde garantiert uns eine dauerhafte Verbindung auch unter schwersten Bedingungen.

4.5.9 Abdichten von Flächen

Durch den Einsatz von anaeroben Klebstoffen werden bei Fügeflächen lediglich die Oberflächenrauheiten und Unebenheiten der Verbindungsteile ausgefüllt. Beim Festziehen der Fügeverbindung kommt es zum Metallkontakt zwischen zwei Teilen. Ein nachträgliches „Setzen" wird nahezu ausgeschlossen. Die Verbindungen sind dicht, gegen die meisten Medien beständig und gegen Korrosion geschützt. *(Abb. 4.25a und 4.25b).*

Um eine **betriebssichere Verbindung** zu erlangen, sind einige Parameter zu berücksichtigen:

- Eine richtige Konstruktion und Steifigkeit der Verbindung.
- Die richtige Wahl des Dichtungsmittels, Demontierbarkeit der Verbindung, Beständigkeit gegenüber den vorgegebenen Betriebsbedingungen (Temperatur, Medien, Druck usw).

Merke:

- Bei feinen und planen Oberflächen sind vorzugsweise dünne, harte Dichtungen einzusetzen.
- Bei groben, welligen Oberflächen sind vorzugsweise dickere, weichere Dichtungen einzusetzen. *(Abb. 4.25 und Abb. 4.26)*.

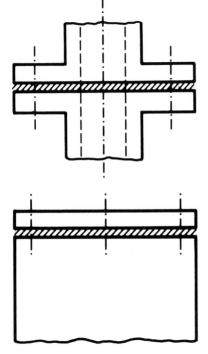

Abb. 4.25. Abdichten von Flanschen.

Abb. 4.26. Abdichten von Getriebedeckeln.

5 Klebstoff als Dichtungs- und Verbindungselement

Ein Klebstoff beinhaltet zwangsläufig auch die Funktion einer Dichtung. Die Grenzen zwischen einem Klebstoff und einem Dichtstoff sind nur schwer zu ziehen, und es wäre verständlicher von Klebdichtungsstoffen oder Dichtungsklebstoffen zu sprechen. Denn in jedem Fall finden wir im Klebstoff und Dichtstoff immer eine Adhäsion und Kohäsion. Diese Festigkeit ist aber produktspezifisch stark unterschiedlich.

Die herkömmliche Bezeichnung lautet:

- **Dichtungsmaterialien sind Dichtstoffe oder Dichtungsmassen, Klebstoffe sind Kleber oder Adhäsive.**

Diese produktspezifischen Abgrenzungen sollten nach dem heutigen Stand der Technik und Entwicklung nicht mehr verwendet werden.

Eine eindeutige Bezeichnung der Dichtstoffe könnte uns sicher weiterhelfen. Doch auch die Angaben der DIN-Vorschrift 52460 bringen uns keine Klarheit. Ein Vorschlag geht heute dahin, Dichtstoffe in Anlehnung an DIN-Vorschrift 16920 (Klebstoffverarbeitung und Begriffe) wie folgt zu definieren:

- **Dichtstoffe sind nichtmetallische Werkstoffe, die Spalten (Fugen, Hohlräume usw.) zwischen Körpern infolge Oberflächenhaftung (Adhäsion) und volumenüberbrückenden Eigenschaften (Kohäsion) ausfüllen, ohne das Gefüge der Körper zu verändern.**

Dieser Vorschlag, Dichtstoffe und Klebstoffe zusammenzufassen, ist sicher begreiflich, denn beide Gruppen haben als gemeinsame Funktionen das vollständige Ausfüllen des Klebe- bzw. Dichtungsspaltes und eine optimale Haftung an den Flächen.

Der eigentliche Unterschied liegt jedoch in der **Hauptfunktion:**

- Der Klebstoff soll in erster Linie kraftübertragende Verbindungen herstellen.
- Der Dichtstoff soll in erster Linie die Dichtigkeit der Verbindung gewährleisten.

Ein Dichtstoff ist gleichzeitig ein Klebstoff, ein Klebstoff ein Dichtstoff.

Von der Klebstoffindustrie wird immer noch die Einteilung von Dichtstoffen und Klebstoffen nach der Elastizität der Produkte abgeleitet.

Dies zeigt das Zugscherfestigkeit – Dehnungsdiagramm auf *(Abb. 5.1)*.

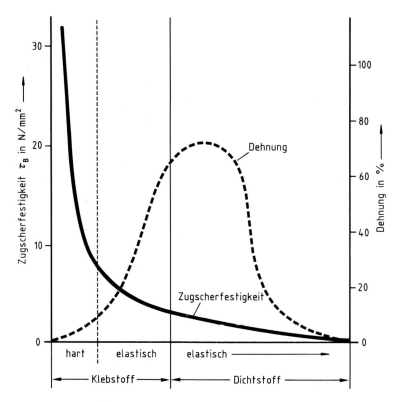

Abb. 5.1. Zugscherfestigkeit und Dehnung bei Dicht- und Klebstoffen.

Dichtstoffe werden aus folgendem Basismaterial hergestellt: Polyurethan, Silikon, Polysulfid, Nitrilkautschuk und Acrylat (s. *Tabelle 5.1*).

Je nach Verwendungszweck werden die verschiedenen Typen auf ihre Umweltbelastungen abgestimmt und eingesetzt (Gase, Flüssigkeiten, Klima usw).

Mit den gebräuchlichen Dichtungsmassen können fast alle Materialien ohne Probleme verbunden werden. Schlechte Adhäsion zeigt sich jedoch auch hier bei unvorbehandelten Kunststoffen wie: Polyethylen, Polytetrafluorethylen, Polypropylen, Polyacryl, Polyoximethylen.

Tabelle 5.1 Produkteinteilung und Zusammensetzung.

Produkt	Rohstoff	Härter	Hersteller	Zusammensetzung
Polyurethane (PU)	Einkomponenten-Polyurethane	Isocyanate	BAYER, DU PONT, GOODRICH, ICI	Rohstoffe, Aktivatoren
	Zweikomponenten-Polyalkohole			Weichmacher, Füllstoffe, Pigmente, Alterungsschutzmittel, Lichtstabilisatoren, Trocknungsmittel
Silikone (Si)	Silikon-Kautschuk		BAYER, WACKER, RHONE-POULENC, ICI, DOW CORNING	Rohstoffe, Vernetzer, Füllstoffe, Pigmente, Verdünner, Alterungsschutz, Lichtstabilisatoren, Lösungsmittel
PVC-Plastisole (PVC)	Polyvinylchlorid		HOECHST, CWH, WACKER, BASF, ICI, GOODYEAR, FIRESTONE, MONTECATINI, RHONE-POULENC	Rohstoffe, Weichmacher, Haftvermittler, Füllstoffe, Pigmente, Peroxide, Lichtstabilisatoren
Polyisobutylen-Butyl-Kautschuk (PIB/BR)	Polyisobutylen		NAPHTACHEMIE, AMOCO, BASF, BUTHYL-KAUTSCHUK ESSO, POLYMER-COOPERATION	Füllstoffe, Pigmente, Harze, Alterungsschutzmittel, Vulkanisationsmittel, Lösungsmittel, Asbestfasern
Polyacrylate (PA)	Polyacrylsäure- bzw. Polymethacrylsäureester		BASF, RHÖM GmbH, ROHM und HAAS, SYNTHOMER CHEMIE	Klebharze, Weichmacher, Füllstoffe, Pigmente, Verdickungsmittel, Bakterizide, (Lösungsmittel)
Trockene Öle	pflanzliche und tierische Öle		ÖLWERKE	Trockenstoffe (Sikkative), Füllstoffe, Pigmente, Additive (Modifizierung der Härtungseigenschaften), Asbestfasern
Polysulfide (PSU)	Polysulfide		THIOKOL GmbH	Weichmacher, Füllstoffe, Pigmente, Haftvermittler, Beschleuniger, Verzögerer, Oxidationsmittel

5.1 Silikonkautschuk als Dichtstoff

Beschreibung: Silikonkautschuk ist ein harz- oder kautschukartiger Rohstoff, der aus Siliciumketten aufgebaut ist. Die daraus hergestellten Dichtungsmassen sind als Einkomponenten- oder Zweikomponenten-Systeme erhältlich.

Die Aushärtung der Einkomponenten-Systeme erfolgt durch Luftfeuchtigkeit und unter Abspaltung von Essigsäure oder Amin. Diese Spaltprodukte können für die Typenwahl sehr wichtig sein, da Essigsäure unter Umständen korrosionsbildend ist. Die Dauer der Vernetzung (Härtung) hängt von der Kettenlänge, der Reaktivität der Endgruppen und der Art der Seitengruppen ab.

Zweikomponenten-Systeme sind zum Teil hochviskose und knetbare Massen. Eine Komponente enthält den Silikonkautschuk, die andere Komponente ein organisches Peroxid, welches die Vernetzung bewirkt. Harz und Härter werden in getrennten Gebinden angeliefert und müssen vor der Verarbeitung zusammengemischt werden.

Die Silikondichtungsmassen können mit speziellen Farben eingefärbt werden.

Eigenschaften: Die chemischen Eigenschaften der Silikondichtungsmassen sind weitgehend vom Füllstoff abhängig. Die physikalischen Eigenschaften wie Bruchdehnung, Zugfestigkeit, Rückstellvermögen, Deformierbarkeit und die elektrischen Werte sind im Gegensatz zu anderen Kautschukarten, von der Temperatur nahezu unabhängig. Diese Eigenschaften verändern sich auch nach jahrelanger Verwitterung nicht.

Temperaturbereich: Der Einsatzbereich geht von $-60\,°C$ bis $+200\,°C$, kurzfristig auch von $-100\,°C$ bis $+250\,°C$. Über $+300\,°C$ tritt Zersetzung ein.

Chemische Beständigkeit: Grundsätzlich sind die Silikondichtungsmassen gegen die meisten Flüssigkeiten und Gase beständig. Die transparenten Typen sind zusätzlich gegen Wasserstoffperoxid in allen Konzentrationen resistent.

Nicht beständig sind sie gegen: Niedermolekulare Lösungsmittel, Ester, Ketone, Ether, aliphatische und aromatische Kohlenwasserstoffe z. B. Benzin. Es tritt eine Quellung der Silikonmasse auf. Schwefelsäure und Salpetersäure zerstören die Klebeschicht.

5.2 Butadien-Acrylnitril-Kautschuk als Dichtungsmasse

Beschreibung: Butadien-Acrylnitril-Dichtungsmassen werden meistens in Ketonen gelöst. Sie ergeben eine gummiartige, flexible Dichtung, deren Haftung geringer als bei Regenerat-Kautschuk ist.

Eigenschaften: Gute Alterungsbeständigkeit mit geringer Neigung zur Versprödung, Temperaturbeständigkeit von $-30\,°C$ bis $+95\,°C$, lange Aushärtungszeit.

Verwendung: Im Flugzeugbau, für Dichtungs- und Klebearbeiten im Innenraum von Kraftfahrzeugen, für das Abdichten von Windschutzscheiben.
Mit Metallstaubzusatz wird das Produkt auch als Spachtelmasse verwendet.

5.3 Butyl-Kautschuk als Dichtungsmasse

Beschreibung: Aus Butyl-Kautschuk werden gummiartige Dichtungsmassen mit einer zähflüssigen Konsistenz hergestellt. Es handelt sich um ein lösungsmittelhaltiges System, welches durch Verdunsten vom Lösungsmittel aushärtet.

Eigenschaften: Gute Witterungsbeständigkeit, bleibt dauerelastisch, Temperaturbeständigkeit von $-30\,°C$ bis $+100\,°C$. Nicht beständig ist diese Dichtungsmasse gegen Öle und Benzin.

Verwendung: Abdichtungsmasse für den Karosseriebau, Verdecke, Bodennähte, Blechstöße, Luftkanäle, Fassadenelemente usw.

Verarbeitungshinweis: Verarbeitung aus der Kartusche. Das Produkt ist auch in Bandform lieferbar.

5.4 Polyurethan-Dichtungsmassen

Beschreibung: Polyurethan-Dichtungsmassen können sowohl als Einkomponenten- als auch als Zweikomponenten-Systeme geliefert werden.

Die Einkomponenten-Systeme härten durch Luftfeuchtigkeit aus. Die Zweikomponenten-Systeme werden aus dem preisgünstigen Rizinusöl und Toluylendiisocyanat hergestellt. Die Aushärtung erfolgt durch Mischen von Harz und Härter. Durch die Zugabe von bestimmten Füllstoffen während der Fabrikation, z. B. Öle, läßt sich der Weichheitsgrad der Dichtungsmassen einstellen.

Eigenschaften: Polyurethan-Dichtungsmassen weisen eine sehr gute Beständigkeit gegen Öle, Benzin und ähnliche Lösungsmittel auf. Eine ausgezeichnete Seewasserbeständigkeit zeichnet sie zudem aus. Ihre Temperaturbeständigkeit reicht von $-150\,°C$ bis $+60\,°C$.

Verwendung: Für das Eindichten und Eingießen von Batterieteilen im Fahrzeugbau. Als Dichtungsmasse im Automobil- und Schiffsbau.

Verarbeitungshinweis: Das Produkt wird aus der Kartusche oder aus dem Behälter mit Dosiergeräten verarbeitet.

5.5 Technische Dichtung

Eine technische Dichtung hat die Aufgabe, an montagebedingten Trennfugen das Eindringen oder Austreten von Gasen, Flüssigkeiten oder Feststoffen zu verhindern.

Medien unter Druck oder Vakuum versuchen, unter Einfluß der vorherrschenden Druckdifferenzen, durch die Fügeverbindung ein- bzw. auszutreten. Eine Leckstelle hängt daher unter anderem von der Porosität des Dichtungsmaterials und dem Querschnitt des Dichtungsspaltes ab (Klebstoffschicht).

Wirksamkeit einer Verklebung als Dichtung: Die Wirksamkeit einer Abdichtung wird durch eine ausgewogene Abstimmung der Temperatur, Medien und Druck mit den Konstruktionserfordernissen bestimmt. Bei der Wahl des geeigneten Dichtungsmittels sind diese Punkte ausschlaggebend.

Die Lösung eines Dichtungsproblems ist durch die Problemstellung vorgegeben *(Abb. 5.2)*.
Es stehen verschiedene Abdichtungsarten zur Verfügung.

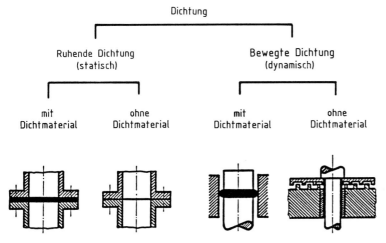

Abb. 5.2. Verschiedene Abdichtungsarten.

5.6 Prinzip einer Flächendichtung

Es wäre kein zusätzliches Dichtungsmaterial erforderlich, wenn die Fügeflächen absolut aufeinander passen würden.
Arbeitstechnisch ist jedoch eine solch feine Oberfläche in der Herstellung viel zu teuer. Da nun in der Realität immer Bearbeitungsspuren auf den Oberflächen vorzufinden sind, welche ein metallisches Dichten nicht zulassen, müssen geeignete Dichtungsmittel eingesetzt werden.
Als Flächendichtung bieten sich vier verschiedene Varianten an:

- **Metallische Dichtung**
  Abdichten der gegeneinander gepreßten Dichtflächen (z. B. Preßsitz). Hier bleibt jedoch die unerwünschte Korrosion kaum aus *(Abb. 5.3)*.

Abb. 5.3. Metallische Dichtung.

- **Abdichtung durch Klebstoffe**

Durch das Abdichten der Fügeflächen mit einem Klebstoff als Dichtungsmasse werden Korrosionserscheinungen durch den Ausschluß von Luftsauerstoff aus der Verbindung vermieden *(Abb. 5.4)*.

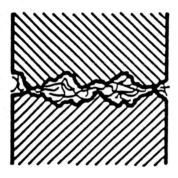

Abb. 5.4. Abdichtung durch Klebstoffe.

- **Abdichten durch eine Feststoffdichtung**

Beim Abdichten der Fügeflächen durch eine Feststoffdichtung wird je nach Wahl des Dichtungsmaterials ein mehr oder weniger ausgeprägtes „Setzen" der Dichtung erfolgen. Ein Nachziehen der Verschraubung ist erforderlich *(Abb. 5.5)*.

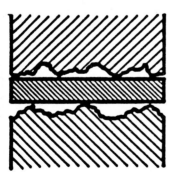

Abb. 5.5. Abdichtung durch eine Feststoffdichtung.

● **Abdichtung mit Feststoffdichtung und Klebstoff**
Beim Abdichten mit einer Feststoffdichtung und dem Klebstoff als Dichtstoff werden unter anderem „beschichtete Feststoffdichtungen" verwendet *(Abb. 5.6)*.

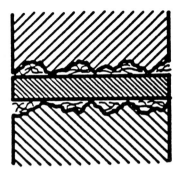

Abb. 5.6. Abdichtung mit Feststoffdichtung und Klebstoff.

Welcher der vier Möglichkeiten im Einzelfall der Vorzug zu geben ist, bestimmen folgende Faktoren:

● Betriebsbedingungen wie Temperatur, Druck und chemische Beständigkeit,
● Konstruktion, Material, Verbindungsart und Stabilität der Verbindung,
● Kosten für den fertigungstechnischen Aufwand wie Schruppen, Schlichten, Polieren oder für die chemische Vorbehandlung.

5.7 Verschiedene Anwendungsbeispiele einer Dichtung aus elastischem Klebstoff oder plastischen Dichtungsmassen

Werden Klebstoffe als Verbindungselement eingesetzt, so wird mehr Wert auf die Verbindung, Haftung und Festigkeit der Verbindung gelegt *(Abb. 5.7)*.

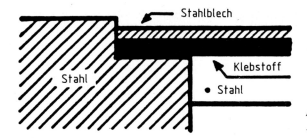

Abb. 5.7. Das Verkleben und Abdichten eines Containerdachs.

Wenn Klebstoffe als Dichtstoffe eingesetzt werden, wird mehr Wert auf die Abdichtung der Fügeteile mittels Klebstoff gelegt, obwohl ein Verbund entsteht *(Abb. 5.8)*.

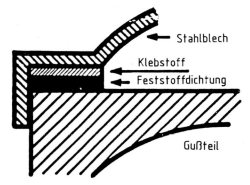

Abb. 5.8. Verkleben mit einer Feststoffdichtung bei einem Ventilkammerdeckel.

Bei einer statischen Dichtung zwischen zwei Flanschen wird mehr Wert auf das Abdichten der Fügeteile gelegt. Der Einsatz von hochfesten Klebstoffen könnte eine Demontage der Teile erschweren oder unmöglich machen *(Abb. 5.9)*.

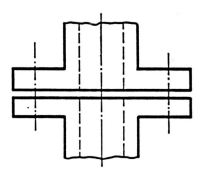

Abb. 5.9. Abdichten von Flanschen – statische Dichtung.

Das Abdichten von Flanschen kann vorzugsweise ohne Klebstoff geschehen. Der Einsatz von Feststoffdichtungen mit Klebstoffen ist ebenfalls möglich.

Elastische Klebstoffe werden als Flächendichtung verwendet: Bei Verbindungen Aluminium/Stahl im Maschinenbau, in der Elektronik, als Bauteile von Metall,

5.7 Verschiedene Anwendungsbeispiele einer Dichtung

Gummi, Glas, Keramik und für konstruktive Aluminium-Verklebungen im Containerbau und Metallbau.

Elastische Klebstoffe flüssig oder in Pastenform werden benutzt für lösbare, abziehbare Dichtungen in Maschinen, Motoren, Pumpen und Flanschen, Schweißkonstruktionen, Getriebekästen, Motorgehäusen, Windschutz- und Heckscheiben, Ventilatorbau, Containerbau *(Abb. 5.10)* usw.

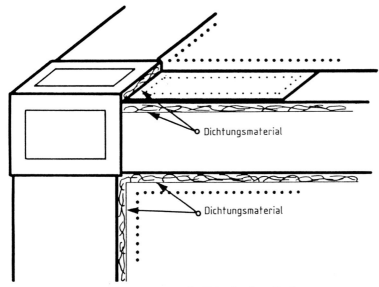

Abb. 5.10. Containerbau, Abdichtung für Eckteile eines Dachs.

Profilierte und ungeformte elastische Klebstoffe braucht man zum Abdichten von Haushaltsgeräten (Kühlschränke usw.), für Wohnwagen, im Karosseriebau, für Bodenbeläge, für Werkzeug- und Baumaschinen sowie für Lüftungskanäle, Luftkanalstöße, Blechverklebungen usw.

5.8 Nahtabdichtung

Wird aus fertigungstechnischen und wirtschaftlichen Gründen eine Flächendichtung abgelehnt, so kann eine nachträgliche Nahtabdichtung mit Klebstoffen durchgeführt werden. Eine **Nahtabdichtung** dichtet und verklebt bereits montierte und verbundene Fügeteile von außen ab *(Abb. 5.11)*.

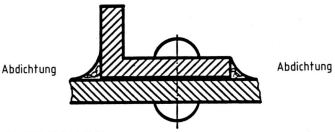

Abb. 5.11. Nahtabdichtung.

Je nach Montagefall wird der Klebstoff von außen oder innen auf die Trennfuge der Verbindungsteile gegeben *(Abb. 5.12)*.

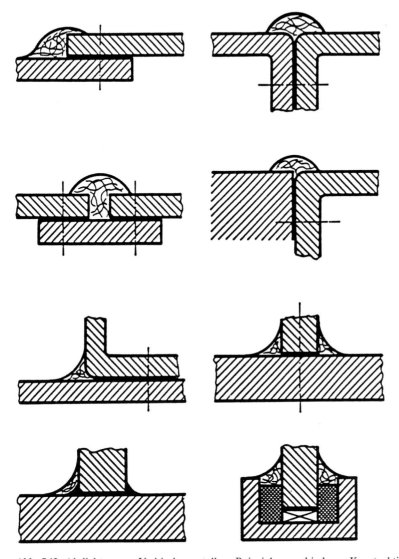

Abb. 5.12. Abdichten von Verbindungsstellen, Beispiele verschiedener Konstruktionen.

Das Material für die Nahtabdichtung richtet sich nach den Anforderungen der Einsatzgebiete.

Elastische Klebstoffe für geringe Anforderungen:
Nahtstellen bei Stahlkonstruktionen, allgemeine Nahtabdichtung im Schiffs-, Container-, Wohnwagen- und Karosseriebau, Profilkonstruktionen, Gehrungen im Metallapparatebau usw.

Elastische Klebstoffe für hohe Anforderungen:
Witterungsbeständige Verbindungen bei Fassaden-, Fenster- und Türverglasungen, Anschlußfugen bei Stahlkonstruktionen, Schiffsbau (Plankenverklebung, Luckenabdichtung), Kühlanlagen, Container- und Waggonbau, Innenausbau von Küchen, Haushaltsgeräte, Sanitärbereich, Karosserie- und Automobilbau, Flugzeugbau, Baugewerbe, Elektronikindustrie. Geformte Dichtungen als Schutz von Wickelköpfen in Motoren, Abdichtung und Verklebung von Gehäusen und Kabelanschlüssen usw.

Plastische Dichtungsmassen:
Blechanstöße in Lüftungs- und Heizungskanälen, Klimaanlagen, Glas/Blechabdichtungen im Karosserie- und Fahrzeugbau, Glas/Gummi-Verbindungen bei Fensterabdichtungen, Aufbauten von Kühlwagen (Blech/Blech/Styropor/Gummi/Holz-Verbindungen), bei Fassadenelementen, witterungsbeständigen Stahlkonstruktionen, Abdichten im Wohnwagenbau (Sperrholz/Blech/Kunststoff), Radkastenabdichtungen, Containerbau, Innenausbau usw.

5.9 Klebstoffe als Dichtungsmasse für Blech- und Stahlkonstruktionen

Bei der Verwendung als Dichtungsmasse für Blech- und Stahlkonstruktionen werden folgende Anforderungen an die Klebstoffe gestellt:

- Dynamische Belastbarkeit (Schwingungen, Vibrationen usw.),
- chemische Belastbarkeit (Säure, Laugen, organische Lösungsmittel, Gase usw.),
- Temperaturbeständigkeit (Kälte und Wärme),
- Druck- und Vakuumbeständigkeit,
- gute, wirtschaftliche Verarbeitung,
- Überlackierbarkeit.

5.9 Klebstoffe als Dichtungsmasse für Blech- und Stahlkonstruktionen

Dies sind hohe Anforderungen an eine Nahtabdichtung. Die Vielzahl der konstruktiven Lösungen machen eine differenzierte Produktpalette erforderlich.

Abb. 5.13 zeigt verschiedene Konstruktionsmöglichkeiten zum Abdichten von Verbindungen.

a) Geschäftete Überlappung,
   sehr gute Festigkeitswerte

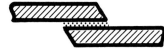

b) Zugeschärfte Überlappung,
   reduzierte Spannungsspitzen

c) Doppelte Überlappung,
   sehr gute Festigkeitswerte

d) Zugeschärfte Doppellasche,
   sehr gute Festigkeitswerte

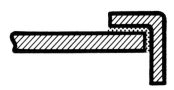

e) Blech- und Profilverbindungen,
   gute Festigkeitswerte

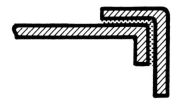

f) Blech- und Profilverbindungen,
   sehr gute Festigkeitswerte

g) Stumpfer Stoß,
   ungeeignete Konstruktion

h) Einfache Überlappung,
   hohe Spannungsspitzen

i) Abgesetzte Überlappung,
   gute Festigkeitswerte

j) Abgesetzte Doppellasche,
   sehr gute Festigkeitswerte

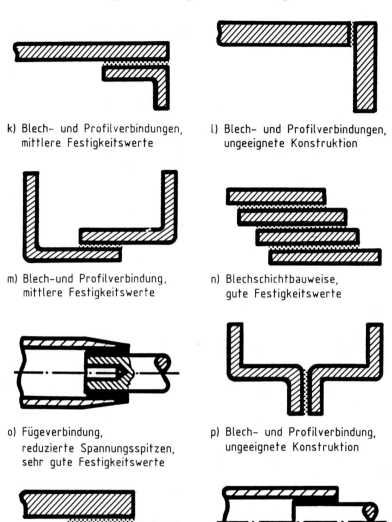

Abb. 5.13. Konstruktive Hinweise zum Abdichten von Verbindungen.

5.10 Verformungseigenschaften plastischer und elastischer Dichtungsstoffe

Rein plastische oder rein elastische Klebstoffe gibt es grundsätzlich nicht. Alle Produkte sind zwischen diesen Grenzwerten einzuordnen.

Dennoch unterteilen wir die Produkte nach plastischen und elastischen Massen. Plastische Dichtungsmassen verformen sich unter Krafteinwirkung, ihre Verformung ist dauerhaft, ein Rückstellvermögen haben diese Produkte nicht. Es ist also keine Dehnung (Gummieffekt) vorhanden *(Abb. 5.14)*.

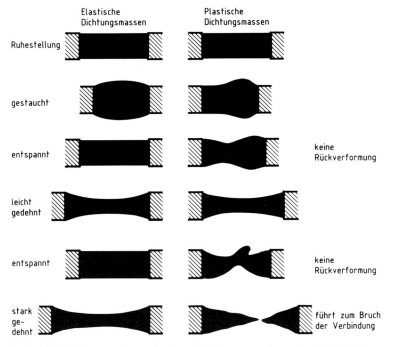

Abb. 5.14. Verformungseigenschaften plastischer und elastischer Dichtstoffe.

Elastische Dichtungsmassen stellen sich nach einer Verformung selbsttätig in die Ausgangslage zurück (Gummieffekt, *Abb. 5.14*).

Rein plastische Dichtungsmassen sind heute nur als Fensterkitt und Teerprodukte bekannt.

5.11 Profilierte und ungeformte Dichtungsmassen

Profilierte und ungeformte Dichtungsmassen werden eingesetzt im: Metallbau, Fahrzeugbau, Stahlbau, Containerbau, Apparatebau, Maschinenbau, Lüftungsanlagenbau, EDV-Anlagebau usw.

In allen Fällen müssen die Dichtungen folgende **Anforderungen** erfüllen:

- Größere Toleranzen müssen überbrückt werden können.
- Die Verbindung der Dichtungsmassen muß dauerhaft sein, auch während eines Transports darf die Dichtheit der Verbindung nicht beeinträchtigt werden.
- Die Verarbeitung der Dichtungsmassen muß wirtschaftlich sein.

Für die vielen Anwendungsgebiete werden die Dichtungsmassen in profilierter oder ungeformter Ausführung als Problemlöser angeboten. Die einzelnen Produkte können plastisch oder elastisch, klebrig oder trocken sein.

Aufgrund der Eigenschaften dieser Dichtungsmassen, schmiegen sie sich bei der Montage der Fügeteile den Unebenheiten der Fügespiele gut an.

Profilierte Dichtmassen besitzen ein dazwischen liegendes Antiadhäsivpapier und können nach Wunsch zugeschnitten werden.

Ungeformte Dichtmassen werden auf die eine Dichtfläche aufgetragen. Sie lassen sich in den meisten Fällen verformen und den gegebenen Montageteilen anpassen.

Abb. 5.15 stellt die Dichtstofftypen, die im Metallbau benutzt werden, in einer Übersicht zusammen.

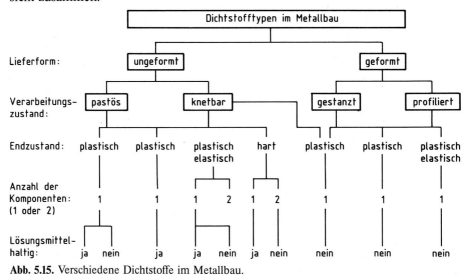

Abb. 5.15. Verschiedene Dichtstoffe im Metallbau.

5.11 Profilierte und ungeformte Dichtungsmassen

Abb. 5.16 zeigt Beispiele zur praktischen Anwendung von profilierten und ungeformten Dichtungsmassen.

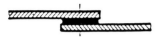

a) Überlappung von Blechen mit profilierter Dichtungsmasse

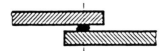

b) Abdichten einer Blechverkleidung gegen ein Gehäuse mit profilierter Dichtungsmasse

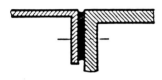

c) Überlappung von Stahlplatten mit profilierter oder ungeformter Dichtungsmasse

d) Zierleiste mit unterlegtem Dichtungsband an Blechstößen

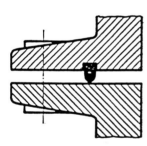
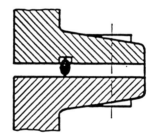

e) Nutendichtung wahlweise mit profilierter oder ungeformter Dichtungsmasse

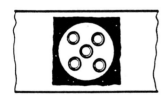

f) Kabel- oder Rohrleitungsdurchführungen mit knetbarer Dichtungsmasse abgedichtet

g) Selbstklebende Abdichtung Blech gegen Holz

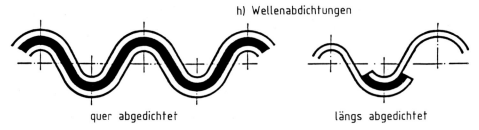

Abb. 5.16. Anwendungsbeispiele für profilierte und ungeformte Dichtungsmassen.

5.12 Verarbeitung der Dichtungsmassen

Vorbehandlung: Verunreinigungen wie Rost, Fett, Wasser u.ä. beeinträchtigen die Haftung von Dichtungs- und elastischen Klebstoffen. Deshalb sind die Dichtungsstellen vor dem Abdichten zu reinigen, anschließend wird die Dichtstelle je nach Anwendung und Material geprimert (mit Haftverbesserer optimiert).

Für den Verarbeitungsbereich der Dichtungs- und Klebstoffe bieten sich je nach Produkt zwei grundsätzliche Systeme an: Die manuelle Verarbeitung und die Verarbeitung mit Applikationshilfen.

Manuelle Verarbeitung: Die Dichtungsmasse wird fertig aus der Tube, mit Pinsel, Spachtel oder Handpistole verarbeitet. Die gebräuchlichste Methode ist der Pistolenauftrag. Mit der Pistole wird ein gleichmäßiges Auspressen der Dichtungsmasse oder Klebstoffmasse aus der Kartusche gewährleistet.

Verarbeitung mit Applikationshilfen: a) Mit Hilfe der Druckluftpistole werden Druckluft-Kartuschen und Kunststoffbeutel verarbeitet. b) Mit der Pumpe werden Dichtungsmassen aus Fässern über Druckschläuche einer Fadenpistole zugeführt. Das Verdichtungsverhältnis liegt je nach Produkt bei 45:1.

Zweikomponentensysteme: Die Komponenten einer Zweikomponenten Dichtungsmasse werden kurz vor der Verarbeitung mit Hilfe von Mischgeräten gut gemischt. Die beiden Komponenten reagieren miteinander, wodurch die Dichtungsmasse langsam aushärtet.

Das Mischen erfolgt mit speziellen Maschinen, z. B. mit Rührflügeln in der eingespannten Kartusche oder in einem Behälter. Zum Verbrauch kann die Masse aus dem Behälter in die Kartusche umgefüllt werden. Dies kann von Hand oder über Misch- und

Abfüllgeräte erfolgen. Bei den Zweikomponenten-Produkten stehen nach dem Ansetzen nur begrenzte, produktspezifische Topfzeiten (Verarbeitungszeiten) zur Verfügung.

Aus diesem Grund müssen die Produkte in der vorgegebenen Zeit verarbeitet werden. Die Geräte und Hilfsmittel müssen vor Abschluß der Topfzeit mit geeigneten Lösungsmitteln gereinigt werden. Angaben der Lösungsmittel sind den technischen Informationsblättern der Klebstoffhersteller zu entnehmen. Die angegebenen Mischverhältnisse müssen unbedingt eingehalten werden.

Der eigentliche Abdichtungsvorgang, das Auflegen der elastischen Klebstoffe oder plastischen Dichtungsmassen, geschieht unter leichtem Druck aus der Pistolen- oder Kartuschendüse gegen die Naht. Die Düse wird den konstruktionsbedingten Oberflächen angepaßt und z. B. abgeschnitten. Man kann die Abdichtungsmasse auch mit Zahnspachteln, Auftragswalzen und anderen Auftragsgeräten aufbringen. Die Dichtungsmassen härten bei Raumtemperatur aus. Höhere Temperaturen führen zu einer beschleunigten, niedrige Temperaturen zu einer langsameren Aushärtung.

Die Überlackierbarkeit der elastischen Klebstoffe und plastischen Dichtungsmassen ist sehr unterschiedlich. Silikonhaltige Produkte sind nicht lackierbar. Bei Fragen wenden Sie sich bitte an den Hersteller.

5.13 Tendenzen und Wechsel der Dichtungs- und Klebstofftechnologie

Für den Anwender und Hersteller von Dicht- und Klebstoffen gibt *Tabelle 5.2* Aufschluß über den jetzigen Stand und die Zukunftsaussichten. Bedingt durch die große chemische Variabilität der Polyurethane kann in Zukunft damit gerechnet werden, daß ein Großteil der elastischen Klebstoffe und der plastischen Dichtstoffe der neuen Generation bestehen bleibt.

86   5   Klebstoff als Dichtungs- und Verbindungselement

Tabelle 5.2 Tendenzen und Wechsel der Dicht- und Klebstofftechnologie.

Marktlage	Produkteinsatz	Bis heute verwendete Materialien			Zukunft
		1700–1955	1955–1960	1960–1986	
Auto-industrie	Reparatur	Gummiprofile	Butylbänder Polysulfid Profile	Polysulfide Polyurethane Profile/Bänder	Polyurethane Profile Bänder
		Gummiband	Polysulfid Butylbänder	Polyurethane Butyle Silikone	Polyurethane Butyle
Container-Schiffsbau		Teer-Harz Verbindungen	Asphalt Butyl Polysulfid	Asphalt Polysulfide Silikone Polyurethane	Silikone Polyurethane

5.14 Berechnung der Soll-Fugenbreite (graphisch und rechnerisch)

Durch die optimale Soll-Fugenbreite wird verhindert, daß es infolge von Temperaturunterschieden zu Rissen in der Dichtfuge kommt. Zur Berechnung der optimalen Fugenbreite für **Dichtstoffe** bedient man sich der Soll-Fugenbreiten-Berechnung. Hier stehen uns zwei Verfahren zur Verfügung.

A. Graphische Methode anhand des Nomogramms *(Abb. 5.17)*

Fugenabstand 3 m.
Maximale Temperaturbelastung von −10 °C bis +50 °C beträgt 60 °C.
Maximal zulässige Bewegungsamplitude der vorgesehenen Dichtungsmasse 20 %.

1. Suche auf der Basislinie den Punkt 3 m.
2. Ziehe von hier eine Senkrechte nach oben bis zur Temperaturlinie 60 °C.
3. Ziehe vom Schnittpunkt der Senkrechten mit der Temperaturlinie eine Waagrechte nach links bis zur vertikalen Dehnungslinie 20 %.
4. Die richtige Fugenbreite kann nun beim Schnittpunkt abgelesen werden. Resultat: 9 mm.

5.14 Berechnung der Soll-Fugenbreite (graphisch und rechnerisch)

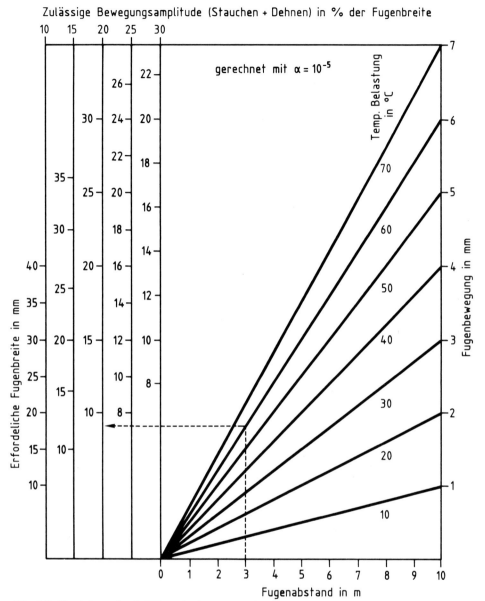

Abb. 5.17. Ermittlung der Soll-Fugenbreite.

Beachte: Auf der rechten vertikalen Achse kann zudem die zu erwartende Fugenbewegung in mm abgelesen werden. Für obiges Beispiel resultiert 1,8 mm.

B. Rechnerische Methode

Vorerst muß das Maß der Ausdehnung des vorliegenden Baukörperabschnittes nach folgender Formel berechnet werden:

$$\Delta L = a \cdot L_o \cdot \Delta T$$

ΔL Längenänderung bei einer maximalen Temperaturbelastung von ΔT (°C) in m.
a Ausdehnungskoeffizient des Baustoffs (Längenausdehnung in m eines Baukörpers von 1 m Länge bei einer Temperaturerhöhung um 1°C).
Der Ausdehnungskoeffizient ist aus Tabellen zu entnehmen.
L_o Abstand von Fuge zu Fuge in m.
ΔT Temperaturbelastung des Baukörpers in °C (Differenz zwischen maximaler und minimaler Temperatur des Baukörpers).

Beispiel:
Fugenabstand von 3 m Länge.
Temperaturbelastung 60°C. a_{Beton} ca. 10^{-5}/°C · m = ca. $\dfrac{1}{100\,000}$ pro °C und m

$$\Delta L = \dfrac{1}{100\,000} \cdot 3 \cdot 60 = \dfrac{180}{100\,000} - 0{,}0018 \text{ m} = 1{,}8 \text{ mm}$$

Für einen Fugenkitt mit vorgeschriebener zulässiger Bewegungsamplitude errechnet sich die notwendige (minimale) Fugenbreite B wie folgt:

$$B = \dfrac{100}{\text{zul. Bewegungsamplitude}} \times \text{Fugenbewegung in mm}$$

Beispiel:
Fugenbewegung = 1,8 mm
zulässige Bewegungsamplitude = 20 %

$$B = \dfrac{100}{20} \cdot 1{,}8 = \underline{9 \text{ mm}}$$

NB. Das Nomogramm und das Rechenbeispiel berücksichtigen nur temperaturbedingte Bewegungsanteile. Schwind- und Setzbewegungen sind separat in Rechnung zu stellen.

Bei der Elementbauweise (z. B. Betonfertigteile für Fassaden) wird die erforderliche Fugenbreite in erster Linie durch Fertigungs- und Montagetoleranzen bestimmt. Wir verweisen hier auf die DIN-Norm 18 540, Blatt 1 und 2.

6 Klebebänder und Klebefilme

Klebebänder nehmen eine Sonderstellung im Bereich der Klebstoffe ein und gehören heute in die Metallklebetechnik. Sie sind aus diesen Anwendungsbereichen kaum mehr wegzudenken.

Klebebänder werden in vielen Varianten für die speziellen Anwendungszwecke hergestellt.

Im Prinzip bestehen Klebebänder aus verschiedenen Bändermaterialien (Träger), auf die unterschiedliche Klebstoffe aufgetragen sind.

Je nach Anwendungsfall werden folgende Materialien eingesetzt:

Trägermaterial: Blei, Celluloseacetat, Elastomere (Neoprene, EPDM, Nitril usw.), Gewebe (Leinen, Filz, Glas usw.), Kunststoffe (PTFE, PVC, Polyester, PS usw.), Kupfer, Aluminium, Papier.

Klebstoffe: Der Klebstoff für die Klebbandherstellung ist auf den Anwendungsfall abgestimmt. Grundsätzlich besteht ein Klebstoff aus folgenden Basisprodukten: Naturkautschuk, modifiziertem Kautschuk, Synthesekautschuk, Silikonen und Acrylaten.

Schutzpapier: Hier werden in den meisten Fällen silikonisierte Papiere eingesetzt. Diese Schutzpapiere werden vor der Verklebung vom Band abgezogen. Das Schutzpapier trennt die Klebstoffbahnen voneinander und schützt den Klebstofffilm vor dem vorzeitigen Verkleben und vor Verunreinigung. Das Schutzpapier erleichtert zudem das Abrollen vom Band.

6.1 Aufbau verschiedener Klebebänder

Klebebänder unterteilt man in einseitig und doppelseitig klebende Produkte *(Abb. 6.1 und 6.2)*. Alle Typen erhalten eine druckempfindliche und selbstklebende Klebstoffschicht. Sie sind als PST (pressure sensitive tape)-Produkte in der Industrie bekannt.

6 Klebebänder und Klebefilme

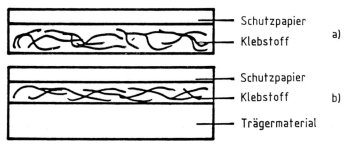

Abb. 6.1. Einseitige Klebebänder: a) ohne Trägermaterial z. B. Paketband, b) mit Trägermaterial z. B. Abdichtungen.

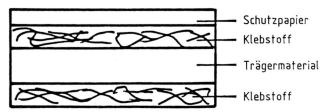

Abb. 6.2. Aufbau eines doppelseitigen Klebebandes.

Bei den doppelseitig klebenden Schaumstoff-Klebebändern kann die Trägerschicht aus Material mit offenen oder mit geschlossenen Poren bestehen. Ein Klebstoffband aus Acrylklebstoff-Schaum *(Abb. 6.3)* besitzt ein sehr gutes Ausgleichsvermögen auf die Oberfläche des Trägers *(Abb. 6.4)*.

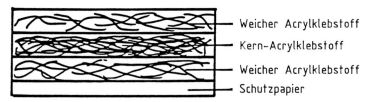

Abb. 6.3. Klebstoffband aus Acrylatklebstoff-Schaum.

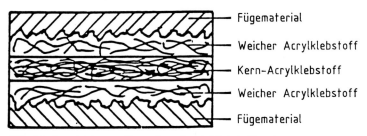

Abb. 6.4. Ausgleichsvermögen eines Acrylatklebstoffbandes.

6.2 Anforderungen an die Klebebänder

Adhäsion: Die Haftung auf der Fügeteiloberfläche soll so groß sein, daß durch einen leichten Andruck das Klebeband haftet.

Trägermaterial: Die Adhäsion auf dem Trägermaterial muß größer sein, als die Haftung auf dem Fügeteilwerkstoff. In diesem Fall löst sich die Klebeschicht nicht vom Band.

Kohäsion: Die Kohäsion der Klebeschicht muß größer sein als die Haftung an den Fügeteilen, wenn sich das Klebeband ohne Rückstände von der Fügeteiloberfläche entfernen lassen soll.
    Ist jedoch eine bleibende Klebung erwünscht, so muß die Haftung größer sein als die Kohäsion.

Alterung: Der Klebstoff sollte durch Alterung nicht verhärten und dadurch zerstört werden. Eine bleibende Festigkeit, kein Kriechen und gute Elastizität werden vom Klebeband verlangt *(Abb. 6.3)*.

Einsatz: Der Einsatz der Klebebänder erfolgt im Metallbau, im Druckereigewerbe, in der Elektroindustrie, bei der Automobilherstellung und in der Verpackungsindustrie.

Verarbeitung: Der Vorteil liegt in der schnellen und sauberen Verarbeitung dieser Produkte. Die günstigste Verarbeitungstemperatur liegt zwischen +18 °C und +30 °C. Bei tieferen Temperaturen wird der Klebstoff hart und die Klebkraft nimmt ab.
    Die Fügeteilflächen müssen von Schmutz, Öl, Fett usw. gereinigt werden. Ein Abreiben der Flächen kann mit einem sauberen Lappen, der mit einem organischen Lösungsmittel benetzt wurde, (z. B. Trichlorethan, Chlorothene, Methylethylketon, Alkohol 1.1.1-Trichlorethan usw.) erfolgen. Für verschiedene Anwendungen stehen Haftvermittler zur Verfügung. Diese werden vor dem Kleben auf die Fügeteilflächen aufgetragen. Nach dem Ablüften erfolgt die unmittelbare Verklebung der Teile mit dem entsprechenden Klebeband.

Aushärtung: Zur Aushärtung der Klebebänder ist keine reaktive Gruppe notwendig. Wärme wird nur zur Verbesserung der Haftung und der Beständigkeit eingesetzt. Bei der Montage ist in jedem Fall ein ausreichender Anpreßdruck erforderlich.

6.3 Eigenschaften der Klebebänder

Ein gutes Klebeband sollte eine gute Elastizität und eine bleibende Festigkeit besitzen; außerdem darf es nicht kriechen.

Für kraftübertragende Verbindungen sind die Klebebänder nicht geeignet.

Es ist für ausreichende Klebeflächen zu sorgen. Schäl- und Scherbelastungen sind zu vermeiden. Bei Unebenheiten (große Rauhtiefen oder Welligkeit) sind dickere Klebebänder einzusetzen.

Bei einer neuen Generation von Bändern werden diese Unebenheiten durch das ausgeprägte Fließverhalten des Klebfilms und des Trägermaterials ausgeglichen.

Tabelle 6.1 stellt die Eigenschaften von Klebebändern mit verschiedenen Klebstoffschichten zusammen.

6.3 Eigenschaften der Klebebänder

Tabelle 6.1 Eigenschaften der Klebebänder.

Eigenschaften	Acrylat-Klebstoff rein	Acrylat-Klebstoff modifiziert Lösungsmittel	Acrylat-Dispersion	Natur- und Synthese-Kautschuk
Beständigkeit				
Bewitterung	sehr gut	gut	befriedigend	ausreichend
Temperatur	sehr gut	gut	befriedigend	ausreichend
Chemikalien	sehr gut	gut	befriedigend	ausreichend
Alterung	sehr gut	sehr gut	sehr gut	sehr gut
Haftung				
Holz	sehr gut	sehr gut	sehr gut	sehr gut
Papier	sehr gut	sehr gut	sehr gut	sehr gut
Stahl	sehr gut	sehr gut	sehr gut	sehr gut
Aluminium	sehr gut	sehr gut	sehr gut	sehr gut
Glas	sehr gut	befriedigend	befriedigend	sehr gut
Keramik	sehr gut	befriedigend	befriedigend	sehr gut
Hart PVC	sehr gut	sehr gut	sehr gut	sehr gut
Kunststoff energetisch	gut	sehr gut	sehr gut	sehr gut
niederenergetisch	ausreichend	sehr gut	sehr gut	sehr gut
Schälfestigkeit				
Anfang	ausreichend	sehr gut	sehr gut	sehr gut
Ende	sehr gut	sehr gut	sehr gut	sehr gut
Scherfestigkeit				
bei 23 °C	sehr gut	gut	sehr gut	sehr gut
bei 70 °C	sehr gut	gut	ausreichend	

▬ sehr gut ▬ gut ■ befriedigend ▪ ausreichend

6.4 Einsatz und Herstellung von Klebebändern

Klebebänder sind universell einsetzbar, da fast alle Materialien miteinander verklebt werden können (Metalle, Glas, Keramik, Kunststoffe, Holz, Papier, Gewebe und Leder).

Schwer zu verkleben sind dagegen unvorbehandelte Kunststoffe wie Polytetrafluorethylen, Polyethylen, Polyamid, Polypropylen, Polyoxymethylen oder Polyacetal. Die *Abb. 6.5* bis *6.7* zeigen die Herstellung von Klebebändern für Industrie- und Spezialprodukte.

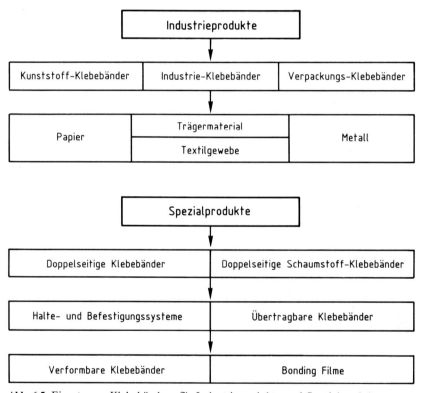

Abb. 6.5. Einsatz von Klebebändern für Industrieprodukte und Spezialprodukte.

6.4 Einsatz und Herstellung von Klebebändern

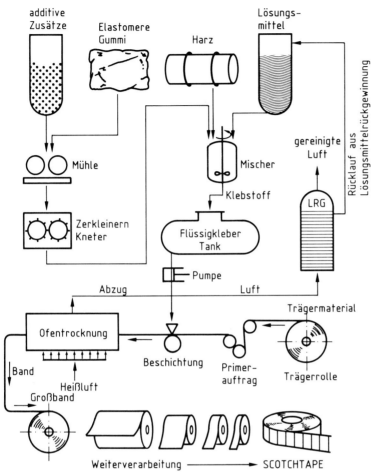

Abb. 6.6. Herstellung druckempfindlicher Klebebänder (pressure sensitive tape).

6 Klebebänder und Klebefilme

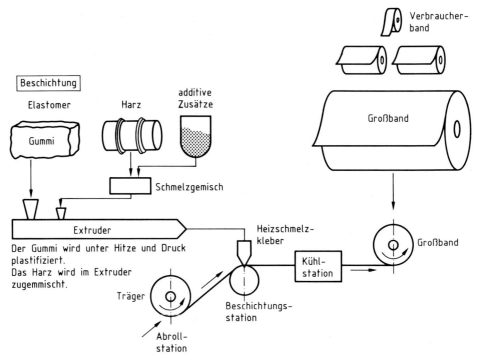

Abb. 6.7. Klebebandherstellung: Hotmelt-Heißschmelzklebebänder.

7 Verklebbarkeit von Werkstoffen

7.1 Verkleben von Metallen

Betrachten wir vorerst einmal die Metalloberflächen: Geht man dabei von fett- und staubfreien Oberflächen aus, so können wir eine grobe Einteilung vornehmen.

Wir unterscheiden **passive Oberflächen** und **aktive Oberflächen.**

Passive Metalloberflächen finden wir sowohl bei den Edelmetallen (z. B. Platin und Gold) als auch bei solchen Metallen, die sich durch rasche Oxidation selbst schützen (z. B. Aluminium, Chrom usw.). Bei Edelmetallen ist eine chemische Bindung kaum zu erreichen. Dagegen kommt bei den durch Oxidation geschützten Oberflächen, durch eine mechanische oder chemische Vorbehandlung, wenigstens teilweise eine Adhäsionsklebung zustande.

Aktive Metalloberflächen (z. B. Kupfer, Eisen, Messing) sind chemisch, mechanisch oder physikalisch vorbehandelte Metalloberflächen mit hoher Klebfestigkeit. Sie lassen sich i. allg. gut bis sehr gut verkleben.

Für **geringe** bis **mittlere Festigkeiten** stehen uns die physikalisch abbindenden Klebstoffe zur Verfügung:

- Haftklebstoffe,
- Kontaktklebstoffe,
- Schmelzklebstoffe.

Als Klebstoffe für **mittlere** bis **hohe Festigkeiten** sind die chemisch reagierenden Produkte geeignet:

- Epoxidklebstoffe,
- Polyurethanklebstoffe,
- Polyesterklebstoffe,
- Methacrylatklebstoffe,
- Silikonklebstoffe,
- Phenol- und Formaldehydklebstoffe,
- Acryl- und Methacrylatklebstoffe,
- Diacrylatklebstoffe (anaerob).

Diese Klebstoffe setzen für eine optimale Adhäsion und Festigkeit eine gute Oberflächenvorbehandlung voraus.

Eine größere Sicherheit erlangen wir, indem hochwertige und damit teure Klebstoffe für geringe Belastungen eingesetzt werden. Dies ist jedoch in jedem Fall eine Frage der Wirtschaftlichkeit.

7.2 Verkleben von Sinterlagern

Für das Kleben von Sintermetallen gelten i. allg. die gleichen Bedingungen wie für das Metallkleben. Da die Sinterlager jedoch mit Öl getränkt sind, muß dem Reinigungsprozeß Beachtung geschenkt werden. Für geringe Festigkeiten dürfte ein Abwischen der Oberfläche mit einem sauberen Lappen genügen. Bei Serienanwendungen wird jedoch ein zeitlich kurzes Reinigungsbad empfohlen.

Entfettungs- und Klebeversuche sind in jedem Fall durchzuführen.

Als Klebstoffe für **geringe** bis **hohe Festigkeiten** stehen uns verschiedene Klebstofftypen zur Verfügung. Empfohlen werden jedoch Produkte mit hoher Viskosität und schneller Aushärtung.

Mit diesen Produkteigenschaften kann ein Eindringen des Klebstoffs in die Poren der Sintermetalle verhindert werden.

Es eignen sich die chemisch reagierenden Klebstoffe wie:

- Epoxidklebstoffe,
- Diacrylatklebstoffe,
- Cyanacrylatklebstoffe.

7.3 Verkleben von Kunststoffen

Die Polarität der Kunststoffe spielt eine wichtige Rolle für die Eignung der Klebstoffe. Doch sind weitere Einflüsse wie die Löslichkeit oder Beständigkeit der Kunststoffe gegenüber Lösungsmitteln von Bedeutung.

Wir unterscheiden in der Kunststofftechnologie zwischen:

- thermoplastischen Kunststoffen,
- duromeren Kunststoffen,
- elastomeren Kunststoffen.

7.3.1 Thermoplaste

Die Thermoplaste werden vorzugsweise mit thermoplastischen Klebstoffen verklebt. (Thermoplastische Kunststoffe erweichen bei hinreichendem Erwärmen wiederholbar bis zum plastischen Fließen, sie erhärten durch Abkühlen.)
Vorsicht: Lösungsmittel in den Klebstoffen können die Kunststoffe angreifen oder zerstören (verspröden, verziehen, aufweichen oder anquellen).
Im günstigsten Fall kommt es zu einer Diffusion, welche die Festigkeit der Klebung begünstigt. Vorversuche sind in jedem Fall angezeigt.
Klebstoffe für **geringe** bis **mittlere Festigkeiten** sind die physikalisch abbindenden Klebstoffe:

- Haftklebstoffe,
- Kontaktklebstoffe,
- Schmelzklebstoffe,
- Klebelösungen.

Beim Einsatz von Schmelzklebstoffen ist Vorsicht geboten, da die Klebstofftemperatur während der Produktverarbeitung den thermoplastischen Kunststoff schädigen kann.
Für **mittlere** bis **hohe Festigkeiten** werden als Klebstoffe für eine Diffusionsklebung Lösungsmittelklebstoffe verwendet.
Außerdem stehen die chemisch reagierenden Klebstoffe zur Verfügung:

- Epoxidklebstoffe,
- Polyurethanklebstoffe,
- Polyesterklebstoffe,
- Methacrylatklebstoffe,
- Silikonklebstoffe,
- Acryl- und Methylmethacrylklebstoffe,
- Cyanacrylatklebstoffe.

7.3.2 Duroplaste

Die Duroplaste werden bei entsprechender Temperaturbelastung mit duroplastischen Klebstoffen verklebt. (Duroplastische Kunststoffe erweichen bei Erwärmung nicht.)
Klebstoffe für **mittlere** bis **hohe Festigkeiten** sind:

- Epoxidklebstoffe,
- Polyesterklebstoffe,
- Phenol- und Formaldehydklebstoffe.

Bei geringeren thermischen Belastungen können auch physikalisch abbindende oder chemisch reagierende, thermoplastische Klebstoffe eingesetzt werden.
Klebstoffe für **geringe** bis **mittlere Festigkeiten:** Hier stehen uns die physikalisch abbindenden

- Haftklebstoffe,
- Kontaktklebstoffe,
- Schmelzklebstoffe,

sowie die chemisch reagierenden

- Methacrylatklebstoffe,
- Methylmethacrylatklebstoffe,
- Polyurethanklebstoffe,
- Cyanacrylatklebstoffe,
- Silikonklebstoffe

zur Verfügung.

7.3.3 Elastomere

Für das Verkleben von Elastomeren (Produkte mit gummielastischem Verhalten) bieten sich verschiedene Produkte an. Da sich aber in vielen Anwendungsfällen der Einsatz von Klebstoff nach der Elastizität der Verbindung richtet, werden Klebstoffe mit ähnlichem Verhalten verwendet.

Klebstoffe für **mittlere** bis **hohe Festigkeiten** sind die physikalisch abbindenden Klebstoffe:

- Haftklebstoffe,
- Kontaktklebstoffe

sowie die chemisch reagierenden Klebstoffe:

- Epoxidklebstoffe,
- Polyurethanklebstoffe,
- Silikonklebstoffe,
- Cyanacrylatklebstoffe.

7.3.4 Polarität der Kunststoffe

Die Polarität der Kunststoffe kann sehr unterschiedlich sein. Es gibt nichtpolare Moleküle *(Abb. 7.1a)*, Moleküle, deren Kern negativ und deren Oberfläche positiv geladen ist *(Abb. 7.1b)*, ebenso den umgekehrten Fall *(Abb. 7.1c)*, auch kann der Kern neutral und die Oberfläche positiv und negativ geladen sein *(Abb. 7.1d)*. Außerdem können die positiv und negativ geladenen Oberflächen so gerichtet sein, daß sich die entgegengesetzten Polaritäten zweier Moleküle anziehen. Der Kern dieser Moleküle ist dann neutral *(Abb. 7.1e)*.

7 Verklebbarkeit von Werkstoffen

a) nichtpolare Moleküle

b) Kern   : negativ
   Oberfläche: positiv

c) Kern   : positiv
   Oberfläche: negativ

d) Kern   : neutral
   Oberfläche: positiv + negativ

e) entgegengesetzte Polritäten ziehen sich an

Abb. 7.1. Unterschiedliche Polarität von Kunststoff-Molekülen.

Aus *Tabelle 7.1* ist die Beziehung zwischen Polarität, Löslichkeit und Klebbarkeit von Kunststoffen ersichtlich. Daraus können wir ableiten, daß die Löslichkeit einen Hinweis auf die Klebbarkeit der Kunststoffe gibt.

Tabelle 7.1 Beziehung zwischen Polarität, Löslichkeit und Klebbarkeit von Kunststoffen.

Konstitution	Polarität	Löslichkeit	Klebbarkeit
$[-CH_2-CH_2-]_x$ Polyethylen (PE)	unpolar	sehr schwer löslich	schlecht
$\begin{bmatrix} CH_2-CH- \\ \vert \\ CH_3 \end{bmatrix}_x$ Polypropylen (PP)	unpolar	schwer löslich	schwierig
$[-CF_2-CF_2-]_x$ Polytetrafluorethylen (PTFE)	unpolar	unlöslich	sehr schlecht
$\begin{bmatrix} CH_3 \\ \vert \\ -CH_2-C- \\ \vert \\ CH_3 \end{bmatrix}_x$ Polyisobutylen (PIB)	unpolar	leicht löslich	gut
$\begin{bmatrix} -CH_2-CH- \\ \vert \\ C_6H_5 \end{bmatrix}_x$ Polystyrol (PS)	unpolar	löslich	gut
$\begin{bmatrix} -CH_2-CH- \\ \vert \\ Cl \end{bmatrix}_x$ Polyvinylchlorid (PVC)	polar	löslich	gut
$[-OOC \cdot (C_6H_4) \cdot COO \cdot CH_2-CH_2-]_x$ Polyterephtalsäureester	stark polar	unlöslich	schwierig
$\begin{bmatrix} CH_3 \\ \vert \\ -CH_2-C- \\ \vert \\ COO \cdot CH_3 \end{bmatrix}_x$ Polymethylmethacrylat (PMMA)	polar	löslich	gut
$[-HN-(CH_2)_n-NH \cdot CO-(CH_2)_n-CO-]_x$ Polyamid 6/66	polar	schwer löslich	schwierig
$[-HN-(CH_2)_n-CO-]_x$ Polyamid 6/11	polar	schwer löslich bis unlöslich	schwierig bis sehr schlecht

7.3.5 Kontaktwinkel bei Flüssigkeitsbenetzung fester Oberflächen

Jede Flüssigkeit ist bestrebt, ihre kleinstmögliche Form einzunehmen. Ist nun die Energie in der Flüssigkeit größer als die Oberflächenspannung des Fügeteils, so wird die Oberfläche nicht benetzt. Die Tropfenform einer Flüssigkeit auf einer Oberfläche gibt in der Folge Aufschluß über die Benetzung der Fügeteiloberfläche. Je flacher (kleiner Winkel) ein Tropfen ist, je besser ist die Benetzung *(Abb. 7.2)*.

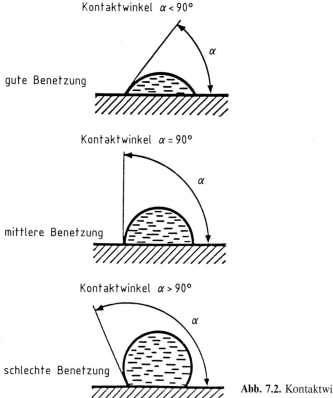

Abb. 7.2. Kontaktwinkel bei Flüssigkeitsbenetzung fester Oberflächen.

7.3.6 Zugscherfestigkeit verschiedener Kunststoffklebungen

Mit Prüfstreifen aus verschiedenen Kunststoffen mit entfetteten, aufgerauhten Oberflächen wurden einfach überlappte Verklebungen mit Cyanacrylatklebstoff hergestellt.

Diese Klebungen wurden nach dem Aushärten des Klebstoffs auf Zugscherung geprüft. *Tabelle 7.6* gibt Aufschluß über die erreichten Festigkeiten.

Tabelle 7.6 Zugscherfestigkeit verschiedener Kunststoff-Verklebungen mit Cyanacrylat.

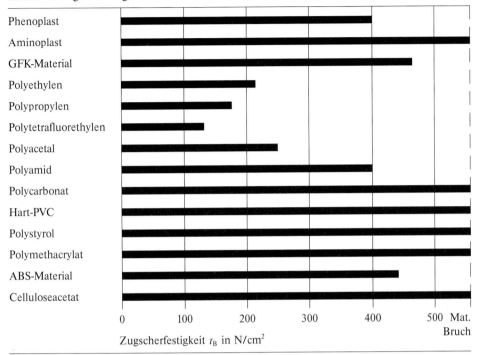

7.4 Sonstige Werkstoffe

Ein deutlicher Trennstrich ist zwischen harten (homologen) und weichen (porösen) Werkstoffen zu ziehen. Typisch für die erste Gruppe sind Oxide, Nitride, Carbide und Silicium-Verbindungen (Hartmetall, Glas, Keramik, Stein usw.). Sie zeichnen sich durch ihre Härte und Hitzebeständigkeit aus.

Als Klebstoffe für **mittlere** bis **hohe Festigkeit** stehen die chemisch reagierenden Klebstoffe zur Verfügung:

- Epoxidklebstoffe,
- Polyesterklebstoffe,
- Diacrylatklebstoffe,
- Silikone,
- Methylmethacrylatklebstoffe,
- Polyurethanklebstoffe,
- Cyanacrylatklebstoffe nur bedingt,
- anorganische Klebstoffe.

Bei harten Werkstoffen sind Bindungen durch Chemisorption nur bedingt möglich, da die Haftung auf physikalischen Bindungskräften beruht. Zu den weichen Werkstoffen zählen die faserigen, porigen und geschichteten Materialien. Ein Eindringen von Klebstoff in die äußeren Schichten bewirkt eine Verklammerung. Deutlich erkennen wir diese Eigenschaft beim Verkleben von Geweben, Papier, Karton und Holz. Die Haftung beruht auf mechanischer Adhäsion (Verzahnung). Beim Bruch solcher Klebungen kommt es zu einem Faserriß (Materialbruch). Die Klebstoffwahl soll hier nach der Funktion und dem Werkstoff getroffen werden.

Als Klebstoffe für **mittlere** bis **hohe Festigkeit** können die physikalisch abbindenden Produkte (mechanische Adhäsion, Verankerung) eingesetzt werden, die nur bedingt chemisch reagieren:

- Dispersionsklebstoffe,
- Lösungsmittelklebstoffe,
- Kontaktklebstoffe,
- Phenol-, Formaldehydklebstoffe,
- Kaseinklebstoffe (Holzverklebung),
- Schmelzklebstoffe.

Ebenso werden die chemisch reagierenden Klebstoffe verwendet:

- Epoxidklebstoffe,
- Polyurethanklebstoffe,
- Silikone,
- Schmelzklebstoffe (nachreagierend mit Feuchtigkeit).

7.5 Abdichtungs- und Isolierungsaufgaben

Zur Schall- und Wärmeisolierung werden elastische oder zähharte Klebstoffe bevorzugt. Für eine gute Schall- und Vibrationsdämmung muß die elastische Klebschicht auftretende Schwingungen aufnehmen können. Es ist wichtig, daß der Klebstoff nach der Funktion und dem Einsatzgebiet des Fügeteils genau ausgewählt wird.

Für **niedrige** bis **hohe Festigkeiten** verwendet man die physikalisch abbindenden Klebstoffe:

● Haftklebstoffe (Klebebänder),
● Kontaktklebstoffe,

sowie die chemisch reagierenden Klebstoffe:

● Polyurethanklebstoffe,
● Silikonklebstoffe,
● Diacrylatklebstoffe,
● Epoxidklebstoffe.

7.6 Kraftübertragung der Klebstoffe

Bei diesen Anwendungen soll die Klebstoffwahl nach der Funktion der Werkstoffe und den Betriebsanforderungen gewählt werden. Auch soll die Konstruktion günstig ausgelegt werden und eine optimale Betriebslast der Verbindung gewährleisten.

Ist die Beanspruchung der Verbindung gering, oder kommt es zur Verformung der Fügeteile bei Belastung, dürfen auch die Anforderungen an die Klebstoffe kleiner werden.

Für **niedrige** bis **mittlere Festigkeiten** stehen uns die physikalisch abbindenden und die chemisch reagierenden Klebstoffe zur Verfügung:

● Haftklebstoffe,
● Kontaktklebstoffe,
● Silikonklebstoffe,
● Cyanacrylatklebstoffe.

Für **mittlere** bis **hohe Festigkeiten** können die chemisch reagierenden Klebstoffe eingesetzt werden:

- Epoxidklebstoffe,
- Polyurethanklebstoffe,
- Polyesterklebstoffe,
- Polyimidklebstoffe,
- Methacrylatklebstoffe,
- Methylmethacrylatklebstoffe,
- Diacrylatklebstoffe.

7.7 Materialverbund

Beim Verkleben verschiedener Materialien miteinander muß sich die Klebstoffwahl genau nach der Funktion der Werkstoffe und den Betriebsanforderungen richten. Beim Verkleben von Teilen mit unterschiedlichen Ausdehnungskoeffizienten kommt dem Klebstoff eine Ausgleichsfunktion zu. Der Klebstoff muß in diesem Fall den Verzug aufnehmen können. Als Klebstoff für **niedrige** bis **hohe Festigkeiten** werden die physikalisch abbindenden Klebstoffe verwendet:

- Kleblösungen,
- Haftklebstoffe,
- Kontaktklebstoffe,
- Schmelzklebstoffe.

Als Klebstoffe für **mittlere** bis **hohe Festigkeiten** stehen uns die chemisch reagierenden Klebstoffe zur Verfügung:

- Epoxidklebstoffe,
- Polyurethanklebstoffe,
- Polyesterklebstoffe,
- Phenol- und Formaldehydklebstoffe,
- Polyimidklebstoffe,
- Methacrylatklebstoffe,
- Methylmethacrylatklebstoffe,
- Silikonklebstoffe,
- Diacrylatklebstoffe,
- Cyanacrylatklebstoffe.

8 Fügeteiloberfläche als Haftgrund

Für die Haftung (Adhäsion) einer Füge-Klebeverbindung ist die Werkstoffoberfläche von ausschlaggebender Bedeutung. Die chemische und physikalische Beschaffenheit der Oberfläche spielt eine wichtige Rolle.

8.1 Volumen- und Oberflächeneigenschaften der Werkstoffe

Bei den Eigenschaften der Werkstoffoberflächen unterscheiden wir Volumen- und Oberflächeneigenschaften. Für die Beurteilung sind für den Klebstofffachmann einige Kenntnisse der Klebstoffe, Werkstoffe und Abbindemechanismen notwendig. Die Oberflächeneigenschaften der Fügeteile sind für eine optimale Klebeverbindung genau so wichtig wie die Volumeneigenschaften.

Als Hilfsmittel zur Oberflächenbestimmung bedient man sich heute modernster Geräte wie Elektronenrastermikroskop und Oberflächenspannungsmeßgerät *(Abb. 8.1)*. Mit der Auswertung der mikroskopischen Untersuchung kann man genaue Aussagen über Haftung, Art des Bruches und Verhalten der Klebstoffe machen.

Volumeneigenschaft

Unter Volumeneigenschaft versteht man alle physikalischen, chemischen und mechanischen Eigenschaften der Werkstoffe. Für die Klebtechnik sind Kohäsion, thermisches Verhalten, Ausdehnung, Kriechfestigkeit, Elastizität, Korrosionseigenschaft und Wärmeleitfähigkeit wichtig.

Die Einflüsse sind nicht immer gleichbedeutend. *Beispiel:* Zugversuch an einem dicken Blech und einem dünnen Blech mit korrosiver Oberfläche. Beim dicken Blech beeinflußt die Oxidationsschicht den Zugwert wenig. Die Volumeneigenschaft wird kaum verändert. Beim dünnen Blech kann dies bereits zum Materialbruch führen. (In Kap. 10.4 wird besonders auf diese Einflüsse und Faktoren hingewiesen).

Abb. 8.1. Optische Oberflächenmessung mit einer Saphirspitze als Abtaster.
Bildarchiv PTB Braunschweig.

Oberflächeneigenschaft

Unter der Oberflächeneigenschaft eines Werkstoffs versteht man die Materialoberflächeneigenschaften, welche natürlich vorhanden sind oder künstlich erzeugt werden. Diese Schichten sind auf wenige µm beschränkt und wirksam. In Bezug auf die Klebe-Fügetechnik wird hier von festen Oberflächen gesprochen.

Die Verklebung wird direkt beeinflußt durch:

- Oberflächenbeschaffenheit, geometrische Beschaffenheit, Rauhtiefe,
- Oberflächenschichten, Grenzschichten, Verunreinigung, Reaktionsschicht,
- physikalische Eigenschaften, Oberflächengefüge, (kristallin oder amorph),
- chemische Eigenschaften, Inaktivität oder Aktivität der Fügeteiloberfläche von Metallen, Kunststoffen,
- Oberflächenspannung, Benetzung des Klebstoffes auf der Oberfläche.

Indirekt wird die Klebung durch technologische Eigenschaften, wie das Auftreten von Spannungen, durch mechanische Bearbeitung, durch die Härte und Elastizität des Materials, beeinflußt.

8.2 Grundbegriffe der Oberflächentechnik

Hier unterteilen wir in Metall- und Kunststoffoberflächen. Diese werden durch ihr Herstellungsverfahren geprägt. In *Abb. 8.2* und *Abb. 8.3* sind die unterschiedlichen Schichten beider Fügeteiloberflächen dargestellt. Die Benennung der Schichten erfolgt so, daß sie für verschiedenartige Werkstoffe zutrifft.

Die **äußeren Grenzschichten** sind verantwortlich für die Haftung (Adhäsion), und die **inneren Grenzschichten** (kaltverformte Schicht, ungestörtes Gefüge) sind verantwortlich für die **Kohäsion,** innere Festigkeit des Materials.

Sowohl bei Metallen als auch bei Kunststoffen ist die äußere Schicht (Verunreinigung) bis auf die Adsorptionsschicht zum reinen Material zu entfernen.

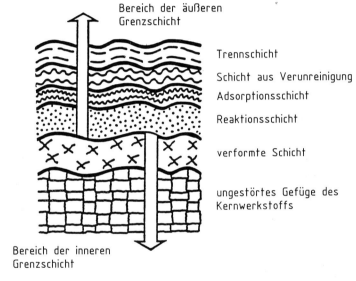

Abb. 8.2. Kunststoffoberfläche.

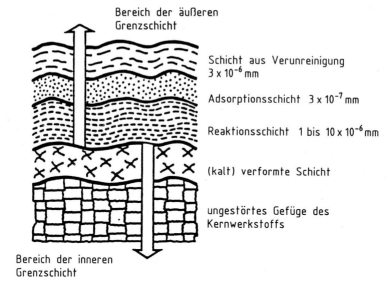

Abb. 8.3. Metalloberfläche.

8.3 Oberflächenbeschaffenheit

Die gesamte technische Oberfläche besteht aus mehr oder weniger ausgeprägten Erhöhungen und Vertiefungen. Für die mechanische Adhäsion (Verankerung) ist die Oberflächengeometrie bedeutsam und beeinflußt die Festigkeit der Verbindung. Durch die verschiedenen Bearbeitungsmethoden ergeben sich zwangsläufig sehr unterschiedliche Oberflächenstrukturen. Feine, glatte Oberflächen entstehen durch Prägen, Walzen, Gießen usw., rauhe Oberflächen durch mechanische Bearbeitung wie Drehen, Fräsen, Hobeln.

In DIN-Vorschrift 4760 bis 4762, DIN 4768 und ISO-Vorschrift Rec. 468 ist die Oberflächengeometrie genormt.

Der Verzahnungseffekt ist von unterschiedlichen Bedingungen abhängig *(Abb. 8.4)*.

Abb. 8.4 a zeigt tiefe Rauheitstäler, jedoch wenige pro Flächeneinheit. Dies ergibt eine gute Haftung (Adhäsion).

In Abb. 8.4 b sind die Rauheitsspitzen hoch, jedoch wenige pro Flächenanteil. Daraus ergibt sich eine geringe Haftung (Adhäsion).

Abb. 8.4 c zeigt schließlich mittlere Rauhtiefen mit abgerundeten Profilspitzen. Sie führen zu einer guten bis sehr guten Haftung (Adhäsion). Diese Oberflächengeometrie wird durch die meisten mechanischen Bearbeitungsverfahren erreicht.

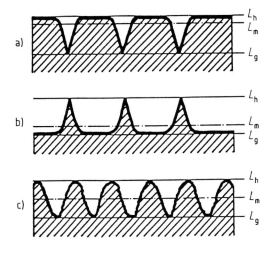

Abb. 8.4. Verschiedene Bedingungen für den Verzahnungseffekt. l_m Profilmittellinie, l_h Profilspitze, l_g Profilgrundlinie.

Für die Klebtechnik sind die Rauhtiefe R_t, die Glättungstiefe R_p und der arithmetische Mittelwert R_a besonders wichtig.

Rauhtiefe R_t

Die Rauhtiefe R_t ist die Differenz zwischen dem größten und dem kleinsten Ordinatenwert innerhalb einer festgelegten Bezugsstrecke.

Sie wird als der mittlere Wert mehrerer Messungen, entlang der Bezugsstrecke festgelegt. Zur Ermittlung der weiteren Kenngröße ist die Erhebung des Oberflächenprofils auf eine Mittellinie L_m erforderlich. Die Mittellinie L_m ist die Summe aller Hügel- oder Täler-Querschnittsflächen unterhalb und oberhalb dieser Linie L_m *(s. Abb. 8.5)*.

Glättungstiefe R_p

Die Glättungstiefe ist die Differenz zwischen der Bezugsprofillinie L_h (höchste Spitze, Hüllinie) und der Mittellinie L_m. Die Bezugslinie verläuft an der Strukturspitze parallel zur Mittellinie. Die Grundprofillinie L_g ist unterhalb der Mittellinie dazu parallel. Diese berührt die tiefste Talspitze *(s. Abb. 8.5)*.

116   8 Fügeteiloberfläche als Haftgrund

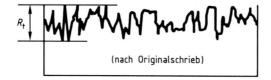

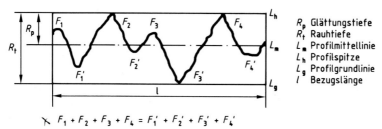

$F_1 + F_2 + F_3 + F_4 = F_1' + F_2' + F_3' + F_4'$

Abb. 8.5. Glättungstiefe R_p.

Arithmetischer Mittelwert R_a

Diese Größe wird als Mittelwert der Abstände aller gemessenen Spitzenpunkte der Oberflächenstruktur von der Mittellinie L_m bestimmt.

Hierzu werden Messungen oberhalb und unterhalb der Mittellinie L_m durchgeführt, zusammengezählt und die Summe durch die Anzahl der Messungen (n) geteilt (s. *Abb. 8.6*).

$$R_a = \frac{\text{Summe der Höhen und Tiefen (Spitzen und Täler)}}{n}$$

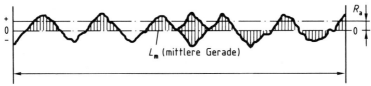

Abb. 8.6. Ermittlung des arithmetischen Mittelwerts. R_a Mittelwert der Abweichung des Diagramms von der mittleren Geraden M_G ohne Rücksicht auf das Vorzeichen der Abweichung (integriert auf die Bezugslänge L).

$$R_z = \frac{\text{Die fünf höchsten und die fünf tiefsten Punkte}}{\text{Dividiert durch die 5 Meßbereiche (Berg-Tal)}}$$

Die mittlere Gesamthöhe R_z kann durch Oberflächenmessung ermittelt werden (s. *Abb. 8.7*), hierzu werden abtastende oder optische Geräte eingesetzt, welche die Meßwerte über einen Schreiber direkt aufzeichnen.

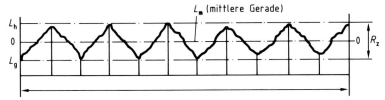

Abb. 8.7. Ermittlung der mittleren Gesamthöhe. R_z Mittlere Gesamthöhe, ermittelt nach 10 Feldpunkten (die fünf höchsten und die fünf tiefsten).

Bei der Messung mit mechanisch-elektronischen Prüfgeräten wird die Oberfläche auf die festgelegte Bezugslänge mit einem Saphir abgetastet. Die Unebenheiten werden über einen Verstärker, direkt auf Papier aufgezeichnet. Da die Abmessungen des Saphirs die Meßgenauigkeit einschränken, werden i. allg. Testnadeln mit einem Durchmesser von 2 µm eingesetzt.

Zur optischen Messung der Rauhtiefen betrachtet man über ein Mikroskop einen Lichtstreifen, welcher sich dem Oberflächenprofil anpaßt. Der Profilschnitt der Oberfläche wird mit der Kamera festgehalten.

Die Meßprinzipien beruhen auf der Lichtstreuung, der Interferenzerscheinung, dem Lichtschnittprinzip und dem Laser-Speckles-Prinzip.

8.4 Werkstoffoberfläche

Ist eine Oberfläche optimal gereinigt und vorbehandelt, so ist auch mit einer guten Benetzung und Haftung des Klebstoffes zu rechnen.

Befindet sich ein flüssiger Klebstofftropfen auf der Oberfläche eines Stoffes, so ist er bestrebt, die kleinstmögliche Form, eine Kugelform anzunehmen. Dieses Phänomen finden wir bei allen Flüssigkeiten. Alle Flüssigkeitsmoleküle bilden an der angrenzenden Fläche zu einem Fügeteil eine Kraft aus, die senkrecht zur Fläche nach innen wirkt. Diese Kraft steht im Gleichgewicht zur Fügeteiloberfläche. Die Kraft, die benötigt wird, um die Oberfläche um eine Flächeneinheit zu vergrößern, heißt Oberflächenspannung σ.

$$\sigma = \frac{\text{Energiezunahme } \Delta E}{\text{Oberflächenzunahme } \Delta F}$$

$$\text{Angegeben in } \frac{\text{N} \cdot \text{m}}{\text{m}^2} = \frac{\text{N}}{\text{m}}$$

Ebenso kann die Oberflächenspannung, die eine Materialkonstante ist, auch als

$$\sigma = \frac{\text{Kraft}}{\text{Berührungslänge}}$$

definiert werden. Die Oberflächenspannung ist temperaturabhängig und wird mit steigender Temperatur schwächer. Der Klebstoff wird flüssiger und benetzt die Oberfläche besser. Die Oberflächenspannung ist für die Bestimmung der Oberflächenenergie wichtig und ist identisch mit der Benetzung des Klebstoffs auf einer Oberfläche.

Merke: Jede Flüssigkeit (auch Klebstoff) bildet an der Oberfläche eine Kugelform. Diese ist abhängig von der Benetzbarkeit der Oberfläche. Die Benetzbarkeit ist wieder abhängig von den unterschiedlichen Oberflächenenergien der Flüssigkeit und der Werkstoffoberfläche.

Eine Benetzung der Oberfläche kann nur dann erfolgen, wenn die Oberflächenspannung σ_k der Flüssigkeit kleiner ist als die kritische Oberflächenspannung σ_f der Werkstoffoberfläche.

$$\sigma_k < \sigma_f = \text{Benetzung}$$

Beispiel:
Polytetrafluorethylen (PTFE) mit einer Oberflächenspannung $\sigma = 17 \cdot 10^{-3}$ N/m ist mit einem Klebstoff mit niedriger Oberflächenspannung nicht zu verkleben. Durch eine chemische Vorbehandlung kann die Oberflächenspannung erhöht werden. Dadurch kann auch dieser Kunststoff problemlos verklebt werden. Die Oberflächenspannung von Polyethylen (PE) beträgt z. B. $31 \cdot 10^{-3}$ N/m.

Metalle weisen eine hohe Oberflächenspannung auf, z. B. gilt für Aluminium 0,5 N/m, Kupfer 1,1 N/m und Eisen 2,0 N/m.

8.5 Bearbeitungseinflüsse auf die Fügeteiloberflächen

Bei den Werkstoffoberflächen unterscheiden wir natürliche und durch äußere Einflüsse geschaffene Oberflächenstrukturen.

Natürliche Strukturen an Mineralien, Stein, Holz sind für die Klebtechnik belanglos und werden nicht speziell betrachtet.

Wichtig sind die **künstlich hergestellten Oberflächen,** welche z. B. durch Walzen, Prägen oder durch mechanische Bearbeitung entstehen.

Wir unterscheiden: Spanlose Bearbeitung, spangebende Bearbeitung, gießtechnische Bearbeitung, physikalische Bearbeitung und chemische Bearbeitung. Wir erhalten dadurch verschiedene Rauheitstiefen oder Höhen sowie mehr oder weniger aktive Oberflächen.

Die Oberflächenstrukturen bei spanloser oder gießtechnischer Herstellung sind relativ glatt.

Die spangebende Bearbeitung erzeugt dagegen Rillen und Riefen in unterschiedlichen Rauhtiefen. Bei Kunststoffen werden durchweg feinere, jedoch ähnliche Oberflächenstrukturen erreicht. Durch die Bearbeitung entstehen bei Kunststoffen innere Spannungen, welche durch Nachtempern bei Temperaturen von 60 °C bis 80 °C über ein bis zwei Stunden abgebaut werden müssen.

Durch die physikalische Bearbeitung mit Laser, durch elektrische Verfahren und durch chemisches Fräsen werden feine Oberflächen erreicht.

8.6 Klebegerechte Vorbehandlung der Fügeteile

Um eine optimale Verklebung und Verbindungsgüte zu erreichen, ist eine klebegerechte Vorbehandlung unerläßlich.

Die Viskosität eines Klebstoffs ist auf die Oberflächenstruktur abzustimmen, damit die Oberflächenunebenheiten vollständig ausgefüllt werden können.

Im folgenden Abschnitt wird der Zusammenhang zwischen der Oberflächenbeschaffenheit und der Vorbehandlung beschrieben. Zur Vorbehandlung werden folgende Verfahren angewandt:

- Reinigen / Entfetten,
- Glätten / Aufrauhen,
- chemische Vorbehandlung,
- physikalische Vorbehandlung.

Durch den Reinigungsprozeß wie Spülen, Waschen, Abreiben und Bürsten wird die Fügeteiloberfläche von Schmutz befreit. Diese Verunreinigungen können die Klebstoffhaftung stark beeinflussen und eine Klebung unmöglich machen. Die Wirksamkeit der Reinigung hängt vom gewählten Verfahren, der Intensität des Lösungsmittels und dem Material ab.

Nach diesem Reinigungsvorgang wird bei Metallen im besten Fall eine mechanische oder physikalische Haftung wirksam. Die mechanische Haftung ist jedoch stark von der Oberflächenrauhigkeit abhängig. Bei Kunststoffen ist die Reinigung für eine gute Verklebung meistens ausreichend. Bei energetisch niedrigen Kunststoffen wie z. B. Polyethylen, Polyoxymethylen, Polytetrafluorethylen, Polycarbonat ist jedoch eine chemische oder physikalische Vorbehandlung unerläßlich.

Mechanisch-abtragende Vorbehandlung: Schleifen, Sandstrahlen (Naß- und Trockenverfahren), maschinelle Bearbeitung (Drehen, Fräsen usw.), Bürsten.

Mit diesen Vorbehandlungen werden für eine Verklebung gute Voraussetzungen geschaffen. Verunreinigungen wie Walz- und Zunderschichten werden, je nach Eindringtiefe, bis auf die Reaktionsschicht abgetragen. Hierdurch wird für kurze Zeit eine chemisch aktive Oberfläche geschaffen, welche eine optimale Klebung der Teile zuläßt. Aus diesem Grund sollte unvermittelt nach der mechanischen Reinigung geklebt werden. Nur so ist mit einer chemischen Bindung mit hoher Verbindungsgüte zu rechnen.

Die Haftung (Adhäsion) wird durch die Rauheitszunahme nicht vergrößert, da in erster Linie der Abtrageffekt bis auf die Reaktionsschicht eine optimale Klebung zuläßt. Zusätzlich verbessert oder vergrößert wird die effektive Klebefläche über der linearen Fläche.

Das Sandstrahlen hat sich als ein sehr gutes Verfahren erwiesen, da bei Kunststoffen und Elastomeren die Trennschichten, bei Metallen die Oxidationsschichten abgetragen werden.

Chemische Vorbehandlung: Neben der mechanischen Vorbehandlung ist für Metalle und Kunststoffe die chemische Vorbehandlung am wirksamsten. Dabei können die einzelnen Verfahren auch kombiniert werden.

Bei der chemischen Vorbehandlung, auch unter dem Namen „Beizen" bekannt, werden die Adsorptionsschichten und Reaktionsschichten angegriffen. Dadurch wird die Oberfläche aktiviert und die Bindefestigkeit erhöht. (Freie Bindung der Werkstoffe an der Oberfläche.)

Bei Kunststoffen mit niedriger Oberflächenspannung ist ein Beizen unumgänglich. Durch diesen Vorgang wird die Oberfläche verändert, die Festigkeit der Klebeverbindung wird wesentlich verbessert.

Thermische Vorbehandlung bei Kunststoffen: Durch das Abflammen oder Beflammen der Kunststoffoberfläche mit einer offenen, sauberen Gasflamme von ca. 800 °C oder Heißluft von 500 °C wird bei Kunststoffen eine Oberflächenaktivierung herbeigeführt. Die Oberflächenspannung wird durch die eintretende Oxidation erhöht, dadurch ist eine bessere Benetzung der Oberfläche möglich.

Elektrische Vorbehandlung bei Kunststoffen (Korona-Vorbehandlung): Durch eine elektrische Korona-Entladung werden Kunststoffoberflächen oxidiert und mit Sauerstoff angereichert. Dies führt zu einer besseren Benetzung und Haftung. Da der apparative Aufwand groß ist, wird diese Vorbehandlung ausschließlich bei Großserien verwendet (z. B. Folien bei der Kunststoff-Klebung oder bei Kunststoffbedruckung).

Niederdruckplasma-Vorbehandlung (nach Dorn und Rasche): Niederdruckplasmaprozesse werden zur Oberflächenvorbehandlung von Kunststoffen und neuerdings auch von Metallen erfolgreich eingesetzt. Dieses Verfahren kann das chemische Naßverfahren voll ersetzen.

In einer Gasatmosphäre werden im Ofen Radikale erzeugt, welche auf die Oberfläche einwirken. Diese Radikale beschießen die Oberfläche und aktivieren sie. Das Verfahren ist noch relativ neu und wird laufend verbessert. Einsatzgebiet ist zur Zeit die Kunststoff- und Elektronikindustrie, außerdem wird das Verfahren bei der Herstellung von Leiterplatten verwendet.

8.7 Kritische Beurteilung der Werkstoffoberflächen

Zur Bewertung der Werkstoffoberflächen und der zu erwartenden Bindefestigkeit eines Klebstoffverbundes müssen folgende Punkte berücksichtigt werden:

Wie hoch ist die Oberflächenspannung von Klebstoff und Fügeteiloberfläche? Es soll für den Klebstoff eine kleine, für das Fügeteil eine große Oberflächenspannung vorliegen. Ist die Oberflächenspannung vom Fügeteil geringer als diejenige des Klebstoffs, so ist das Fügeteil durch spezifische Vorbehandlung auf eine höhere Oberflächenspannung zu bringen.

Wie ist die Beschaffenheit der Fügeteiloberfläche? (Abmessung der Rauhtiefen der Fügeteiloberflächen.) Wie sieht die Oberfläche aus, ist sie durch Medien wie Wasser, Luft, Gase oder Chemikalien verändert? Haben sich Fremdkörper angelagert? Welcher Art ist die Verunreinigung? Ist eine chemische Reaktion eingetreten?

Wurde das Materialgefüge durch mechanische Bearbeitung verändert? (z. B. durch Zug oder Druck). Ist der Gefügeaufbau durch Wärme, Schweißen oder Löten verändert worden?

Sind durch nachträgliche Oberflächenbehandlungen fremde, neue Schichten aufgebracht worden? (Zum Beispiel galvanische Überzüge, Farbe usw.).

Ein Klebstoff muß auf den Werkstoff abgestimmt werden. Dabei ist die oberste Schicht vom Fügeteil zu berücksichtigen. Ein verzinkter Stahl ist nach dem Zink, nicht nach dem Stahl zu beurteilen.

8 Fügeteiloberfläche als Haftgrund

Ein Klebstoff haftet nur so gut, wie dieser für das Material geeignet ist. Das Haftvermögen der chemischen Deckschicht beeinflußt die Endfestigkeit der Verbindung direkt.

Sind alle Punkte abgeklärt, so können die notwendigen Schritte der Vorbehandlung eingeleitet werden *(s. Abb. 8.8)*.

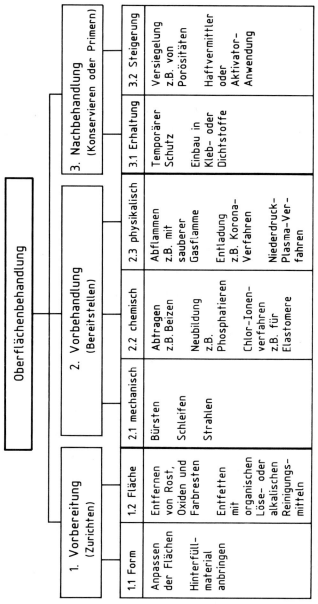

Abb. 8.8. Schematische Darstellung der Oberflächenbehandlung.

8.7 Kritische Beurteilung der Werkstoffoberflächen

In *Abb. 8.9* sind die Bearbeitungsgüten der verschiedenen Bearbeitungsmethoden beschrieben.

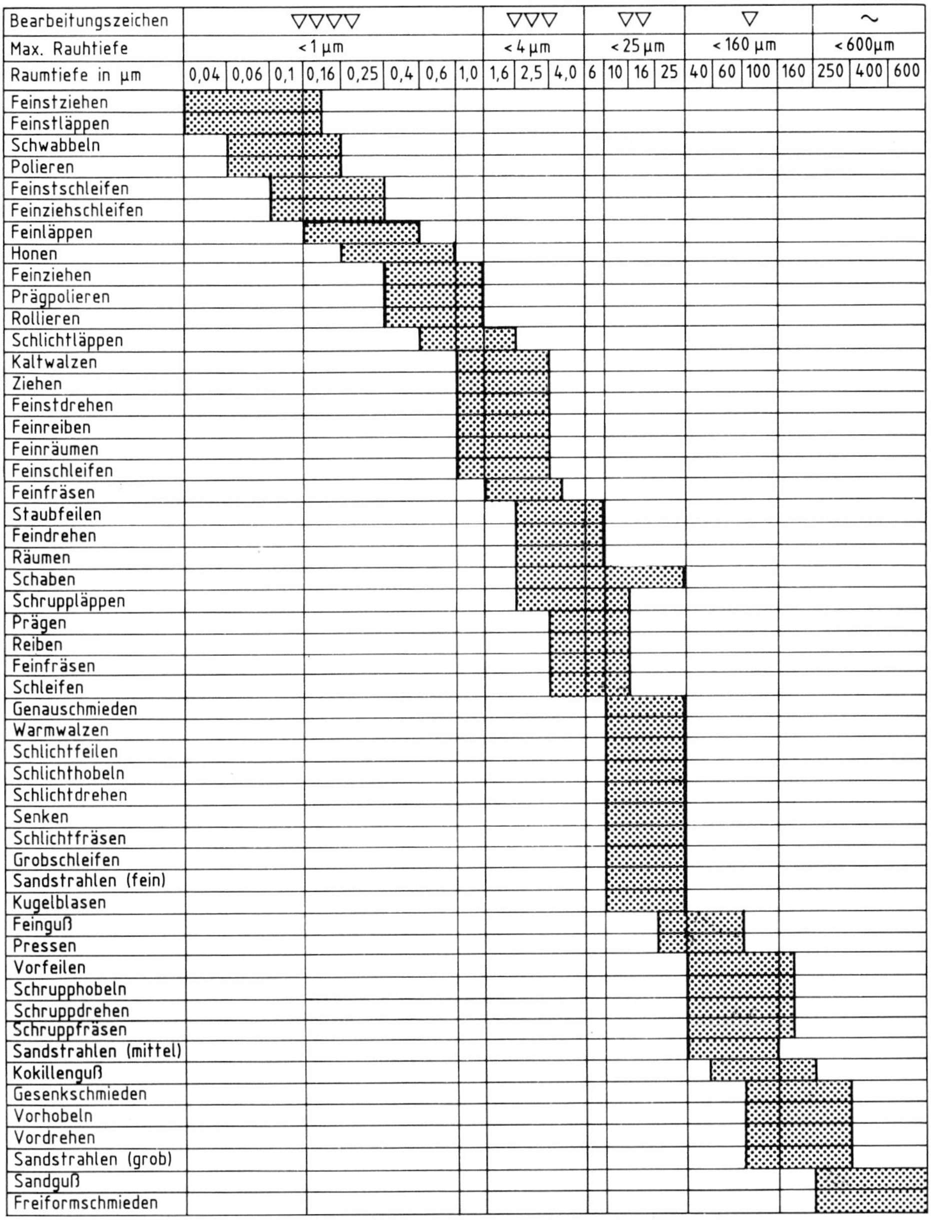

Bearbeitungszeichen	▽▽▽▽							▽▽▽			▽▽			▽				~		
Max. Rauhtiefe	<1 µm							<4 µm			<25 µm			<160 µm				<600 µm		
Raumtiefe in µm	0,04	0,06	0,1	0,16	0,25	0,4	0,6	1,0	1,6	2,5	4,0	6	10	16	25	40	60	100	160	250	400	600
Feinstziehen	░	░																				
Feinstläppen	░	░																				
Schwabbeln		░	░																			
Polieren		░	░																			
Feinstschleifen			░	░																		
Feinziehschleifen			░	░																		
Feinläppen				░	░																	
Honen					░	░																
Feinziehen						░	░															
Prägpolieren						░	░															
Rollieren						░	░															
Schlichtläppen							░	░														
Kaltwalzen								░	░													
Ziehen								░	░													
Feinstdrehen								░	░													
Feinreiben								░	░													
Feinräumen								░	░													
Feinschleifen								░	░													
Feinfräsen									░	░												
Staubfeilen										░	░											
Feindrehen										░	░											
Räumen										░	░											
Schaben										░	░	░										
Schruppläppen											░	░										
Prägen											░	░										
Reiben											░	░										
Feinfräsen											░	░										
Schleifen											░	░	░									
Genauschmieden												░	░									
Warmwalzen												░	░									
Schlichtfeilen												░	░									
Schlichthobeln												░	░									
Schlichtdrehen												░	░									
Senken												░	░	░								
Schlichtfräsen													░	░								
Grobschleifen													░	░								
Sandstrahlen (fein)													░	░								
Kugelblasen													░	░								
Feinguß														░	░							
Pressen														░	░							
Vorfeilen														░	░							
Schrupphobeln															░	░						
Schruppdrehen															░	░						
Schruppfräsen															░	░						
Sandstrahlen (mittel)															░	░						
Kokillenguß																░	░					
Gesenkschmieden																░	░					
Vorhobeln																░	░					
Vordrehen																░	░					
Sandstrahlen (grob)																	░	░				
Sandguß																				░	░	
Freiformschmieden																				░	░	░

Abb. 8.9. Rauhtiefen und Bearbeitungsgüten.

8.8 Vorbehandlung von Metallen

Da die Metalle sehr unterschiedliche physikalische und chemische Eigenschaften haben, müssen auch unterschiedliche Reinigungsverfahren angewendet werden.

Aluminium und Aluminiumlegierungen: Nach dem Entfetten mit Schleifleinen oder durch Feinsandstrahlen aufrauhen;
oder Entfetten und Ätzen in einem Chromschwefelsäurebad folgender Zusammensetzung:

Schwefelsäure konz. (H_2SO_4, Dichte 1,82 g/mL)	7,55 L
Chomsäure-Anhydrid (CrO_3)	2,5 kg
oder Natriumdichromat ($Na_2Cr_2O_7$)	3,75 kg
Wasser (H_2O)	ca. 4,0 L

Ansetzen der Ätzlösung*: 10 L klares Wasser werden in einem auf 50 L geeichten Behälter vorgelegt. Dann wird unter ständigem Rühren die Schwefelsäure langsam zugegeben und hierauf unter weiterem Umrühren die Chomsäure bzw. das Natriumdichromat eingebracht und mit klarem Wasser bis zur 50-L-Marke aufgefüllt. Die Ätzflüssigkeit wird am besten in Blechgefäßen gehalten, die – wenn möglich mit Blei ausgeschlagen – auf geheizten Platten aufgestellt werden.
Die Fügeteile werden in dieses auf 60 bis 65 °C angewärmte Ätzbad ca. 30 Minuten eingetaucht, anschließend mit fließendem, klarem kaltem Wasser und dann mit warmem Wasser (50 bis max 65 °C) gespült und an der Luft oder im Ofen bei nicht über 65 °C getrocknet.
(Mit 4,5 L Lösung kann man ca. 20 m^2 Metallfläche behandeln).

Aluminium anodisch oxidiert: Anodisch oxidierte Al-Legierungen müssen zumindest gründlich entfettet werden. Die Haftung der Klebstoffe ist von der Dicke und Struktur der Oxidschicht sowie von der Art der Porenversiegelung abhängig. Um beste Haftung zu erreichen, ist mechanisches Aufrauhen oder Ätzen oft notwendig. *Abb. 8.10* und *8.11* geben 2 Arbeitsvorschriften zur Vorbehandlung von Aluminium wieder.

---

* Beim Mischen von Wasser mit konzentrierten Säuren/Laugen darf keinesfalls Wasser in die Säuren/Laugen gegossen werden. In allen Fällen ist das Wasser vorzulegen und die Säuren/Laugen unter ständigem Rühren langsam beigeben.

8.8 Vorbehandlung von Metallen 125

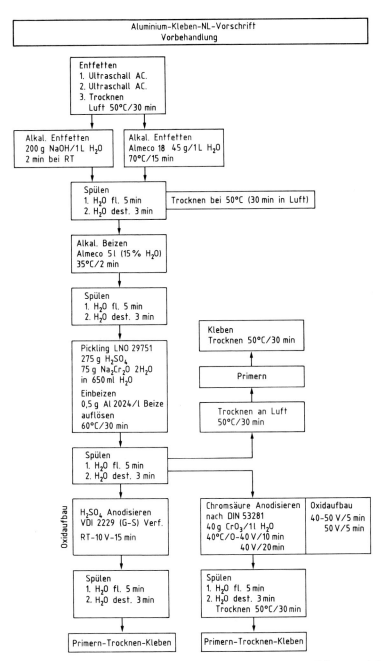

Abb. 8.10. Arbeitsfolge für das Pickling-Beizen (Chromsäureanodisieren und Gleichstrom-Schwefelsäureverfahren).

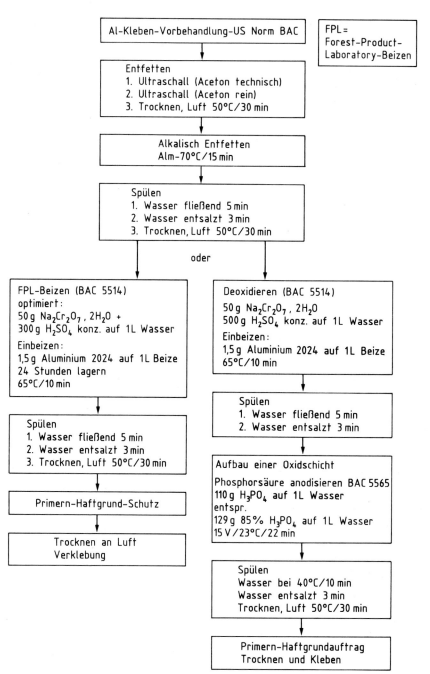

Abb. 8.11. Arbeitsfolge für das FPL-Beizen (Phosphorsäureanodisieren).

Titan: Titan wird entfettet und mit Schleifleinen oder Schmirgelwolle angerauht.

Eine zweite Möglichkeit ist mit Tetrachlorkohlenstoff zu entfetten, anschließend mit rotierender Stahlbürste aufzurauhen und nochmals zu entfetten.

Außerdem kann man mit Tetrachlorkohlenstoff entfetten, dann 3 min lang bei Raumtemperatur in 15 %iger Flußsäure (Vorsicht!) ätzen, den bräunlichen Belag sofort abspülen und trocknen.

Blei, Zinn, Lötzinn: Vorerst Teile entfetten. Blei mit Schleifleinen oder feiner Stahlwolle aufrauhen und nachwaschen, bis ein weißer Lappen sauber bleibt.

Zinn, Lötzinn und verzinnte Gegenstände gleichmäßig leicht aufrauhen und nachreinigen.

Cadmium: Entfetten und mit feinem Schleifleinen aufrauhen, nachreinigen, gut trocknen und Klebstoff baldmöglichst auftragen.

Chrom oder verchromte Teile: Entfetten und mit Schleifleinen oder durch Feinsandstrahlen aufrauhen, nachreinigen;
oder ätzen in einem Bad* folgender Zusammensetzung:

    konz. Salzsäure (Dichte 1,18 g/mL)   4,25 L
    Wasser   5,00 L

Fügeteile ca. 1 bis 5 min in das auf 90 bis 95 °C erwärmte Ätzbad eintauchen, mit klarem, kaltem und dann mit warmem Wasser spülen und trocknen.

Edelmetalle: (Silber, Gold, Platin): Entfetten. Bei ungenügendem Effekt und bei angelaufenem Silber (Sulfide) mit feinem Schleifleinen aufrauhen und nachreinigen.

Kupfer und Kupferlegierungen (mit Ausnahme von Messing): Entfetten und mit Schleifleinen, durch Feinsandstrahlen oder am besten durch Strahlen mit Hartgußkies (Körnung 24) aufrauhen und nachreinigen;
oder Ätzen mit folgender Lösung*:

    Eisen(III)P-chlorid (42 %ige Lösung)   3,75 L
    konz. Salpetersäure (Dichte 1,42 g/mL)*   7,5 L
    Wasser   50 L

Werkstücke bei Raumtemperatur ca. 1 bis 2 min eintauchen, mit klarem, kaltem und dann mit warmem Wasser spülen und trocknen.

Das Verkleben soll unmittelbar nach der Vorbehandlung erfolgen.

---
*Fußnote s. S. 124.

Magnesium und Magnesiumlegierungen: Entfetten und mit Schleifleinen oder Schmirgelwolle aufrauhen, nachreinigen und Klebstoff sofort auftragen;
oder Werkstücke ca. 5 min in eine auf 70 bis 75 °C erwärmte Lösung* eintauchen:

Natriumhydroxid	6,2 kg
Wasser	50,0 L

Anschließend mit klarem, kaltem, fließendem Wasser spülen und in folgender Lösung ätzen:

Chromsäure	5,0 kg
Wasser	50,0 L
Natriumsulfat sicc.	0,031 kg

Mit klarem, kaltem und dann mit warmem Wasser spülen, trocknen und Klebstoff sofort auftragen.

Messing: Entfetten und mit Schleifleinen oder durch Feinsandstrahlen aufrauhen, nachreinigen.

Nickel: Entfetten und mit Schleifleinen oder durch Feinsandstrahlen aufrauhen, nachreinigen;
oder ca. 5 Sekunden in konz. Salpetersäure (Dichte 1,42 g/mL) vorbehandeln, mit klarem, kaltem und dann mit warmem Wasser spülen und trocknen.

Schmiedeisen und Stahl: Entfetten durch Sand- oder Schrotstrahlen oder mit Schleifleinen aufrauhen und nachreinigen;
oder ätzen in folgender Lösung*:

α-Phosphorsäure (88 %ig)	10,0 L
Methylalkohol (techn.)	5,0 L

Teile 10 min in das auf ca. 60 °C erwärmte Bad eintauchen, aus dem Bad entnehmen, schwarzen Belag mit einer harten Bürste unter klarem, kaltem, fließendem Wasser abbürsten, im Ofen oder mit Warmluft trocknen. Klebstoff auftragen, bevor sich Flugrost bildet.

---

*Fußnote s. S. 124.

8.8 Vorbehandlung von Metallen

Stahl rostfrei (Chromstahl, Chromnickelstahl): Entfetten und mit nichtmetallischen Schleifmitteln, z. B. korundhaltigem Schleifleinen oder mit Schmirgelwolle aufrauhen oder feinsandstrahlen, nachreinigen. Die folgende Lösung ist beim Entfetten von rostfreiem Stahl wirkungsvoller als andere fettlösende Reinigungsmittel:

Natrium-m-silicat	1,00 kg
m-Natriumphosphat	0,50 kg
Natriumhydroxid	0.50 kg
Netzmittel	0,15 kg
Wasser	50,0 L

Verklebungen mit höherer Festigkeit werden erzielt, wenn die Fügeteilflächen in folgender Lösung* vorbehandelt werden:

Oxalsäure	14,00 kg
konz. Schwefelsäure (Dichte 1,82 g/mL)	12,20 kg (6,7 L)
Wasser	70,00 L

Teile ca. 10 min in das auf 85 bis 90 °C erwärmte Bad eintauchen, aus dem Bad entnehmen und den schwarzen Belag mit einer harten Bürste unter fließendem, klarem, kaltem Wasser abbürsten und trocknen.

Das Verkleben soll unmittelbar nach der Vorbehandlung erfolgen.

Stahl verzinkt: Entfetten und mit Schleifleinen aufrauhen und nachreinigen; oder 2 bis 4 min lang bei Raumtemperatur in folgende Lösung* eintauchen:

Salzsäure konz.	15 Volumenanteile
Wasser	85 Volumenanteile

Anschließend in warmem und kaltem Wasser spülen, sorgfältig im Ofen bei 60 bis 70 °C oder mit Warmluft trocknen.

Besser ist eine Vorbehandlung mit ®Parcodine 120 gemäß Gebrauchsanweisung. In jedem Fall soll die Verklebung unmittelbar nach der Vorbehandlung erfolgen.

Wolfram und Wolframkarbid: Entfetten und mit Schleifleinen oder durch Feinsandstrahlen aufrauhen und nachreinigen;
oder vorbehandeln in einer Lösung* aus:

Natriumhydroxid	8,5 kg
Wasser	20,0 L

---
*Fußnote s. S. 124.

Tabelle 8.1 Chemische Oberflächenbehandlungsverfahren (aus VDI-Richtlinie 2229 und nach DIN 53281 Bl. 1).

Verfahren	Anwendung	Vorbehandlung	Beizlösung	Beiztemp. °C	Beizdauer min	Nachbehandlung
Schwefelsäure-Natriumdichromat-Verfahren (Piekling-Prozeß)	Aluminium und seine Legierungen	Reinigen, Entfetten, Spülen	27,5 Massenanteile (in %) konz. Schwefelsäure (Dichte 1,82 g/mL) 7,5 Massenanteile (in %) Natriumdichromat, Rest Wasser	60 bis 65	20 bis 30	Spülen, Trocknen
Abgewandeltes Schwefelsäure-Natriumdichromat-Verfahren	Aluminium und seine Legierungen	Reinigen, Entfetten, Spülen	*Erster Beizvorgang:* 0,5 bis 1 Massenanteil (in %) Natrium- oder Kaliumfluorid., 15 bis 20 Massenanteile (in %) konz. Salpetersäure, Rest Wasser *Zweiter Beizvorgang:* 27,5 Massenanteile (in %) konz. Schwefelsäure (Dichte 1,82 g/mL) 7,5 Massenanteile (in %) Natriumdichromat, Rest Wasser	etwa 20 60 bis 65	etwa 1 etwa 1	Spülen mit fließendem Wasser Spülen, Trocknen
Salpetersäure-Kaliumdichromat-Verfahren	Magnesium-Legierungen	Reinigen, Entfetten, Spülen	20 Massenanteile (in %) konz. Salpetersäure, 15 Massenanteile (in %) Kaliumdichromat, Rest Wasser	etwa 20	etwa 1	Spülen, Trocknen

Tabelle 8.1 Chemische Oberflächenbehandlungsverfahren (aus VDI-Richtlinie 2229 und nach DIN 53281 Bl. 1) (Fortsetzung).

Verfahren	Anwendung	Vorbehandlung	Beizlösung	Beiztemp. °C	Beizdauer min	Nach-behandlung
Schwefelsäure-Oxalsäure-Verfahren	Stahl, nicht rostender Stahl	Reinigen, Entfetten, Spülen	10 Massenanteile (in %) konz. Schwefelsäure (Dichte 1,82 g/mL) 10 Massenanteile (in %) Oxalsäure, Rest Wasser	60	30	Spülen, Trocknen
Salzsäure-Verfahren	hochlegierter Stahl, nicht-rostender Stahl	Reinigen, Entfetten, Spülen	30 Massenanteile (in %) konz. Salzsäure, 70 Massenanteile (in %) Wasser	20	15	Spülen, Trocknen
Alkalische Verfahren	verschiedene Metallen	unterschiedlich nach Behandlungsmitteln, teilweise mit Entfetten kombiniert (nach Vorschrift des Herstellers)	Gepufferte alkalische Lösungen, z. B. *Grisal K Extra* oder *P 3*	nach Vorschrift des Herstellers	nach Vorschrift des Herstellers	nach Vorschrift des Herstellers

8.8 Vorbehandlung von Metallen

8 Fügeteiloberfläche als Haftgrund

Tabelle 8.2 Verfahren zur Klebeflächen-Vorbehandlung der am häufigsten für Konstruktionen verwendeten Metalle.

Baustahl	niedriglegierter Stahl[1]	hochlegierter Stahl[1]	nichtrostender Stahl[1]	Aluminium- und -legierungen[1]
1 schleifen oder strahlen	1 entfetten Tri-(oder Per-)chlorethylendampf	1 entfetten Tri-(oder Per-)chlorethylendampf	1 entfetten Tri-(oder Per-)chlorethylendampf	1 entfetten Tri-(oder Per-)chlorethylendampf
2 entfetten Methyl-Ethyl-Keton (M.E.K.)	2 beizen 10 Massenanteile Phosphorsäure (88 %ig) 10 Massenanteile Methylalkohol 10 min bei 60 °C oder 120 min bei R.T.	2 beizen 83,3 Volumenanteile (in %) Salzsäure (35 %ig) 12.5 Volumenanteile (in %) Phosphorsäure (85 %ig) 4,2 Volumenanteile (in %) Flußsäure (60 %ig) 10 min bei 80 °C	2 beizen 10 Massenanteile (in %) Oxalsäure 10 Massenanteile (in %) Schwefelsäure ($y = 1,82$) 80 Massenanteile (in %) Wasser	2 alkalisch entfetten 3 Massenanteile (in %) P_3 (Almeco) $Na_2PO_4 \cdot 12\ H_2O$ $Na_2SiO_3 \cdot 9\ H_2O$ 1 : 1 Rest Wasser 20 min bei 70 °C
	3 spülen[3] Wasser 5 min bei R.T.	3 spülen[3] Wasser 5 min bei R.T.	3 spülen[3] Wasser 5 min bei R.T.	3 spülen[3] Wasser 5 min bei R.T.
	4 unter fließendem Wasser schwarzen Niederschlag abbürsten	4 trocknen 20 bis 40 min bei 65 °C	4 unter fließendem Wasser schwarzen Niederschlag abbürsten	4 beizen 15 L Schwefelsäure ($y = 1,82$) 5 kg Chromsäure (oder 7,5 kg Natriumdichromat Wasser auf 100 L auffüllen) 30 min bei 60 °C)
	5 trocknen 60 min bei 120 °C		5 trocknen 20 bis 40 min bei 65 °C	5 spülen[3] Wasser 5 min bei R.T.
				6 spülen[3] Wasser 5 min bei 40 °C
				7 trocknen 30 min bei 40 °C (max.)

[1] Weitere Vorbehandlungsverfahren können DIN 53 281, Blatt 1, entnommen werden.
[2] Ob Leitungswasser statt entionisiertem Wasser verwendet werden kann, hängt von der örtlichen Wasserzusammensetzung ab. Zum Ansetzen von Bädern verwendet man vorzugsweise entionisiertes Wasser.

8.8 Vorbehandlung von Metallen

...fer und ...ierungen[1]	Titan und -legierungen	Magnesium und -legierungen[1]	Zink und galvanisch verzinkte Metalle	Chrom und verchromte Metalle
...tfetten ...ethyl-Ethyl-Keton ...E.K.)	1 entfetten Tri-(oder Per-)chlor-ethylendampf (evtl. anschließend alkalisch entfetten; siehe Aluminium)	1 entfetten Tri-(oder Per-)chlor-ethylendampf (evtl. anschließend alkalisch entfetten; siehe Aluminium)	1 entfetten Tri-(oder Per-)chlor-ethylendampf	1 entfetten Tri-(oder Per-)chlor-ethylendampf
...eizen 3 Massenanteile ...n %) Eisenchlorid 2 Massenanteile ...n %) gesättigte ...alpetersäure ...est Wasser ...0 min bei R.T.	2 beizen 15 Volumenanteile (in %) Salpetersäure (70%ig) 3 Volumenanteile (in %) Flußsäure (50%ig) Rest Wasser 30 s bei R.T.	2 anodisieren nach Dow-17-Verfahren 24 kg Ammoniumfluorid 10 kg Natriumdichromat 8,5 kg Phosphorsäure (85%ig) Wasser (auf 100 L auffüllen) Wechselstrom 50 bis 500 A/m^2 3 bis 5 min bei 75°C	2 beizen 15 Volumenanteile (in %) gesättigte Salzsäure Rest entionisiertes Wasser 2 bis 4 min bei R.T.	2 beizen 50 Volumenanteile (in %) gesättigte Salzsäure Rest Wasser 2 bis 5 min bei 90°C
...ülen ...asser ... min bei R.T.	3 spülen Wasser 5 min bei R.T.	3 spülen Wasser 5 min bei R.T.	3 spülen Wasser 5 min bei R.T.	3 spülen Wasser 5 min bei R.T.
...ülen[2] ...asser ... min bei 40°C	4 beizen 5 Massenanteile (in %) Trinatriumphosphat 0,9 Massenanteile (in %) Natriumfluorid 1,6 Massenanteile (in %) Flußsäure Rest Wasser 2 bis 3 min bei R.T.	4 spülen Wasser 5 min bei 40°C	4 spülen[2] Wasser 5 min bei 40°C	4 spülen[2] Wasser 5 min bei 40°C
...rocknen ...0 min bei 40°C ...max.)	5 spülen Wasser 5 min bei R.T. 6 spülen[3] Wasser 5 min bei 40°C 7 trocknen 30 min bei 40°C (max.)	5 trocknen 30 min bei 40°C (max.)	5 trocknen 15 bis 25 min bei 65°C	5 trocknen 15 bis 25 min bei 65°C

...lternativ auch 5a: anodisieren, mit 2 bis 5 Massenanteile (in %) Chromsäure in Wasser gelöst, bei folgender Spannung: 0 bis 10 min: von 0 auf 40 V steigend; 10 bis 30 min: 40 V konstant; 30 bis 35 min: von 40 auf 50 V steigend; 35 ...is 40 min: 50 V konstant. Temperatur: 40°C ± 2°C. 6a: spülen mit Wasser, 5 min bei R.T.

134   8 *Fügeteiloberfläche als Haftgrund*

Teile ca. 10 min in die auf 80 bis 90 °C erwärmte Lösung eintauchen, mit klarem, kaltem und dann mit warmem Wasser spülen, trocknen.

Eine andere Möglichkeit zu entfetten besteht darin, die Metallteile 2 bis 3 min lang bei Raumtemperatur in folgendes Ätzbad* zu tauchen:

Flußsäure	25 g
Salpetersäure konz.	150 g
Schwefelsäure konz.	250 g
Wasser	75 g

Anschließend spülen und bei 65 bis 80 °C im Ofen trocknen.

Zink und Zinklegierungen: Entfetten und mit Schleifleinen aufrauhen, nachreinigen, den Klebstoff sofort auftragen.

Ebenfalls kann die Ätzbehandlung wie bei „Stahl, verzinkt" angewendet werden. *Tabelle 8.1* und *8.2* stellen noch einmal einige Vorbehandlungsverfahren zusammen.

8.9   Vorbehandlung von Kunststoffen

Da sich auch die Kunststoffe in ihren physikalischen und chemischen Eigenschaften stark voneinander unterscheiden, müssen für unterschiedliche Kunststoffe auch unterschiedliche Reinigungs- und Vorbehandlungsverfahren angewendet werden.

Schichtstoffe und Formteile (Preßteile, Gießlinge) aus duroplastischen bzw. thermohärtenden Kunststoffen lassen sich meist sehr gut verkleben. Um gute Festigkeiten zu erhalten, ist es wichtig, daß die Fügeflächen vor dem Auftragen des Klebstoffs mit einem geeigneten Lösungsmittel, z. B. Aceton, Methylethylketon usw. oder durch mechanische Vorbehandlung wie Überschleifen oder Feinsandstrahlen von Verunreinigungen und Trennmittelresten völlig befreit werden. Das mechanische Aufrauhen wird besonders für die Klebeflächen von Preßteilen empfohlen, da deren Oberflächen, die sog. Preßhaut, Klebstoffe abweisen können. Das Verkleben von thermoplastischen Kunststoffen ist oft schwierig. Verschiedene Kunststoffe lassen sich nur mit mäßigem Erfolg verkleben, und nicht selten kann festgestellt werden, daß die Verklebbarkeit selbst derselben Typen recht unterschiedlich sein kann. Von der einschlägigen Industrie werden für das Verkleben dieser Kunststoffe besonders geeignete Produkte entwickelt,

---
* Fußnote s. S. 124.

die aber meist versagen, wenn Thermoplaste mit anderen Werkstoffen, wie Metalle, Holz usw., zu verbinden sind. In solchen Fällen können Klebstoffe, die zum Verbinden von Thermoplasten nur bedingt geeignet sind, sehr nützlich sein. Für Sonderzwecke werden für das Verkleben bereits vorbehandelte Thermoplaste (z. B. Skibeläge) angeboten, die sich ausgezeichnet verkleben lassen.

Merke:
- Jeder Kunststoff besitzt einen äußeren und einen inneren Kern *(Abb. 8.12)*.

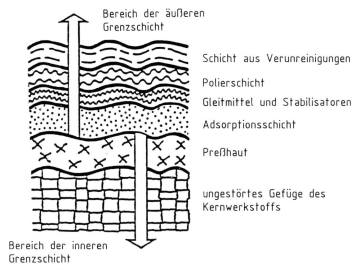

Abb. 8.12. Schnitt durch eine Kunststoffoberfläche.

- Die äußere Grenzschicht muß vor dem Verkleben entfernt werden.
- Es muß ein optimal vorbehandelter Haftgrund geschaffen werden.
  Hierzu gibt es folgende Methoden:

- Reinigung mit organischen Lösungsmitteln,
- Reinigung mit alkalischen, wässrigen Mitteln,
- Reinigung durch Aufrauhen der Oberfläche mit Hilfe mechanischer Verfahren wie Schleifen, Schmirgeln, Sandstrahlen,
- Reinigung auf chemischem Wege, Beizbäder,
- Reinigung durch Abflammen, Kreidl-Verfahren,
- Reinigung durch elektrische Behandlung, Korona,
- Reinigung durch das Niederdruck-Plasma-Verfahren.

Reinigung mit organischen Lösungsmitteln: Die größte Schwierigkeit hat man mit dem Entfernen der Trennmittel. Die Fügeteiloberflächen werden mit Lösungsmittel abgerieben. Es eignen sich folgende Lösungsmittel: Aceton, Ethanol, Isopropylalkohol, chlorierte Kohlenwasserstoffe, Freon, 1.1.1-Trichlorethan u.ä.

Reinigen mit alkalischen, wäßrigen Lösungen: Hier verwendet man alkalische Soda-Lösungen bei erhöhter Temperatur. Für die Serienfertigung sind Durchlaufbäder und Ultraschall-Dampfbäder geeignet. Bei einigen thermoplastischen Kunststoffen können sich Risse, sog. Spannungsrisse bilden. In diesem Fall ist Vorsicht geboten und man sollte den Kunststoffhersteller befragen.

Silikone sind ganz von der Fügeteiloberfläche zu entfernen, ein winziger Rückstand führt zur Fehlverklebung.

Man sollte keine Trennmittel auf Silikonbasis in den Fertigungsablauf mit einbeziehen, wenn ein Klebefügeverfahren folgt. Hier sollte man auf andere Trennmittel umsteigen. Eine Spur von Silikon im Reinigungsbad läßt das ganze Bad inaktiv und unbrauchbar werden.

Für folgende Werkstoffe reicht zur Reinigung schon ein Abreiben mit einem sauberen Wegwerflappen oder Papier:

- Celluloseester-Kunststoffe,
- Polystyrol und deren Abkömmlinge, Mischpolymerisate,
- Polyvinylchloride und Abkömmlinge,
- Polymethylmethacrylate,
- Polyamide, niedermolekulare Verbindungen,
- Polycarbonate.

Ein leichtes Aufrauhen ist bei diesen Kunststoffen nur dann erforderlich, wenn die Fügeteiloberfläche verwittert ist.

Reinigung durch mechanische Behandlung: Bei vielen anderen Kunststoffen reicht eine Behandlung mit Lösungsmittel nicht mehr aus. Hier bedient man sich der mechanischen Vorbehandlung, dem Abtragen der Oberfläche durch Abschleifen, Sandstrahlen, Abdrehen usw.

Besonders bei gepreßten Teilen und Formteilen müssen die Verunreinigungen und die Preßhaut abgetragen werden. Auch bei Verwitterungsrückständen ist ein solches Verfahren anzuwenden.

Das Abschleifen wird mit Schmirgelleinen oder Schmirgelmaschinen automatisch auf Bandstraßen durchgeführt. Dabei sollte je nach Verklebungsart feine (240er) Körnung oder mittelfeine (180er) Körnung an Schmirgel verwendet werden.

Das Sandstrahlen wird mit Hartgußkies oder Korund durchgeführt. Die Feinheit der Körnung ist ausschlaggebend für die Oberflächengüte. Es wird eine Körnung von 0,3 bis 0,8 mm bevorzugt. Durch das Sandstrahlen wird gleichzeitig die Klebefläche vergrößert, d. h. **höhere Festigkeitswerte** werden erzielt.

8.9 Vorbehandlung von Kunststoffen

Wichtig: Keine fettigen oder silikonhaltigen Teile im Sandstrahlkasten verwenden. Diese Partikeln werden sonst in die Fügeteiloberflächen eingeschlagen, und es entsteht wieder eine Trennschicht, die zu Fehlverklebungen führt.

Deshalb müssen die Teile erst mit Lösungsmittel entfettet werden. Zu bevorzugen ist ein Vukablast-Strahlgerät, das die Verunreinigungen mit dem Sandkorn absaugt *(Abb. 8.13 a und 8.13 b)*.

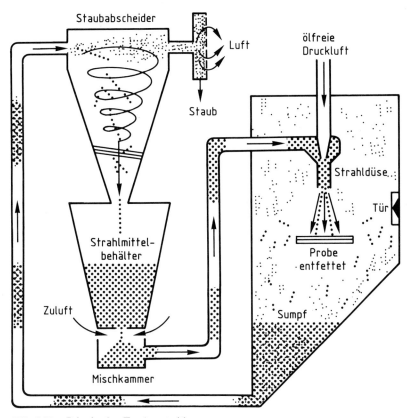

Abb. 8.13 a. Prinzip des Trockenstrahlens.

Trockenstrahlen: In der Trockenstrahlanlage entsteht beim Einblasen eines dünnen Druckluftstrahls in die Strahldüse durch Injektorwirkung ein kräftiges Vakuum, das zum Ansaugen des Strahlmittels genutzt wird. Durch die Ausbildung des unteren Behälters wird mehr oder weniger Zuluft angesaugt, das zu einer ausgeglichenen Mischung Trägerluft und Strahlmittel führt. Wichtig ist, daß Zuluft und Strahlluft entölt sind. Das Fügeteil muß auch vorher entfettet worden sein.

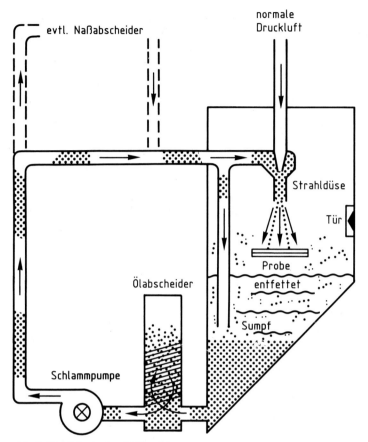

Abb. 8.13 b. Prinzip des Naßstrahlens.

Naßstrahlen: Beim Naßstrahlen wird eine Mischung aus Wasser, fettlösenden Substanzen und Strahlmittel verwendet. Das Strahlmittel muß immer härter sein als das Fügeteilmaterial. Durch den Einsatz feinster Strahlmittel und Wasser erhält man abgerundete feine Kratzer. Der Wasserfilm dämpft den Aufschlag. Ansonsten haben wir die gleiche Funktionsweise wie beim Trockenstrahlen.

Zusätzlich ist nach dem Sumpfteil vor den Eintritt in den Strahlbehälter ein Staubabscheider dazwischengeschaltet, so daß reines Strahlgut auf die Probe gelangt. Unzugängliche Flächen sind durch diese Verfahrensweise besser zu erreichen. Naßstrahlanlagen weisen keine Staubentwicklung auf und können im Kleberaum verwendet werden.

Reinigung durch chemische Vorbehandlung: Die Kunststoffteile werden dazu in chemische Beizbäder gebracht. Zeit und Temperatur sind ausschlaggebend für die

Qualität der Reinigung. Hier sind für verschiedene Kunststoffe spezielle Beizbäder und Verfahren erarbeitet worden. Diese sind in *Tabelle 8.3* zusammengefaßt. Die Beizbäder bewirken eine oxidative Oberflächenveränderung. Das heißt die Oberfläche bekommt eine höhere Oberflächenspannung.

Die chemische Industrie bietet fertige Beizlösungen an. Dieses Verfahren ist bei den Klebstoffverarbeitern nicht gern gesehen. Die Lösungen sind meist giftig und ätzend, und es sind langwierige Spülverfahren dazwischenzuschalten. Aber bei einigen Kunststoffen ist eine andere Vorbehandlung nicht möglich.

Vorsicht: Bitte genau die Arbeitsvorschriften beachten. Gieße NIE Wasser in die Säure sonst geschieht das UNGEHEURE.

Beizbäder werden verwendet für Kunststoffe auf Polyolefin-, Polyethylen-, Polypropylen-, Polyfluorolefin-, Polytetrafluorethylen-, Polyoximethylen-, Polyacetal-, Polyacetate- und Polystyrol-Basis (SB, ABS schlagfest).

Tabelle 8.3 Entfettungs- und Lösungsmittel für Kunststoffe.

Kunststoff	Entfettungsmittel	Lösungsmittel
Polyethylen-ND	Methylenchlorid Trichlorethylen Perchlorethylen Ethanol	Decan (70 °C) Decahydronaphthalen (70 °C) Toluen (70 °C) p-Xylen (75 °C)
Polyethylen-HD	wässerige alkalische Reiniger	Decahydronaphthalen (135 °C) Tetrahydronaphthalen (120 °C) p-Xylen (100 °C)
Polypropylen		Tetrahydronaphthalen (80 °C) Decahydronaphthalen (80 °C)
Polystyren	Ethanol wässerige alkalische Reiniger	Methylenchlorid Trichlorethylen Perchlorethylen Aceton Toluen Ethylacetat
Polyvinylacetat	Diethylester wässerige alkalische Reiniger	Methylenchlorid Aceton Ethylacetat Benzen Methylenchlorid Chloroform

Tabelle 8.3 Entfettungs- und Lösungsmittel für Kunststoffe (Fortsetzung).

Kunststoff	Entfettungsmittel	Lösungsmittel
Polyvinylchlorid	Diethylester Ethanol Ethylacetat wässerige alkalische Reiniger	Tetrahydrofuran Cyclohexanon -Butyrolaceton Dimethylformamid Dioxan
Polymethacrylsäuremethylester	Ethanol Diethylester wässerige alkalische Reiniger	Aceton Benzen Toluen Ethylacetat Methylenchlorid Cyclohexanon Dioxan Chloroform
Cellulosenitrat	Methylenchlorid Trichlorethylen Perchlorethylen Ethanol wässerige alkalische Reiniger	Aceton Ethylacetat Butylacetat Methylethylketon
Cellulosetriacetat	Ethanol	Dioxan Methylenchlorid Chloroform Nitromethan Tetrahydrofuran
Polyoxymethylen	Aceton Ethanol Ethylacetat wässerige alkalische Reiniger	Phenol Benzylalkohol p-Chlorphenol (bei höherer Temperatur)
Polyurethan	Ethanol Ethylacetat Aceton wässerige alkalische Reiniger	

Tabelle 8.3 Entfettungs- und Lösungsmittel für Kunststoffe (Fortsetzung).

Kunststoff	Entfettungsmittel	Lösungsmittel
Epoxidharze	Aceton Methylenchlorid Trichlorethylen Tetrachlormethan Ethanol Diethylester Ethylacetat	unlöslich
Polyesterharze duromere	Aceton Ethanol Ethylacetat Diethylether	unlöslich
Polyethylenterephthalat	Benzen Diethylether Aceton Ethanol Methylenchlorid Trichlorethylen Chloroform wässerige alkalische Reiniger	Trichloressigsäure o-Chlorphenol Phenol/Tetrachlorethan (1:1)
Polyphenylenoxid- Polystyren-Compound	Ethanol Ethylacetat Diethylether wässerige alkalische Reiniger	Benzen Methylenchlorid Trichlorethylen Chloroform
Polycarbonat	Ethanol Ethylacetat wässerige alkalische Reiniger	Methylenchlorid Chloroform Dimethylformamid Trichlorethylen
Polyamid 6	Aceton Methylenchlorid Tetrachlormethan Trichlorethylen Perchlorethylen Ethylacetat	Ameisensäure Ethylencarbonat Resorcinol m-Kresol Chlorphenol

8 Fügeteiloberfläche als Haftgrund

Tabelle 8.3 Entfettungs- und Lösungsmittel für Kunststoffe (Fortsetzung).

Kunststoff	Entfettungsmittel	Lösungsmittel
Phenolharze Harnstoffharze Melaminharze Melamin-Phenol-Harze Dicyandiamidharze	Aceton Methylenchlorid Tetrachlormethan Trichlorethylen Perchlorethylen Ethylacetat Ethanol wässerige alkalische Reiniger	unlöslich
Siliconharze	Aceton Methylenchlorid Tetrachlormethan Trichlorethylen Perchlorethylen Ethanol Ethylacetat wässerige alkalische Reiniger	unlöslich
Siliconkautschuk	Ethanol Ethylacetat wässerige alkalische Reiniger	unlöslich
Polybutadien-Styren	Ethanol Ethylacetat wässerige alkalische Reiniger	Methylenchlorid Trichlorethylen Tetrachlormethan Nitromethan Methylethylketon
Polychloroprene		Benzen Chlorbenzen Cyclohexan Dioxan Methylenchlorid Trichlorethylen
Polyisopren		Benzin Diethylether Methylenchlorid Trichlorethylen Tetrachlormethan Perchlorethylen

Reinigung durch thermische Behandlung: Unter thermischer Behandlung versteht man die Flammenbehandlung von Kunststoffen. Bekannt seit über 20 Jahren ist das ausgereifte „Kreidl-Verfahren" *(Abb. 8.14)*. Polyolefine besitzen eine geringe Oberflächenspannung. Da zur Verklebung und Bedruckung eine hohe Oberflächenspannung der Kunststoffoberfläche notwendig ist, werden die Kunststoffe auf Polyolefinbasis (Folien, Platten, gespritzte und geblasene Teile) durch Abflammen vorbehandelt.

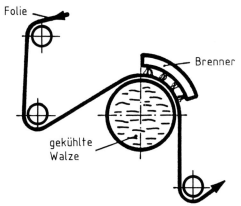

Abb. 8.14. Schematische Darstellung der Vorbehandlung von Polyethylenfolien nach dem Kreidl-Verfahren.

Beim Abflammen wird die Molekülstruktur der Kunststoffrandzone durch die mit Sauerstoffüberschuß brennenden Gase verändert.

Ein Gasbrenner streicht hier kontrolliert über die konditionierte Oberfläche des Kunststoffs.

Die Temperatur an der Oberfläche kann kurz ca. 300 °C und etwas mehr betragen. Um ein Durchbrennen zu verhindern ist die Gegenseite der Kunststofffläche gekühlt. Die Oberfläche des Kunststoffs erfährt bei dieser hohen Temperatur sowohl eine Oxidation wie auch eine Reduktion. Nach dem Beflammen sollte möglichst sofort mit dem Verkleben oder Bedrucken begonnen werden, damit sich die Oberfläche nicht wieder verändert. Bei der Herstellung von Acrylharzprodukten wird das Abflammen genutzt, um maschinell bearbeitete Flächen oder Teile zu glätten.

Reinigung durch elektrische Vorbehandlung: Eine große Bedeutung in der Industrie hat die Vorbehandlung von Polyolefinen (Folien und Platten) durch die Korona-Entladung erhalten (Abb. 8.15). Es hat das Flammungsverfahren fast ausnahmslos ersetzt.

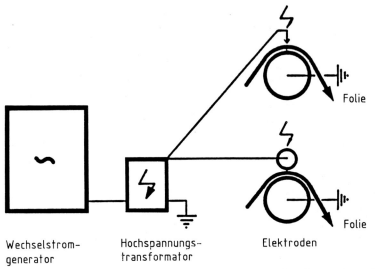

Abb. 8.15. Schematische Darstellung des Aufbaus einer Vorbehandlungsanlage mit Korona-Entladung für Polyethylenfolien.

Korona-Verfahren:

Beim Korona-Verfahren werden nieder- und hochfrequente Ströme von 6 bis 100 kHz und 5 bis 60 kV durch die Folie hindurchgejagt und entladen, hierbei wird die Kunststoffoberfläche der Folie oder Platte mit Elektronen beschossen. Die Luft im Elektrodenspalt wird dabei ionisiert. Luftsauerstoff wird in unstabiles Ozon umgesetzt (Blitzeffekt). Dieses Ozon zerfällt zu Sauerstoff und einem Sauerstoffradikal, welches äußerst reaktiv ist und die Oberfläche des Kunststoffs oxidiert.

Durch die Oxidation wird die Oberflächenspannung des Kunststoffs erhöht. Es ist eine stark polare und klebefreudige Oberfläche entstanden. Gleichzeitig befreit das hochfrequente Wechselfeld Spuren von Feuchtigkeit und anderen Verunreinigungen. Die elektrische Entladung ist am wirksamsten bei erhöhter Temperatur der Kunststoffoberfläche. Aus diesem Grunde werden die Oberflächen vorgeheizt. Die Oberflächenwiderstände werden dadurch kleiner. Die Behandlung kann sowohl auf der Oberfläche als auch durch die Kunststoffschicht erfolgen. Die Industrie bietet verschiedene Geräte an *(Abb. 8.16).*

8.9 Vorbehandlung von Kunststoffen 145

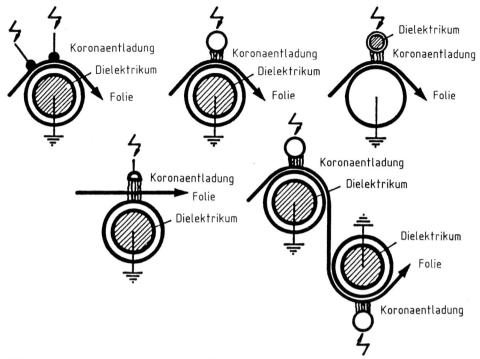

Abb. 8.16. Schematische Darstellung verschiedener Möglichkeiten von Korona-Entladungsanlagen.

Die günstigsten Temperaturen liegen für weiches Polyethylen oberhalb von 90 °C, für hartes Polyethylen oberhalb 110 °C. Das gleiche gilt für Polypropylene und Abkömmlinge der Olefine.

Wichtig: Die Teile müssen sofort nach der Behandlung verklebt werden.

Vorbehandlung der Kunststoffe (Zusammenfassung)

ABS Acryl-Butadien-Styrol
Entfetten, 5 bis 20 min lang in folgende, auf 20 bis 80 °C erwärmte Ätzlösung* eintauchen:
Schwefelsäure konz. (Dichte 1,82 g/mL)   14 L
Kaliumdichromat   0,2 kg
Wasser   5   L
Anschließend mit sauberem, kaltem und dann mit warmem Wasser spülen sowie mit Warmluft trocknen.

---

*Fußnote s. S. 124.

CA Celluloseacetat
CAB Cellulose-Aceto-Butyrat Folie
CAP Cellulose-Aceto-Propionat Folie
CF Kresol-Formaldehyd
Klebbarkeit unvorbehandelt, gut bis sehr gut.
ECTFE Polychlortrifluorethylen
Vorbehandlung s. PTFE
EP Epoxidharz (Formstoffe s. GEP)
Klebbarkeit unvorbehandelt, gut bis sehr gut
ETFE Ethylentetrafluorethylen
Vorbehandlung s. PTFE
EFP Fluorethylenpropylen
Vorbehandlung s. PTFE
GEP Glasfaserverstärkter Epoxidharz
Entfetten, mit Schleifleinen oder Schmirgelwolle aufrauhen, entfetten.
GUP Glasfaserverstärkter Polyester
Entfetten, mit Schleifleinen bis auf die Glasfasern abschleifen, anschließend mit einem wässrigen Reinigungsmittel entfetten, trocknen.

HMWPE Hochdruck-Polyethylen (hochmolekulares Polyethylen.)
Vorbehandlung s. PA, jedoch 10 min / 70 °C
LDPE Niederdruck-Polyethylen (niedermolekulares Polyethylen)
Vorbehandlung s. PA, jedoch 2 min / 70 °C
PA Polyamid 6 / 12 u.a.
PA 6 / mit Schleifleinen oder durch Feinstrahlen aufrauhen, entfetten. Für eine bessere Klebung s. Vorbehandlung PA 12.
PA 12 Entfetten, 3 min lang in folgende, 20 °C warme Ätzlösung* eintauchen:

Schwefelsäure konz. (Dichte 1,82 g/mL)	100 Massenanteile
Kaliumdichromat	5 Massenanteile
Wasser	8 Massenanteile

anschließend mit kaltem Wasser spülen und trocknen;
oder Anwendung von 100 g 0 Redux K6 mit 15 g *p*-Toluolsulfonsäure in 85 g Ethylalkohol
oder Haftvermittler.

---

*Fußnote s. S. 124.

8.9 Vorbehandlung von Kunststoffen

PC Polycarbonat
Klebbarkeit unvorbehandelt, gut bis sehr gut.
PCTFE Polychlortrifluorethylen
Vorbehandlung s. PTFE
PDAP Polydiallylphtalat-Folie
Klebbarkeit unvorbehandelt, gut bis sehr gut.
PE Polyethylen
Abflammen oder elektrische Sprühentladung (Korona-Vorbehandlung oder anätzen.
Chemische Vorbehandlung s. PA 12.
PES Polyethersulfon (Preßteile)
Entfetten, mit Schleifleinen oder durch Feinstrahlen aufrauhen, entfetten.
PETP Polyterephthalsäureester
Entfetten, mit Schleifleinen oder durch Feinstrahlen aufrauhen, entfetten.
PFEP Polytetrafluorethylen-Perfluorethylen
Vorbehandlung s. PTFE
PI Polyimid (Polybenzimidazolen)
Entfetten, 10 min lang in auf 60 °C erwärmte alkalische Chromschwefelsäure* eintauchen.
1. Spülen mit sauberem, kaltem Wasser, 10 min lang.
2. Spülen mit destilliertem oder demineralisiertem Wasser, 10 min lang.
3. Trocknen im Umluftofen, 15 min lang, bei 65 °C.
PMMA Polymethylmethacrylat
Entfetten, mit feinem Schleifleinen oder feiner Schleifwolle aufrauhen, Schleifpartikel mit trockener, sauberer Luft abblasen oder mit einem Lösungsmittel entfernen.
Vorsicht: Ungeeignete Lösungsmittel führen zur Spannungsrißbildung.
PMP Polymethylpenten/Polysulfon
Entfetten, mit Schleifleinen oder Schleifwolle aufrauhen, entfetten.
POM Polyoxymethylen oder Polyacetal
Abflammen oder elektrische Sprühentladung (Korona-Vorbehandlung), anätzen oder Niederdruckplasma-Behandlung. Entfetten, mit Schleifleinen oder Schleifwolle aufrauhen und anschließend 5 bis 15 s lang in auf 50 °C erwärmte Phosphorsäure* legen. Anschließend mit sauberem, kaltem und nachher mit warmem Wasser abspülen.
Oder „Satinieren" für Homopolymerisat wie *Delrin*® 10 bis 30 s in auf 70 bis 100 °C erwärmtes Bad* eintauchen:

Kieselglur	0,5 Massenanteile
Dioxan	3,0 Massenanteile
Para-Toluolsulfonsäure	0,3 Massenanteile
Perchlorethylen	56,2 Massenanteile

---

*Fußnote s. S. 124.

Anschließend bei 100 bis 120 °C 1 min lang im Umluftofen trocknen.
PP Polypropylen
Elektrische Sprühentladung (Korona-Vorbehandlung) abflammen oder anätzen. Vorbehandlung s. PA 12, jedoch 2 min lang bei 70 °C.
PPO Polyphenylenoxid
Klebbarkeit unvorbehandelt, gut bis sehr gut.
PS Polystyrol
Klebbarkeit unvorbehandelt, gut bis sehr gut.
PTFCE Polytrifluorethylen
Vorbehandlung s. PTFE
PTFE Polytetrafluorethylen
Entfetten mit Aceton und Vorbehandlung der Klebeflächen in einem Bad* (Tetraetch-Lösung), das wie folgt zusammengestellt wird: In einem mittels Chlorkalciumrohr verschlossenen und mit einem Rührer versehenen Dreihalskolben werden 2,0 L Tetrahydrofuran eingefüllt. Hierin werden 256 g Naphtalin in Lösung gebracht und anschließend 46 g in kleine Stücke geschnittenes metallisches Natrium zugegeben. Nach ca. 2 h ist die Reaktion des Natriums mit dem Naphtalin beendet. Die Lösung zeigt eine braunschwarze Eigenfarbe und ist für die Vorbehandlung von PTFE gebrauchsfertig. Gut verschlossen ist diese Lösung ca. 2 bis 3 Monate haltbar. Beim Umgang mit metallischem Natrium ist die notwendige Sorgfalt zu beobachten (heftige Reaktion mit Wasser, u.a. Brand- und Explosionsgefahr).

PTFE-Fügeflächen ca. 15 min bei Raumtemperatur in oben beschriebenes Bad eintauchen, mit Aceton abwaschen und mit klarem, kaltem und fließendem Wasser spülen und sorgfältig trocknen. Die vorbehandelten Fügeteilflächen zeigen nach dem Trocknen eine braune Farbe.

PVC Polyvinylchlorid
Klebbarkeit unvorbehandelt, gut bis sehr gut.
Für bessere Haftung entfetten; mit sauberem, in Trichlorethylen getränkten Lappen abwischen, mit Schleifleinen oder Schleifwolle aufrauhen, entfetten.
PVCA Polyvinylchloridacetat
Angaben s. unter PVC
PVCAC
Angaben s. unter PVC.
PVDC Polyvinylidenchlorid
Vorbehandlung s. PTFE
PVDF Polyvinylidenfluorid
Vorbehandlung s. PTFE
PVF Polyvinylfluorid
Vorbehandlung s. PTFE

---
*Fußnote s. S. 124.

RF Resorzin-Formaldehyd-Harz
Klebbarkeit unvorbehandelt, gut bis sehr gut. Für bessere Haftung, entfetten und mit Schleifleinen oder Schleifwolle aufrauhen, entfetten.
SAN Styrol-Acrylnitril-Copolymer
Klebbarkeit unvorbehandelt gut bis sehr gut.
SB Styrolbutadien
Vorbehandlung s. ABS
UF Harnstoffharz
Klebbarkeit unvorbehandelt, gut bis sehr gut.
UP ungesättigter Polyester (Formstoffe)
Entfetten, mit Schleifleinen oder Schleifwolle aufrauhen, mit einem wäßrigen Reinigungsmittel, mit Aceton oder Methylethylketon (MEK) entfetten.

Schaumstoffe aus hart-PVC, Polyurethan oder Polystyrol:
Mit Schleifleinen oder Schleifwolle anschleifen und Schleifstaub entfernen.
   Zum Reinigen keinesfalls Lösungsmittel einsetzen.

Kautschuk (Naturkautschuk)
In einigen Fällen genügt gründliches Aufrauhen der Klebeflächen mit nachfolgendem Entfetten. Es kann auch eine chemische Vorbehandlung notwendig sein: Klebeflächen 2 bis 10 Minuten mit konz. Schwefelsäure* anätzen und mit sauberem, kaltem und dann mit warmem Wasser spülen und trocknen.
   Gummi durchbiegen, treten hierbei feine Haarrisse auf, so ist der Kautschuk für eine Verklebung ausreichend vorbehandelt. Die Vorbehandlungsdauer ist von der Kautschukqualität abhängig.

Kautschuk (Synthetisch):
Vorbehandlung s. Naturkautschuk. Es ist meist eine längere Ätzzeit als bei den Naturkautschuken erforderlich.
   Bei Oberflächen, die sich sehr glatt und speckig anfühlen, ist ein Aufrauhen vor der Säurebehandlung unerläßlich. Wenn beim Biegeversuch keine Haarrisse auftreten, muß die Vorbehandlung mit konz. Salpetersäure* anstelle von Schwefelsäure so lange fortgesetzt werden, bis beim Biegen der Teile feine Risse an der Oberfläche auftreten. Anschließend mit sauberem, kaltem und dann mit warmem Wasser spülen, trocknen.

Halogenisierungsverfahren nach Waalwijk
Dieses Verfahren wurde zur Vorbehandlung von Gummi im Institut für Leder und Schuhforschung TNO in Waalwijk Holland entwickelt. Die Gummioberfläche wird hierbei mit Chlor oxidiert. Durch die Oxidation an der Oberfläche wird eine bessere

---
* Fußnote s. S. 124.

Polarität (Klebefreudigkeit) des Gummis erzielt; gleichzeitig wird die Oberflächenspannung erhöht.

Vorgang
Das Halogenisierungsmittel wird mit einer Nylonbürste auf die Gummioberfläche aufgebürstet. Dadurch werden Chlor-Ionen freigesetzt, die Ausgangsprodukt zur Aufoxidation der Gummioberfläche sind. Das Verfahren eignet sich für alle Gummitypen wie Nitrilkautschuk, Styrol-Butadien-Kautschuk und ölgestreckte Gummisorten (weichmacherhaltig).

Einige Arten von synthetischen Kautschuken lassen sich, bei frischen Zuschnitten, ohne Vorbehandlung kleben.

Silikonkautschuk läßt sich ausschließlich mit einem **Silikon-Klebstoff** verkleben.

Beizpasten sind neuerdings im Handel erhältlich und können vor Ort eingesetzt werden. Diese Lieferform bietet Handlungsvorteile. Solche Beizpasten können durch Beigeben von Bariumsulfat oder Kieselglur in die Beizlösung selbst hergestellt werden.

8.10 Vorbehandlung von Nichtmetallen

Asbest, Asbestzement:
Aufrauhen, Schleifstaub entfernen, entfetten. Nach dem Entfetten Lösungsmittelreste vollständig verdunsten lassen.

Beton:
Groben Schmutz und Zementschlamm abbürsten, mit einem Reinigungsmittel entfetten. Sowohl alter als auch frischer Beton sollte, wenn immer möglich, nach einer der nachfolgend beschriebenen Methoden vorbehandelt werden:

Durch Sandstrahlen die Oberfläche aufrauhen und dann den Staub entfernen (z. B. mit einem Staubsauger) oder Klebeflächen sorgfältig abschleifen und den Staub entfernen. Man kann auch, je nach Beschaffenheit der Betonoberfläche, die Fügeflächen ca. 1 bis 4 mm tief (falls notwendig mehr) mechanisch aufrauhen und den Staub entfernen.

Edelsteine:
Entfetten.

Glas:

Glas muß zum Verkleben absolut fettfrei sein. Geeignet sind alle Entfettungsmittel, außer starken alkalischen Lösungen. Diese würden das Glas angreifen. Jedoch werden für bestimmte Zwecke und Oberflächenstrukturen zur Vorbehandlung auch alkalische Bäder verwendet. Die Glasoberfläche ist außerdem sehr oft mit Oxidschichten bedeckt. Zur Entfernung dieser Schichten werden optische Reinigungsverfahren angewendet. Diese sind sehr aufwendig, weil drei Arbeitsgänge notwendig sind.

Das Reinigungsverfahren wurde in den letzten Jahren weiterentwickelt und besteht aus Ultraschallreinigung und Dampftrocknung.

Aus der Erfahrung heraus sollte die **Ultraschallreinigung** aus folgendem Schema bestehen:

Reinigung, Spülung und Trocknung

Das Reinigungsbecken ist mit schwach alkalischer Flüssigkeit gefüllt und mit Ultraschall versehen. Das erste Spülbecken sollte auch mit Ultraschall versehen sein. Die nachfolgenden Spülbecken benötigen nicht unbedingt eine Ultraschallanlage.

Reinigungsvorschlag für optische Gläser:
1. Möglichkeit / Ablauf
    a) Becken Ultraschall alkalisch 40 bis 50 °C,
    b) Becken Ultraschall alkalisch 40 bis 50 °C,
    c) Becken Ultraschall Spülung mit Wasser 40 bis 50 °C,
    d) Becken Spülung im Wasser 40 bis 50 °C,
    e) Becken Ultraschall Endspülung im dest. Wasser 40 bis 50 °C.
2. Möglichkeit / Ablauf
    a) Becken Ultraschall alkalisch 40 bis 50 °C,
    b) Becken Spülung mit Wasser 40 bis 50 °C,
    c) Becken Ultraschall alkalisch 40 bis 50 °C,
    d) Becken Spülung mit Wasser,
    e) Becken Spülung mit Wasser,
    f) Becken Ultraschall Spülung im dest. Wasser 40 bis 50 °C.

Wichtig: Die Wasserstandshöhe der Becken von 1 bis 6 soll steigende Tendenz haben um Übertragungen der Bäder über das Stativ zu verhindern.

Wasserabscheidung

1. Zwei Alkoholtauchbecken und Alkoholtrocknung oder

2. zwei Freontauchbecken
   ein Freon-Dampfbecken oder

3. ein Devatering-Becken (Kühlbecken)
   zwei Alkoholbecken
   ein Alkohol-Dampf-Becken oder

4. ein Devatering-Becken
   zwei Freon-Becken
   ein Freon-Dampf-Becken.

Anmerkung: Sollten sich auf den gewaschenen Gläsern Flecken zeigen, so ist in den meisten Fällen Wasser ins Dampfbecken geraten. Sollte sich ein milchiger Film auf dem Glas bilden, so ist meistens Waschmittel ins Dampfbad geraten und die Spülung war ungenügend.
Die nachfolgenden Alkohol- oder Freon-Becken trennen **kein Waschmittel**.

Trocknung: Ein wichtiger Faktor darf beim Verkleben nicht übersehen werden, das ist die **Wasserhaut**.

Bei vielen Glasverklebungen wird dieser moleküldicken Wasserschicht nicht genügend Bedeutung geschenkt. „Die Feuchtigkeit/Luftfeuchtigkeit ist der größte Feind bei der Glasverklebung". Die Wassermoleküle sind gleichzeitig Träger anderer chemischer Substanzen. Diese führen zur Ablösung geklebter Verbindungen.
Da Glas eine große Affinität zur Feuchtigkeit besitzt, bildet sich sofort nach der Herstellung eine Feuchtigkeitsschicht in Schichtdicke der Molekulargröße des Wassers. Diese Schicht ist unsichtbar und muß vor dem Klebstoffauftrag entfernt werden.

Versuch zur Feststellung von Feuchtigkeit auf Glas:

Um zu verstehen wieviel Feuchtigkeit am Glas haftet unternehmen wir folgenden Versuch:
Wir halten ein Reagenzglas in einem Reagenzglashalter fest und streichen nun mit der Bunsenflamme vom unteren Teil des Reagenzglases in den oberen Teil an der Glaswand entlang. Wir staunen wieviel Feuchtigkeit noch am Glasrand sitzt, welche wir mit dem Auge nicht wahrnehmen konnten. Nach dieser Flammenbehandlung ist das Glas für einen kurzen Zeitraum ohne Feuchtigkeit.

8.10 Vorbehandlung von Nichtmetallen

Durchführung der Trocknung von Glas nach dem Reinigen:
1. Die Glasoberflächen müssen nach der Reinigung 20 min lang bei 100 °C im Umluftofen getempert werden.
2. Die Glasteile sollten bis zur Verklebung mindestens **10 °C mehr** als die vorhandene Raumtemperatur haben, und die Luftfeuchtigkeit **muß unter 30 % im Kleberaum liegen.**

Bei Glasrahmenverklebungen wird diese Vorbehandlung nicht angewandt. Hier arbeitet man oft mit Haftbrücken wie z. B. Silanverbindungen, die im Fensterbau und Haustürenbau Anwendung finden.

Entfettung durch Beizlösung*: 20 min bei Raumtemperatur in folgender Lösung:

Schwefelsäure konz. (Dichte 1,82 g/mL)	80 %
Kaliumdichromat	10 %
Wasser	10 %

Danach mit dest. Wasser 2mal spülen und nachspülen, trocknen während 30 min bei 120 °C.

Graphit und Kohle: Mit feinem Schleifleinen aufrauhen und entfetten. Lösungsmittelreste vor dem Klebstoffauftrag verdunsten lassen.

Gips: Oberflächen sorgfältig trocknen, mit feinem Schleifleinen aufrauhen und Schleifstaub entfernen. Ätzen mit einer 15 %igen Salzsäurelösung* (ca. 5 L Lösung auf 5 m^2 Fläche). Mit einem hartborstigen Besen auftragen, bis sich keine Blasen mehr bilden (nach ca. 15 min). Mit sauberem, kaltem Wasser abspritzen (Hochdruckanlage), bis aller Schlamm entfernt ist und die Oberfläche auf Lackmuspapier neutral reagiert – gründlich trocknen lassen.

Keramische Werkstoffe – Porzellan: Teile mit glatten Oberflächen: mit Korund-Schlämmen oder durch Feinsandstrahlen aufrauhen, trocknen und entfetten.

Glasierte Keramik oder Porzellanteile: Glasur durch Sandstrahlen oder mit Schleifleinen entfernen und entfetten.

Steinzeug-Oberflächen: Sorgfältig trocknen, mit einer Drahtbürste abbürsten und Staub entfernen.

Leder: Mit Schleifpapier/Schleifleinen aufrauhen und entfetten.

---

* Beim Mischen von Wasser mit Säuren/Laugen darf keinesfalls Wasser in die Säuren/Laugen gegossen werden. In allen Fällen ist das Wasser vorzugeben und die Säuren/Laugen unter ständigem Rühren langsam beizugeben.

Papier-Schichtstoffe (phenol- oder melaminharzgebunden): Mit Schleifpapier/ Schleifleinen aufrauhen und mit Lösungsmittel oder Reinigungsmittel entfetten. Papier-Schichtstoffe, wie Dekorlaminate, werden z.T. bereits aufgerauht geliefert und brauchen nur entfettet zu werden.

9 Wichtige Parameter beim Kleben

Um eine optimale Verklebung zu erhalten, muß schon bei der konstruktiven Gestaltung der Fügeteile begonnen werden (s. Abschn. 11.4 Konstruktives Gestalten).

Bei der Auswahl des Materials der Fügeteile, wie Kunststoffe, Metalle, Holz, Keramik, Glas usw., muß großen Wert auf die unterschiedlichen Ausdehnungskoeffizienten (s. Anhang F) der Materialien gelegt werden. Die Auswahl der Fügeteile muß in Verbindung mit dem Klebstoff erfolgen.

Schließlich muß in bezug auf die Konstruktion und die Entwicklung der Fügeteile eindeutig feststehen, welchen Medien das fertig geklebte Teil ausgesetzt ist und welche physikalischen Belastungen vorliegen.

Danach erst kann mit der Auswahl der Klebstoffe begonnen werden. Die technischen und chemischen Angaben können meistens aus den technischen Informationsblättern der Klebstoffhersteller entnommen werden. Beratend wirken in Anwendung und Technik die technischen Berater der Klebstoffhersteller.

Ein sehr wichtiger Teil ist die Gestaltung, Berechnung und die konstruktive Anwendung der Klebeverbindungen. Die in Norm DIN 53 281, Blatt 3 für die Prüfung festgelegten Daten gelten auch für die betriebliche Klebefertigung.

Wichtige Daten beim Klebeprozeß
- Bezeichnung, Herkunft, Eingangsdatum und Lagerung von Klebstoffen (Gefahr der Überlagerung).
- Ansatz des Klebstoffs mit präzisen Angaben über Komponenten, Mischvorgang, Topfzeit (Verarbeitungszeit).
- Auftragen des Klebstoffs mit geeigneten Geräten (Wirtschaftlichkeit). Auftragsmenge richtig bemessen. Idealer Klebespalt je nach Produkt 1/100 bis 1/15 mm.

Schließlich sind die nach DIN 53 281 vorgeschriebene Oberflächenvorbehandlungen in jeden Arbeitsprozeß aufzunehmen. Sollten Abweichungen von den Normen bestehen oder betriebseigene Prüfungen und Normen vorliegen, so ist dies im Fertigungsprotokoll unbedingt anzugeben.

Arbeitsplatzgestaltung
Die Arbeitsplatzgestaltung ist ein betriebswirtschaftlich wichtiger Teil des Klebprozesses. Durch die richtige Auswahl der Arbeitsgeräte und der Arbeitsplatzvorbereitung kann eine optimale Arbeitsplatzgestaltung erfolgen.

1. Die Klebstoffhersteller stehen hier beratend zur Verfügung.
2. Das geschulte Personal sollte nicht ausgewechselt werden. Eine Weiterbildung des Arbeitspersonals, speziell im Umgang mit Klebstoffen und im Klebstoffanwendungsbereich ist notwendig.
3. Beim Umgang mit Klebstoffen sind nach unserer Erfahrung keine gesundheitlichen Schäden zu erwarten. Von toxikologischer Seite bestehen beim praktischen Einsatz keine Bedenken. Der Eigengeruch der Klebstoffe macht es aber ratsam, für ausreichende Belüftung der Arbeitsräume zu sorgen. Mit Klebstoff benetzte Hautpartien sind unverzüglich mit einer Seifenlauge zu säubern und nachträglich mit einer Hautcreme zu schützen.

Klebstoff-Dosiergeräte und Auftragsgeräte
Zur Klebstoffverarbeitung sind Geräte zum Dosieren und Mischen von Komponenten und deren gleichmäßige Verarbeitung auf dem Markt vorhanden.

Die Gerätegruppen sollen hier nicht erwähnt werden, da diese ein Sonderfall in der Fertigung darstellen. Hierzu können die Klebstoff- oder Geräteherstellerr und deren Anwendungstechniker Empfehlungen und Erfahrungen weitergeben.

9.1 Arbeitsbedingungen für den Klebevorgang

Das Arbeiten mit organischen und anorganischen Kleb- und Dichtstoffen verlangt Kenntnis vom chemischen Aufbau der Klebstoffe und der Aushärtungsprozesse. Nach dieser Kenntnisnahme können brauchbare Klebeverbindungen hergestellt werden.

Die gute oder schlechte Benetzung ist maßgebend für eine optimale Haftung. Das Fließverhalten des Klebstoffs spielt hierbei eine bedeutende Rolle. Je nach Art des Klebstoffzustands sind unterschiedliche Verarbeitungsverfahren notwendig.

9.1.1 Fertigungsbedingungen

Das Kleben besitzt im Vergleich zu den herkömmlichen Fügeverfahren andere Merkmale. Aus diesem Grunde werden besondere Einrichtungen und Hilfsmittel für den Fertigungsablauf benötigt. Für die Güte einer Verbindung ist der Aushärtungsprozeß entscheidend. Folgende Richtlinien sind gleichbleibend anwendbar:

Die Klebeflächen müssen sauber und trocken sein und bis zum Auftrag des Klebstoffs so bleiben. Alle Fügeteile müssen unbedingt vor Feuchtigkeit (Nässe) geschützt werden, denn Feuchtigkeit bedeutet Oxidation und keine Benetzung des Grundmaterials an der Fügeteiloberfläche durch den Klebstoff. Der Klebstoff kann durch den Feuchtigkeitsfilm nicht adhäsiv wirksam werden. Grundsätzlich darf bei schlechter Witterung im Freien nicht geklebt werden, z. B. bei Kälte oder Regen.

Feuchtigkeit (Nässe) ist der größte Feind der Adhäsionswirkung, eine Ausnahme bilden die Cyanacrylate, welche zur Härtung Luftfeuchtigkeit (OH-Gruppen) benötigen, sowie die Silikone und alle wäßrigen Dispersionsklebstoffe (Leime).

Die Güte einer Verklebung ist von den folgenden Arbeitsbedingungen abhängig:

- Temperatur
- Zeit
- Druck
- Oberflächenvorbehandlung
- Luftfeuchtigkeit
- Raumbedingungen, Sauberkeit
- Klebevorrichtungen

Klebstoffe, Hilfsmittel, Auftragsgeräte und Klebewerkzeuge müssen im gebrauchsfertigen Zustand sein. Wird maschinell aufgetragen, so ist die Funktionsfähigkeit der Klebstoffauftragsmaschine zu überprüfen und auf den Verklebungsprozeß einzustellen. Der aufgetragene Klebstoff bindet adhäsiv mit der Fügeteiloberfläche ab.

Merke: Nur mit größtmöglicher Sorgfalt unter günstigen Bedingungen hergestellte Verklebungen gewährleisten maximale Festigkeiten.

9.1.2 Klebeprozeß- Arbeitsablaufschema

Der Klebeprozeß verläuft unter folgenden Bedingungen ab: (Grundsätzlich kann dieses Schema für alle Klebeprozesse gelten.)

A. Zurichten der Fügeteile

B. Vorbehandlung der Klebe- und Fügeflächen durch
- mechanische Behandlung (Schleifen, Fräsen, Drehen, Sandstrahlen usw.)
- chemische Vorbehandlung (Beizbäder)
- physikalische Vorbehandlung (Abflammen, Korona-Verfahren, Niederdruckplasma-Verfahren).

C. Aufbringen des Klebstoffs in flüssiger Form. Dadurch erfolgt die Benetzung der Fügeteiloberfläche und der Beginn der Adsorption (Haftung) des Klebstoffs. Wichtig ist die Herstellung günstiger benetzender Oberflächen durch Vorbehandlungsverfahren.

D. Vortrocknung, Ablüftung der Klebeschicht bei Dispersions- und Lösemittelklebstoffen, Kontaktklebern.

E. Zusammenfügen und Fixieren der Fügeteile ohne Vorspannung.

F. Zusammenpressen der Klebeflächen, falls die Anwendung dies verlangt.

G. Aushärtung der Klebstoffe nach Angaben der Hersteller unter Druck, Temperatur, Vakuum, Wärme und Zeit.

F. Fügeteile dürfen bis zur Funktionsfestigkeit **nicht belastet werden** (Stapeldruck, Transport)

G. Konditionierung – Angleichung der Klebverbindung nach dem Aushärtungsprozeß auf Raumtemperatur R_t und Entspannung aus den Klebevorrichtungen.

Faustregel: Ein gleichmäßiger dünner Klebstoffauftrag ist verantwortlich für die Festigkeit und Benetzung. Je dünnflüssiger der Klebstoff aufgetragen wird, um so besser ist die Benetzung der Fügeteiloberfläche.

Wenn alle diese Punkte beim Klebeprozeß beachtet werden, ist mit einer optimalen Klebeverbindung und Festigkeit zu rechnen.

Vorrichtungen – Klebewerkzeuge
Die Vorrichtungen müssen so geschaffen sein, daß diese leicht zu bedienen sind, der Wärmedurchfluß durch die Haltevorrichtungen gut ist und eine absolut **gleichmäßige Temperaturverteilung** gewährleistet ist. Von den zu verklebenden Fügeteilen und vom Aushärtungsverfahren hängt die Wahl der Vorrichtungen ab. **Der Arbeitsablauf (das Handling)** muß berücksichtigt und in den Ablaufprozeß mit eingebaut werden. Die meisten Firmen der klebstoffverarbeitenden Industrie besitzen hier Ihre eigenen Verfahren und das „Know How".

Vorsicht bei Warmverformungen: Dehnungen dürfen in der Klebeschicht während des Härtungsvorganges zu keinen Spannungen führen. Bei Warmverformungen sollte möglichst ein großer Biegeradius verwendet werden. Ansonsten führen die inneren Spannungen nach dem Erkalten zur Trennung der Klebefuge.

9.1.3 Zeit

Bei Reaktionsklebstoffen verläuft die Aushärtung dem System entsprechend zeitabhängig. Wir haben es bei allen Aushärtungsprozessen mit einem exothermen Vorgang zu tun. Während der chemischen Reaktion wird Wärme freigesetzt, welche den Reaktionsablauf beschleunigt *(Abb. 9.1 u. 9.2)*.

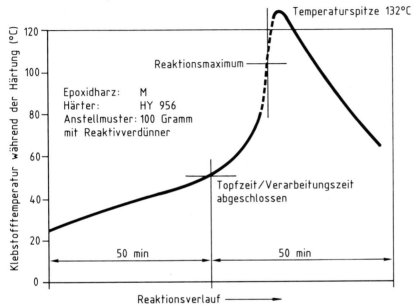

Abb. 9.1. Typischer Verlauf der Klebstofftemperatur während der Aushärtung eines Epoxidharz-2-Komponenten-Gemisches.

Merke: Alle Aushärtungsprozesse sind zeit- und temperaturabhängig. Durch eine Abkühlung des Klebstoffgemisches läßt sich die Reaktion verzögern. Bei manchen Systemen kann die Aushärtungszeit mit Beschleunigern weitgehend gesteuert werden *(Abb. 9.2)*.

Vorsicht: Bei einer Überdosierung kann dies zum Abfall der physikalischen Werte oder zum Bruch der Verbindung führen. Durch den Beschleuniger wird dem System ein unnatürlicher Ablauf aufgezwungen, dies führt zu unkontrollierter Bildung von Molekülketten, was bei manchen Produkten zur Versprödung führen kann.

160 9 Wichtige Parameter beim Kleben

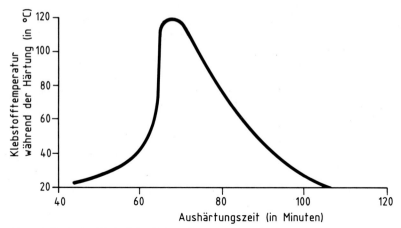

Abb. 9.2. Typischer Verlauf der Klebstofftemperatur während der Härtung eines Polymerisationsklebstoffs (ungesättigter Polyester).
Härtungssystem: Amin/Peroxid, Beschleuniger/Katalysator,
Umgebungstemperatur: 20 °C.

9.1.4 Temperatur und Druck

Die Temperatur ist für den **Aushärtungsablauf des Klebstoffs,** das Fügen und Fixieren **maßgebend.**

Merke: Durch Wärmezufuhr kann der Abbindevorgang stark verkürzt werden. Die meisten Reaktionsklebstoffe und physikalisch abbindenden Klebstoffe härten jedoch bei Raumtemperatur aus.

Die Temperaturerhöhung bietet folgende Vorteile:

- Bessere Benetzung der Oberfläche durch dünnflüssigen Klebstoff.
- Höhere Endfestigkeiten der Verbindung.
- Kurze Aushärtungszeiten, dadurch besserer Produktionsablauf.

Die Festigkeit einer Klebeverbindung erhöht sich durch Warmhärtung um ca. 30 % im Vergleich zur Kalthärtung. Oft genügt eine Nachhärtung von 2 h bei 60 bis 80 °C.
   In *Abb. 9.3* sind deutlich die Festigkeiten in Abhängigkeit von Temperatur und Zeit erkennbar.

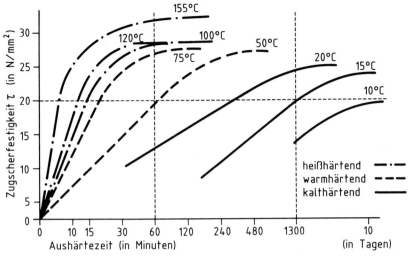

Abb. 9.3. Zugscherfestigkeit in Abhängigkeit von der Zeit und Temperatur eines Epoxidklebstoffs.

Druck und Heizsysteme

Die meisten Klebstoffe benötigen neben der Wärme auch einen **gleichmäßigen** auf die Klebeflächen **gerichteten Druck**. Diese dürfen erst entlastet werden, wenn der Härtungsablauf beendet ist und die Temperatur der Klebefuge weniger als 60 °C beträgt.

Das Zuführen der Wärme erfolgt über beheizte Platten, Formen usw. in einem dafür geeigneten Raum. Aushärtungen unter Druck werden sehr oft im Umluftofen oder Heizkanal vorgenommen.

Weitere Heizsysteme sind:
- Strahlenheizung, örtlich oder im Durchlaufkanal,
- Induktives Erwärmen der Fügeteile (Induktionsstromdurchlauf),
- Härtung in beheizten Pressen.

Es ist festzustellen, daß die Warmhärtung allgemein aufwendige Einrichtungen und Vorrichtungen benötigt. Dafür liegen die physikalischen und chemischen Werte und Beständigkeiten der Klebverbindungen höher als bei einer Kalthärtung.

9.1.5 Raumbedingungen

Für alle Verklebungen sollte eine Raumtemperatur von 23 °C und eine relative Luftfeuchtigkeit von $\leq 65\%$ vorhanden sein *(Tabelle 9.1)*. Ausnahmen bilden alle Glasverklebungen und hochbeanspruchten Verklebungen.

Tabelle 9.1 Umgebungstemperatur und Luftfeuchtigkeit für Metall- und Kunststoffverklebungen ohne besondere Anforderungen.

Klebstoffart	Lufttemperatur °C min.	°C max.	Luftfeuchtigkeit r. F. in % min.	max.	Mittelwert °C/r.F. in %	Normwert °C/r.F. in %	Staubfreiheit gem. *US. Fed. Standard 209B*
Epoxid	18	27	–	75	23/65	23/50	Klasse 100 000
Polyester	15	27	–	75	23/65	23/50	Klasse 100 000
Polyurethan	15	27	–	75	23/65	23/50	Klasse 100 000
Silikon	15	45	40	75	23/65	20/65	Klasse 100 000
Cyanacrylate	18	20	40	75	23/65	20/65	Klasse 100 000
Methacrylate	18	27	–	75	20/50	20/50	Klasse 100 000
Diacrylate	20	27	–	75	23/65	20/50	Klasse 100 000

Die Tabellenwerte gelten, wenn die Verarbeitungsvorschriften nichts anderes vorschreiben.

Für die Konditionierung der Fügeteile und des Klebstoffs gilt: Es ist sehr wichtig, daß die Fügeteile mindestens 24 h in dem vorgesehenen Kleberaum gelagert werden. Dadurch tritt eine Angleichung der Fügeteile und des Klebstoffs an die Umgebungstemperatur ein, wodurch ein Betauen der Fügeteile ausgeschlossen wird.

Die DIN-Vorschrift 53281 Teil 1–3 beinhaltet die Testbedingungen für Verklebungen. Bei falschen Raumbedingungen und zu hoher Luftfeuchtigkeit schleichen sich Fehler ein, welche erst nach längerer Zeit sichtbar werden. Als Folge tritt meistens ein Adhäsionsbruch ein. Wann dieser eintritt ist nur eine Frage der Zeit. Aus Erfahrung treten die ersten Haftfehler nach ca. 6 bis 12 Monaten ein.

9.1.6 Härten im Vakuum

Für **hochbeanspruchte Verbindungen** (Raumfahrt-Flugzeugindustrie) findet das Härten im Vakuum Anwendung. Dieses Verfahren wird bei Bauteilen mit geformten Klebeflächen-Fügeteilflächen angewandt. Hierbei werden die Fügeteile während der Aushärtung im Vakuum bei erhöhter Temperatur mit geringem Druck bis zur Endaushärtung belastet. Dadurch ergibt sich noch ein weiterer Vorteil, denn die Lufteinschlüsse im System werden durch das Vakuum entzogen. Die Erwärmung des Systems kann durch verschiedene Heizsysteme erfolgen.

9.1.7 Härten im Autoklaven

Höchstbeanspruchte Verbindungen werden im Autoklaven gehärtet. Die Aushärtung erfolgt unter Druck und Wärmezufuhr im Vakuum. Alle Daten werden durch Meßgeräte am Autoklaven überwacht. Das Fügeteil wird meistens durch Evakuieren an die Unterseite seiner Form gedrückt und somit ein enger, blasenfreier Kontaktbereich geschaffen. Mit Vakuumpumpen wird die Luft aus der Zwischenschicht während der ganzen Aushärtungszeit abgesaugt. Die Aushärtung wird durch geeignete Heizsysteme (im Formenteil oder um das Formenteil herum) eingeleitet.

9.2 Klebstoffauftrag

Nach der Oberflächenvorbehandlung sollte die Lagerzeit bis zum Auftrag des Klebstoffs kurz gehalten werden. Beim Klebstoffauftrag ist es entscheidend in welcher Form sich der zu verarbeitende Klebstoff befindet. Wir unterscheiden flüssige, pastöse und feste Klebstoffe.

Flüssige Klebstoffe aus den Gebinden werden mit dem Pinsel oder durch Bürsten, Walzen oder mit Dosiergeräten aufgetragen. Dünnflüssige Systeme eignen sich besonders für große Flächen. Sie können auch gespritzt werden.

Bei mittel und hochviskosen Klebstoffen ist ein Auftrag mit dem Rakel oder Spachtel zu empfehlen.

Feste Klebstoffe werden aus Granulat oder Pulver in den flüssigen Zustand durch Erwärmen übergeführt und auf die Fläche von Hand oder mit der Maschine aufgetragen. Pulverförmige Klebstoffe werden auf die Oberfläche gesiebt und durch Wärmezufuhr verflüssigt. Die Viskosität des Klebstoffs ist maßgebend für eine ausreichende Benetzung, d. h. eine gute Adhäsion.

Klebefilme werden teils zugeschnitten oder gestanzt auf die Fügeteile gelegt und mit Wärme und unter Druck ausgehärtet.

9.2.1 Flüssige Systeme (physikalisch härtend)

Flüssige Systeme unterteilen sich in physikalisch und chemisch härtende.

Lösungsmittelklebstoffe
Zu den Lösungsmittelklebstoffen, die physikalisch härten, zählen die reinen Löser (THF Tetrahydrofuran, PVC Polyvinylchlorid, Methylenchlorid verdickt) und Feststoffe, die in Flüssigkeiten gelöst oder dispergiert sind.

Bei Kontakt- und Klebelösern werden die Fügeteile erst nach dem Ablüften der Flüssigkeit zusammengefügt. Die Zeit in der das Zusammenfügen der Teile möglich ist, wird *offene Zeit* genannt. Danach ist ein Verkleben unter normalen Bedingungen nicht mehr möglich. Diese Klebstoffe sollten stets unter Druck verarbeitet werden. Durch Wärmezufuhr wird die Haftung besser und die Abbindezeit verkürzt. Am Beispiel einer Klebelösung wird die Einwirkunsgdauer-Adhäsion-Diffusion in *Abb. 9.4* deutlich sichtbar gemacht.

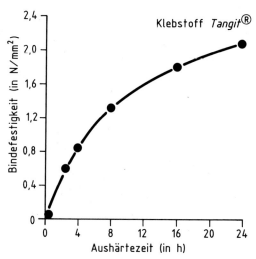

Abb. 9.4. Bindefestigkeit in Abhängigkeit von der Abbindezeit, Umgebungstemperatur 20 °C.

9.2.2 Flüssige, reaktive Systeme (chemisch härtend)

Zu den flüssigen, reaktiven Systemen gehören alle Ein- und Zweikomponentenklebstoffe. Es sind sog. **Reaktionsklebstoffe,** welche uns in Kap. 4 vorgestellt wurden.

Die Klebstoffe werden in getrennten Gebinden geliefert. Bei Einkomponenten-Klebstoffen ist der Härter schon eingebaut und reagiert bei erhöhter Temperatur. Die Lagerzeit dieser Systeme beträgt meistens drei bis zwölf Monate.

Die Zweikomponentensysteme werden nach Vorschrift der Klebstoff-Hersteller gemischt und verarbeitet. Eine Ablüftzeit ist nicht notwendig wenn der Klebstoff frei von Lösungsmitteln ist. Bei lösungsmittelhaltigen Reaktionsklebstoffen muß nach dem Auftrag das gesamte Lösungsmittel ablüften. Erst danach dürfen Klebstoff und Fügeteil zusammengedrückt werden, da sonst Aushärtungsfehler entstehen und ein Erweichen der Klebefuge eintritt.

Die chemische Reaktion läuft unmittelbar nach dem Zuführen und Mischen der Aushärtungskomponenten (Feuchtigkeit, Härter, Katalysator) unter Normalbedingungen ab. Im Moment des Mischens tritt durch exotherme Reaktion eine Temperaturerhöhung und dadurch eine Viskositätserniedrigung ein *(Abb. 9.5)*.

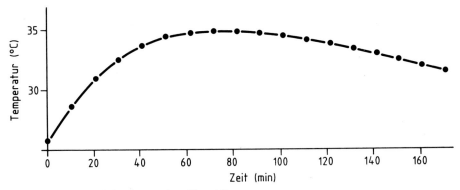

Abb. 9.5. Wärmereaktionskurve eines Epoxidharzes.

Vorsicht: Der Klebstoff kann wegspritzen oder ausfließen. Danach tritt durch die zunehmende Vernetzung eine Viskositätserhöhung ein und sowohl das Fließverhalten als auch die Benetzung werden schlechter.

Die Topfzeit ist stark von der Reaktionstemperatur und -geschwindigkeit abhängig. Sie beginnt nach dem Mischen und endet mit der Erhöhung der Viskosität. Grundsätzlich sollten gegen Ende der Topfzeit keine Verklebungen mehr durchgeführt werden, da bereits Benetzungsfehler entstehen können.

9.2.3 Pastöse, reaktive Einkomponentensysteme (heißhärtend)

Pastöse, reaktive Einkomponenten Klebstoffe, heißhärtend, mit eingebautem Härter härten nur bei erhöhter Temperatur. Der ideale Härtungsbereich liegt bei 120 °C bis 180 °C. In diesem Bereich sind die besten Festigkeitswerte zu erzielen.

Merke: Unter 120 °C findet keine vollständige Härtung mehr statt und es kommt zum Festigkeitsabfall. Auch die chemische Beständigkeit eines Klebstoffs vermindert sich stark. Bei starker dynamischer Schwingungsbelastung kann dies zum Fügeteilbruch führen.

Beim Überschreiten der Aushärtungstemperatur von 180 °C ist mit einer Zerstörung des Klebstoffgefüges zu rechnen und es kommt somit zum Festigkeitsabfall. Der Klebstoff baut sich hierbei thermisch ab und wird zerstört. Deutlich wird dies in *Abb. 9.6* dargestellt.

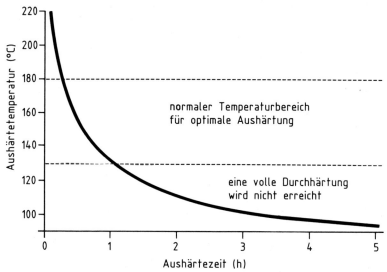

Abb. 9.6. Aushärtungstemperaturen eines Einkomponenten-Epoxidklebstoffs mit eingebautem Härter.

9.2.4 Feste Systeme

Zu den festen Systemen gehören alle Schmelzkleber. Sie können als Granulat, Stangen, Pulver oder Folien mit Trägermaterial geliefert werden. Der Auftrag richtet sich nach der Lieferform des Klebstoffs.

Beim Klebevorgang läuft durch Erwärmen und Abkühlen ein rein physikalischer Prozeß ab, da im flüssigen Zustand eine ausreichende Haftung und Benetzung vorhanden ist.

Bei den **Schmelzklebern** in *Stangenform* erfolgt der Auftrag mit Klebstoffauftragspistolen. *Granulat* und *Blockformen* werden in beheizten Behältern aufgeschmolzen und über Klebstoffauftragswalzen oder Düsen auf die zu verklebende Oberfläche aufgetragen. Unter Druck wird im flüssigen heißen Zustand (80 bis 220 °C) das zweite Fügeteil zugefügt und verklebt. Sobald der Klebstoff unter die Schmelzgrenze kommt, kann der Klebevorgang als beendet angesehen werden. Dies dauert oft nur Sekunden.

Bei den genannten Beispielen wird der Klebstoff vom festen in den flüssigen Zustand überführt. Im flüssigen Zustand wirkt der Klebstoff zwischen den Fügeteilen als Adhäsiv. Die Viskosität, die Benetzung und Adhäsion hängen also direkt von der Höhe der Temperatur und vom Fließverhalten ab.

Vorsicht: Zu hohe Temperaturen führen zum Abbau des Klebstoffs und somit zur Zersetzung. Dadurch werden die Festigkeit und die chemische Beständigkeit (Luft, Gase) vermindert.

9.3 Optische und hochoptische Verklebungen

Hochbeanspruchte Verklebungen, optische Verklebungen: Darunter fallen alle Verklebungen, welche unter dynamischer Belastung jeglicher Art stehen. Diese Verklebungen haben eine lange Lebensdauer (über 10 Jahre) z. B. Flugzeugbau, Verkehrsmittel, Schiffs- und Sondermaschinenbau. Hierbei stehen die Verbindungen unter dauernder wechselnder Belastung, vornehmlich Lastschwingungen mit unterschiedlicher Amplitude und Frequenz.

Für die Herstellung solcher Verbindungen sind geeignete Arbeitsräume notwendig. Diese sollten staubarm sein. Die Vorbehandlung hat hierfür in gesonderten Räumen zu erfolgen. In diesen ist für eine ausreichende Klimatisierung zu sorgen. Siehe hierzu Abschn. 9.1.5 Raumbedingungen.

Für optische und hochoptische Verklebungen werden Kanadabalsam, Polyester-, Epoxid- und Acrylatklebstoffe eingesetzt. Bei optischen Verklebungen sollte die DIN-Vorschrift 58753 beachtet werden. Wichtig ist die Staubarmut des Arbeitsraumes.

Die Staubarmut des momentanen Arbeitsplatzes im „clean air cabinet" soll Klasse 1000 gemäß US Federal Standard 209 B betragen. Die Luftfeuchtigkeit muß unter 30 % liegen oder die Temperatur der Fügeteile muß mindestens um 10 °C höher liegen als die

Raumtemperatur damit ein Betauen ausgeschlossen wird. Die Lufttemperatur soll im Mittel 23 °C betragen. Die Herstellung hochoptischer Verbindungen mit Glas und anderen Materialien erfordert ein geschultes Personal und besteingerichtete Arbeitsräume. Sauberkeit, Genauigkeit und Wissen über die Klebstoffe sind Bedingungen für solche Verklebungen in der optischen und elektronischen Industrie.

Merke: Bei Laborversuchen müssen gleiche Maßstäbe wie nach DIN Vorschriften oder VDI Richtlinien gesetzt werden; jedoch müssen die Betriebsbedingungen bei den Laborversuchen berücksichtigt werden.

Merke: Bei Laborversuchen müssen gleiche Maßstäbe wie nach DIN Vorschriften oder VDI Richtlinien gesetzt werden; jedoch müssen die Betriebsbedingungen bei den Laborversuchen berücksichtigt werden.

Tabelle 9.2 Umgebungstemperatur und relative Luftfeuchte für optische Verklebungen. Für hochwertige optische Verklebungen sollte die DIN 58 753 in Anwendung kommen.

Klebstoffart	Lufttemperatur °C min.	°C max.	relative Luftfeuchtigkeit r.F. in % min.	max.	Staubfreiheit Klasse gem. *Fed. US. St. 209B*	Normwert °C/r.F. in %
Epoxid	18	27	–	< 30	1000 u. weniger	23/30
Polyester	18	27	–	< 30	1000 u. weniger	23/30
Polyurethan	18	27	–	< 30	1000 u. weniger	23/30
Methacrylate	18	27	–	< 30	1000 u. weniger	23/30
Diacrylate	18	27	–	< 30	1000 u. weniger	23/30

Die Tabellenwerte gelten, wenn die Verarbeitungsvorschriften nichts anderes vorschreiben. Cyanacrylate und Silikone fallen nicht unter diese Kategorie, da diese mit Luftfeuchtigkeit aushärten. Hier kann die DIN-Vorschrift 58 753 nicht angewendet werden.

10 Umgang mit Klebeverbindungen

Es ist oft von größter Bedeutung, was zwischen der Anfangshaftung und der Endfestigkeit einer Klebeverbindung passiert.

In dieser Phase kann durch die unsachgemäße Weiterverarbeitung, einschließlich Montage und Versand, Einfluß auf die Klebeverbindung oder Klebegüte ausgeübt werden. Die Ursache mancher Fehlklebung liegt in dieser Anfangsphase.

10.1 Behandlung bei der Weiterverarbeitung

Klebeverbindungen können sehr unterschiedlichen Beanspruchungen ausgesetzt werden. Ihre Merkmale können hohe Festigkeit in der vorgegebenen Beanspruchungsrichtung, oder geringe, meist nur für Fixierfunktionen ausreichende Festigkeiten sein.

Dies erfordert, daß Klebeverbindungen bei der Weiterbearbeitung oder Weiterverarbeitung sehr sorgfältig behandelt werden. Besonders Beanspruchungen, die Spannungen senkrecht zur Klebfuge hervorrufen (Zug-, Schäl- oder Schlagbeanspruchung), sind zu vermeiden.

Es ist zu beachten, daß bereits das Fügeteilgewicht bei falscher Lagerung oder während dem Transport große Vorschädigungen verursachen kann. Deshalb müssen schwere Bauelemente durch Zwischenlagen getrennt oder notfalls seitlich abgestützt werden, damit keine Spannungen in der Klebeschicht aufkommen. Auch bei der Einschleusung der Fertigteile in neue Arbeitsprozesse muß dafür gesorgt werden, daß die Klebeverbindung nicht durch den Verspannungsdruck in Vorrichtungen, wie Spann- oder Greifelemente, bereits schon vorgeschädigt werden. Eine Überhitzung oder zu starke, einseitige Wärmeeinwirkung soll verhindert werden. Einseitige Spannungen auf das Fügeteil müssen vermieden werden.

10.2 Mechanische Bearbeitung nach dem Kleben

Bei einer mechanischen Nachbearbeitung wie Sägen, Hobeln, Fräsen, Drehen usw. sind hohe Schnittgeschwindigkeiten und kleine Vorschubgeschwindigkeiten zu wählen. Damit wird eine hohe Beanspruchung wie Druck, Zug und Scherung auf die geklebten Fügeteile verringert.

Die meisten Verfahren sind ohne Beeinträchtigung der Bindefestigkeit des Klebeverbundes anwendbar. Bei den Bearbeitungen sollen punktförmige Überhitzungen des Klebstoffs vermieden werden, da diese zum Abbau der Klebstoffestigkeit und der Kohäsion führen. Wenn erforderlich, sollen die Teile mit Luft evtl. Wasser gekühlt werden.

Vorsicht: Ölgemische und Emulsionen können Klebstoffe anquellen lassen. Belastungen der Kanten, die Schäl- und Biegebelastungen hervorrufen, sind durch zusätzliche Spannelemente und durch einen geringen Vorschub abzubauen oder aufzuheben.

Nachträgliche Verformung

Eine nachträgliche Verformung von Fügeteilen kann nur beim Einsatz von elastischen Klebstoffen in Erwägung gezogen werden. Die Fügeteildicken müssen jedoch gering sein, die Biegeradien sind groß zu wählen.

Durch eine nachträgliche Verformung besteht die Gefahr, daß im Verbund hohe Spannungen aufgebaut werden.

Hartlöten und Schweißen von geklebten Fügeteilen

Das Hartlöten und Schweißen ist begrenzt möglich. Es ist jedoch stark von der Konstruktion abhängig und in welcher Distanz von der Klebstelle die Erhitzung erfolgt. Wenn erforderlich, sollten die Teile gekühlt werden.

Punktschweißen ist möglich, da Erhitzungen nur punktförmig und über kurze Zeit auftreten.

Zusammenfassung

Mechanische Nachbearbeitungen und Hartlöten/Schweißen sind möglich. Die Klebstoffwerte dürfen jedoch durch statische, dynamische und thermische Belastungen nicht überschritten werden.

10.3 Kontrolle und Prüfung von Klebeverbindungen

Die Prüfung fertiger Klebeverbindungen erfolgt mit einfachen technologischen und optischen Untersuchungsgeräten bis hin zu sehr anspruchsvollen Prüfmethoden (s. *Tabelle 10.1*). Hier unterscheiden wir zwischen *zerstörenden und zerstörungsfreien Methoden*.

Tabelle 10.1 Belastungsarten (vgl. Richtlinie VDI 2229).

Belastung	Prinzip	Beanspruchung	Bemerkung
Scherfestigkeit		$\tau = \dfrac{F}{b \cdot l_{ü}}$	Klebschicht liegt in Beanspruchungsrichtung. Klebfläche $b \cdot l_{ü}$ überträgt Belastungskraft F. Vorzugsweise anwenden! $l_{ü}$ Überlappungslänge
Zugfestigkeit		$\sigma = \dfrac{F}{a \cdot b}$	Belastungskraft F wirkt senkrecht zur Klebschicht und ist auf die Fläche $a \cdot b$ verteilt. Die Belastung muß gleichmäßig verteilt sein, sonst Kriechgefahr!*)
Aufspaltfestigkeit			Diese Beanspruchung tritt nur bei starren Verbindungspartnern auf. Dabei wird die Klebfläche $a \cdot b$ ungleichmäßig belastet. Wegen Kriechgefahr*) vermeiden!
Schälfestigkeit			Diese Beanspruchung setzt mindestens einen flexiblen Verbindungspartner voraus. Die Belastung liegt nur auf der Linie $c-c$. Ohne zusätzliche Sicherung unbedingt vermeiden, wenn äußere Kräfte F vorhanden sind.

* Kriechen bedeutet Fließen des Klebmittels unter Belastung und verändert die Lage der Verbindungspartner.

Zerstörende Prüfungen werden meistens als Stichproben in der Massenfertigung oder bei Versuchsklebungen durchgeführt. Diese Methode ist aber für teure Klebeverbindungen ungeeignet und unwirtschaftlich.

Es handelt sich hierbei um Verfahren, die Klebeverbindungen unter meist praxisnahen Bedingungen bis zur Schadensanzeige beanspruchen *(Tabelle 10.2)*. Aussagen über Bindequalität zeigen die Last- und Zugdiagramme sowie Bruchverläufe und Bruchbilder.

Tabelle 10.2 Zerstörende Prüfmethoden für Klebstoffverbindungen, die wichtigsten DIN-Prüfungsvorschriften.

Bezeichnung (Kurzform)	DIN	Zweck	Prüfanordnung
Vorbehandlung	53281 Bl. 1	Gleiche Bedingungen für Prüfungen	
Herstellung	53281 Bl. 2	Einheitliche Probekörper-Herstellung	
Kenndaten	53281 Bl. 3	Vergleichbarer Ausgangszustand der Proben	
Winkelschälversuch	53282	Ermittlung des Widerstands von Klebungen gegen abschälende, senkrecht zur Klebfuge angreifende Kräfte	
Zugscherversuch	53283	Ermittlung der Bindefestigkeit von überlappten Klebungen auch mehrschnittige Überlappung gegen Zugkräfte in Richtung der Klebfuge	auch mehrschnittige Überlappung
Zeitstandversuch	53284	Ermittlung der Zeitstand- und Dauerstandfestigkeit bei ruhender Zugbeanspruchung. Messung des Kriechens anhand der gegenseitigen Verschiebung	
Dauerschwingversuch	53285	Bestimmung der Festigkeit von überlappten Klebungen bei Zugschwellbeanspruchung	

10.3 Kontrolle und Prüfung von Klebeverbindungen

Tabelle 10.2 Zerstörende Prüfmethoden für Klebstoffverbindungen, die wichtigsten DIN-Prüfungsvorschriften (Fortsetzung).

Bezeichnung (Kurzform)	DIN	Zweck	Prüfanordnung
Temperatur	53286	Prüfbedingungen und Temperaturstufen für Klebungen unter Temperaturbeanspruchungen	
Beständigkeit	53287	Evtl. Eigenschaftsveränderungen von Klebstoffen durch Lagerung in Flüssigkeiten bei verschied. Temperaturen	
Zugversuch	53288	Bestimmung der Zugfestigkeit von Klebungen unter Beanspruchung senkrecht zur Klebfläche (Normalspannung)	
Rollenschälversuch	53289	Ermittlung des Widerstands von Klebungen gegen abschälende Kräfte	
Druckversuch	54452	Ermittlung der Scherfestigkeit anaerober Klebstoffe, die durch vorbeschriebene Versuche nicht bestimmbar ist	

Zerstörungsfreie Methoden werden für die Fertigungskontrolle bevorzugt. Es werden z. B. die Verteilung des Klebstoffs im Spalt, Spaltbreiten, Lufteinschlüsse usw. geprüft. Auch Zug-, Auspreß- und Drehmomentsmessungen können durchgeführt werden. Wichtig bei diesen Versuchen ist aber, daß man lediglich auf 80 % der Sollwerte beansprucht, um eine Zerstörung der Verbindung zu verhindern. Vereinfachte technologische Kontrollen durch Nachmessen, Klangprüfung oder auch visuelle Prüfungen ergeben vor allem Aufschlüsse über die Präzision des Klebspaltes, die gleichmäßige Klebstoffverteilung oder Schwachstellen, soweit sie von außen überhaupt erkennbar sind *(Tabelle 10.3)*.

Tabelle 10.3 Prüfen von Klebstoffverbindungen mit zerstörungsfreien Verfahren.

Art	Mittel	Anzeige	Zweck	Prüfanordnung
akustisch	Ultraschall	Schalländerung (Frequenz und Amplitude) oder Änderung der Laufzeit (bei Durchschallung bzw. Reflexion).	Fehlersuche und Qualitätsbestimmung	
elektrisch	Gleich- oder Wechselstrom	Kapazität oder dialektrischer Verlustfaktor	Kontrolle einer gleichmäßigen Klebschicht	
Durchstrahlung	Röntgenstrahlen	Beobachtung oder Photo	Schichtkontrolle des Inneren geklebter Wabenkernkonstruktionen	
Wärmefluß	Wärmeleitung	Beobachtung oder Photo	Qualitätsbestimmung	

Um Stellen mangelnder Adhäsion oder beginnende Ablösung von Fügeteilflächen zu ermitteln, gibt es als weitere Prüfverfahren die Durchschallung und die Durchstrahlung. Diese Prüfung setzt aber hochwertige, elektronische Geräte voraus.

10.4 Klebstoffbruch

Die Ursache für einen Schadensfall (Klebstoffbruch) sind zu hohe, nicht berücksichtigte Anforderungen, mechanischer, physikalischer und/oder chemischer Belastungen.

Langzeitverhalten, Belastungen unter Temperatur und chemischen Einflüssen, Schädigung durch Wechsellastspiele, Lastschwingungen unter erhöhten Bedingungen, können zu Materialermüdungen und Alterungsschäden führen *(Abb. 10.1)*. Die damit verbundenen Vorgänge gehen vom Abbau der Adhäsion zwischen Fügeteil und Klebstoff bis zur Kohäsionsermüdung, bzw. Bruch des Klebstoffs.

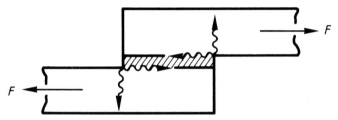

Abb. 10.1. Gefahr von Anrissen entlang der Klebschicht bzw. in die Fügeteile hinein durch Kerbwirkung.

Mechanische Ursachen sind Materialdeformationen und Kriecherscheinungen im *Bereich der Klebstoffschicht,* sie führen später unweigerlich zum Bruch der Klebeverbindung.

Werden die verklebten Fügeteile chemischen Einflüssen ausgesetzt, so haben Material- und Klebstoffveränderungen ähnliche Folgen. Hierzu sei erwähnt, daß in der Umgebung von chemischen Substanzen ein Abbau und eine schnelle Alterung des Klebstoffs verheerende Folgen haben kann.

Eine angerissene Verbindung ist keine Verbindung mehr und muß geprüft und evtl. neu angefertigt werden. Flexible Klebstofftypen verhalten sich hier i. allg. besser als spröde.

Es gibt zwei Arten von Brüchen beim Kleben, den Adhäsions- und den Kohäsionsbruch. Beide Formen können einzeln oder gleichzeitig auftreten.

10.4.1 Adhäsionsbruch

Beim Adhäsionsbruch hat sich der Klebstoff von der einen Fügeteiloberfläche abgelöst und haftet am anderen Fügeteil mit genauer Abbildung des Reliefs der ersten Fügeteiloberfläche. Meistens findet man auf beiden Fügeteiloberflächen Klebstoffschichten. Dies kommt von den Spannungszuständen auf den Oberflächen. Man bezeichnet dies als vernetzte Klebstoffinseln.

Ein einseitiger Klebstoffrückstand ist auf nicht geeignetes Material, ungenügende Vorbehandlung oder evtl. ungeeignete Klebstoffwahl zurückzuführen.

Der Adhäsionsbruch sagt folgendes aus:

Die innere Festigkeit des Klebstoffs war größer als die Adhäsionsbildung auf den Fügeteiloberflächen.

Empfehlung: In diesen Fällen sollte versucht werden, durch Umladung der Oberflächen die Adhäsion zu erhöhen, größere Oberflächen zu schaffen oder einen besser auf die Oberfläche abgestimmten Klebstoff zu wählen.

10.4.2 Kohäsionsbruch

Beim Kohäsionsbruch geht die Trennung durch die Klebstoffschicht, d. h. die innere Festigkeit des Klebstoffs ist schwächer als die Haftung an den Fügeteiloberflächen.

Empfehlung: Klebstoff mit höherer innerer Festigkeit wählen, Konstruktion überprüfen, evtl. kleinere Überdeckungsflächen einrechnen.

Im Idealfall sollte gleichzeitig ein Adhäsionsbruch und auch ein Kohäsionsbruch vorliegen. Dies bedeutet, daß die Haftung des Klebstoffs auf den Materialoberflächen genau so groß ist wie die innere Festigkeit des Klebstoffs.

10.4.3 Materialbruch der Fügeteile

Liegt ein Materialbruch der Fügeteile vor, ist die innere Festigkeit sowie die Adhäsion vom Klebstoff größer als die Belastbarkeit der Fügeteile. In diesem Fall spricht man von einem Fügeteilschaden.

Empfehlung: Konstruktive Änderungen in Betracht ziehen, evtl. höhere Festigkeit des Fügeteilmaterials wählen.

Ein Sonderfall des Fügeteilschadens sei noch erwähnt: Bei harten und hochfesten Klebeverbindungen und weichen Fügeteilen können Anrisse im Klebgrund, am Übergang Klebstoff – Fügeteil auftreten. Ein Auslaufen der Klebstoffschicht entschärft solche Stellen *(Abb. 10.2)*.

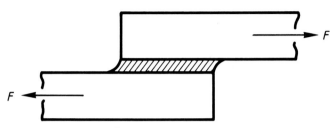

Abb. 10.2. Entschärfte Übergänge von der Klebschicht zu den Fügeteilen helfen Kerbspannungen verringern.

10.5 Zerstörung von Klebeverbindungen (Demontage)

Eine Klebeverbindung als unlösbar zu bezeichnen ist nicht richtig. Eine Trennung der Klebeverbindung setzt jedoch voraus, daß ein Verfahren angewendet wird, bei dem die Fügeteil-Werkstoffe keinen Schaden nehmen können.

Mechanisches Lösen erreicht man, wenn die dynamische und statische Bindemittelfestigkeit überwunden wird und ein Adhäsions- und Kohäsionsbruch vorliegt. Das Lösen durch Zug-, Zugscher-, Verdrehscher- und/oder Druckscherbeanspruchung ist nur bei stark überdimensionierten Fügeteilen möglich. Doch können auch hier die Fügeteile deformiert werden, da die Kleberfestigkeit überwunden werden muß.

Schwingungsbeanspruchung: Durch dieses Verfahren können Fügeteile meistens schonend voneinander getrennt werden, d. h. die momentane Festigkeit des Klebstoffs liegt unter der Festigkeit der Fügeteile.

Trennung mit Werkzeugen: Das Eintreiben eines Keils in die Klebestelle der Fügeverbindung führt zu einem Abschälvorgang, welcher die Klebeschicht von der Fügeteiloberfläche abschält. Eine Deformation der Fügeteile ist jedoch möglich.

Chemisches Lösen: Bei diesem Verfahren werden aggressive Lösungsmittel eingesetzt, die die Klebeschicht anlösen, auflösen oder zersetzen. Es muß jedoch darauf geachtet werden, daß der Fügeteilwerkstoff nicht angegriffen wird. So können z. B. Kunststoffverbindungen nur bedingt chemisch getrennt werden.

Physikalische Lösungsverfahren sind für metallische Fügeverbindungen am günstigsten. Thermische Einwirkungen von 60 °C bis 300 °C (je nach Klebstofftyp) haben folgende Wirkungen:

- Verminderung der Festigkeitswerte der Klebstoffe,
- Zerstörung der vernetzten Molekülstruktur der Klebstoffe.

Dadurch können Fügeteile schonend getrennt werden.

10.5.1 Wiederherstellung von Klebeverbindungen

Um eine qualitativ gute Verbindung wieder herzustellen, müssen folgende Faktoren berücksichtigt werden:

Bei der Trennung von verklebten Fügeteilen, gleichgültig ob diese Demontage gewollt oder ungewollt erfolgte, können die Flächen beschädigt worden sein. In diesem Fall sollen die Bezugsflächen wieder aufeinander abgestimmt werden.

Eine mechanische Reinigung der Flächen muß in jedem Fall vorgesehen werden (Sandstrahlen, Schleifen, Bürsten, Schaben usw.). Dadurch können Klebstoffrückstände entfernt werden.

Beim chemischen Lösen soll bei der Auswahl der Reagenzien mit steigender Aggressivität vorgegangen werden.

10.5 *Zerstörung von Klebeverbindungen (Demontage)* 179

Lösungsmittel nach steigender Aggressivität

- Wasser kalt,
- Wasser warm,
- Ethylalkohol,
- Benzin,
- Aceton,
- Ester (Acetate) Essigsäureester, Butylester,
- Keton, Methylethylketon (MEK)
- Aromaten, Toluol, Benzol, Xylol
- chlorierte Kohlenwasserstoffe (Perchlor-, Trichlor- und Tetra-Verbindungen),
- Dimethylformamid (löst alle Klebstoffverbindungen auf. Eine Lagerung der Teile bei erhöhter Temperatur beschleunigt den Vorgang).

Durch die Vielzahl der Klebstoffsysteme bedingt, können jedoch keine allgemein gültigen Regeln aufgestellt werden. Bitte fragen Sie beim jeweiligen Klebstoffhersteller nach dem geeigneten Lösungsmittel.

11 Klebegerechtes Konstruieren

Der Einsatz von Klebstoffen bei der Lösung konstruktiver Gestaltungsprobleme wird in zunehmendem Maße als vorteilhaft gegenüber herkömmlichen Verbindungsmethoden angesehen. Besonders das Metall-, Kunststoff- und Elastomerkleben findet vermehrt Anwendung.

11.1 Allgemeine konstruktive Gestaltungsrichtlinien

Beim Verbinden dünner Fügeteile ist ein Berechnen der Festigkeit des unter Last stehenden Spannungsverlaufs von großer Bedeutung, während beim Fügen von massiven Teilen die Kenntnis der maximalen Schub- und Zugfestigkeit der Klebstoffe genügt, mit denen man die Belastbarkeit der Klebung bestimmt.

Der Konstrukteur wählt zwischen einer Vielzahl allgemein anwendbarer Klebstoffe und solchen, die auf spezielle Anforderungen zugeschnitten sind.

Aus Gründen der Wirtschaftlichkeit und Gewichtsersparnis ist der Konstrukteur gezwungen, die Festigkeit der Werkstoffe und ihre Verbindung möglichst auszunutzen. Da nicht immer Versuche über Klebeverbindungen vorhanden sind, müssen entsprechende Berechnungsgrundlagen, Kenntnis des Fügeteilwerkstoffs und des Klebstoffs vorliegen. Aus den Eigenschaften des Klebstoffs und dessen Festigkeit kann die Festigkeit einer Verbindung berechnet werden. Wichtige Voraussetzung für solche Berechnungen von Klebeverbindungen sind, mehrere Klebstoffe mit einzubeziehen und die Verbindungen möglichst auf die vorgegebenen Anforderungen hin zu testen.

Bei der Wahl der Klebstoffe müssen die an die Konstruktion gestellten Anforderungen, Fragen der Alterungsbeständigkeit, Temperaturbeständigkeit und Medienbeständigkeit berücksichtigt werden. In *Abb. 11.1* werden noch einmal alle Faktoren, welche die Festigkeit einer Klebeverbindung beeinflussen, zusammengestellt.

Das Berechnen von Klebstoffverbindungen setzt voraus, daß ein Klebstoff unter der vorgegebenen Last so fest an den Fügeteilen haftet, daß die Klebeschicht in sich reißt (Kohäsionsbruch) oder das Fügeteil versagt. Die heutigen Kenntnisse sind noch nicht

11 Klebegerechtes Konstruieren

ausreichend begründet, um spezifische Aussagen über das Festigkeitsverhalten der Adhäsionszonen zu machen.

Jedoch kann gesagt werden, daß bei geeigneter Konstruktion, Klebstoff, Oberflächenvorbehandlung und Verarbeitung ein Versagen der Klebeschicht selten ist.

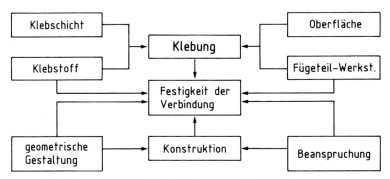

Abb. 11.1. Einflußfaktoren auf die Festigkeit einer Klebeverbindung.

Wichtig: Die Klebefläche sollte nach Möglichkeit so gestaltet sein, daß sich alle auftretenden Kräfte möglichst gleichmäßig auswirken. Spalt- und Schälkräfte sind nach Möglichkeit zu vermeiden.

Es gibt drei charakteristische Krafteinwirkungen auf eine einschnittigüberlappte Konstruktionsform *(Abb. 11.2)*.

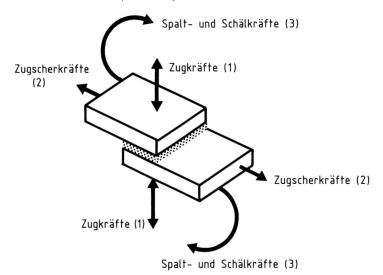

Abb. 11.2. Krafteinwirkung auf ein Fügeteil.

- **Zugkräfte** sind Kräfte, die senkrecht zur Klebefuge wirken und sich gleichmäßig über die Klebefläche verteilen.
- **Zugscherkräfte** wirken parallel zur Verklebung. Sie sind häufiger anzutreffen als reine Zugkräfte.
- **Schälkräfte/Spaltkräfte** sind nicht einheitlich über die Klebefläche verteilt, sondern konzentrieren sich auf einen begrenzten Raum. Besonders kritisch wird es, wenn diese Kräfte auf die Kante der verklebten Flächen einwirken *(s. Abb. 11.3)*.

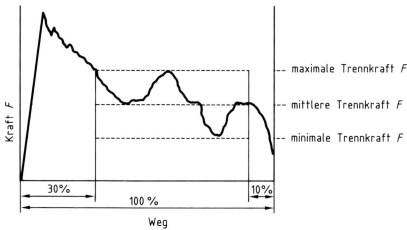

Abb. 11.3. Schälwiderstandsmessung (Diagramm) (Durchschnitt aus 10 Messungen).
Die ersten 30 % und letzten 10 % werden nicht zur Gestaltung der mittleren Schälfestigkeit genommen.

11.2 Vor- und Nachteile von Klebeverbindungen

Jedem Konstrukteur sind Grundsätze und Begriffe zur Gestaltung und Konstruktion von gießtechnischen Teilen oder von Niet-, Schraub- und Schweißverbindungen geläufig. Im Bereich der Klebetechnik müssen ähnliche Gesetzmäßigkeiten – die klebegerechte Konstruktion – eingehalten werden.

Jedes Fügeverfahren hat Vor- und Nachteile. Es ist dem Konstrukteur überlassen, diese gegeneinander abzuwägen und das jeweils beste Verfahren zu wählen.

Vorteile:

- Gleichmäßige Spannungsverteilung,
- Möglichkeit des Verbindens unterschiedlicher Werkstoffe,
- Möglichkeit des Verbindens dünnster Materialien sowie von Werkstoffen unterschiedlicher Dicke,
- wärmearmes Verbindungsverfahren, Fügeteile werden im Gefüge nicht verändert,
- elektrochemische Korrosion zwischen unterschiedlichen Werkstoffen wird verhindert oder stark verringert,
- keine Schwächung der Fügeteile durch Niet- oder Schraubenlöcher,
- glatte Oberflächen,
- Klebeverbindungen können elastisch sein,
- Klebeverbindungen dämpfen Schwingungen,
- Isolation gegen Wärme/Kälte und Elektrizität,
- Gewichtseinsparungen möglich,
- Passungen können eingespart werden,
- keine oder nur geringe Verputzarbeiten,
- häufig mechanisch fester und billiger als herkömmliche Verbindungsarten.

Nachteile:

- Begrenzung bei den Einsatztemperaturen,
- geringe Schlag- und Schälfestigkeit,
- Neigung zum Kriechen,
- zum Teil lange Aushärtungszeiten (je nach Klebstofftyp sehr unterschiedlich),
- Oberflächenvorbehandlungen sind notwendig,
- dicke Klebstoffschichten sind nachteilig bei Wechselbeanspruchungen,
- Ausrichten ungenau gefügter Teile nach dem Aushärten des Klebstoffs nicht mehr möglich,
- zerstörungsfreie Prüfverfahren zum Teil sehr aufwendig und kostspielig,
- grundsätzlich Überlappung nötig,
- verhältnismäßig genaue Einhaltung der Härtungstemperatur über lange Zeit notwendig,
- Gefahr des Ablösens von Klebeverbindungen bei ungleichmäßiger Wärmeausdehnung der Fügeteile.

11.2 Vorteile und Nachteile von Klebeverbindungen

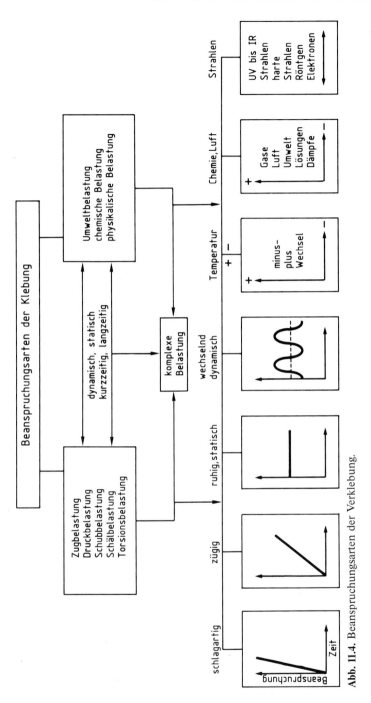

Abb. 11.4. Beanspruchungsarten der Verklebung.

11.3 Grundlagen der Gestaltung von Klebeverbindungen

Als **allgemeine Gestaltungsrichtlinien** werden empfohlen:

1. Flächenhafte Verbindungen mit genügenden Überlappungen (ausreichende Klebeflächen) sollten schon bei der Planung der Fügeverbindung angestrebt werden.
2. Es sollte eine Formgebung gefunden werden, die sicherstellt, daß die Klebeverbindung in der Anwendung nur durch Scherung und/oder Druck beansprucht wird.
3. Je nach Art des Klebstoffs und der Anwendungsgegebenheiten sollte zur Erzielung optimaler Festigkeiten eine bestimmte Oberflächenrauhigkeit eingehalten werden. Es ist rationeller, dies schon bei der Fügeteilherstellung zu berücksichtigen.
4. Die Festigkeit der Klebeverbindung nicht höher oder geringer vorsehen als die Festigkeit der Fügeteile ist, sondern auf die kalkulierte Höchstbeanspruchung der Fügeteile ausrichten, andernfalls ist eine Seite überdimensioniert (Materialverschleiß, erhöhtes Gewicht, Unwirtschaftlichkeit usw.). Für den dynamischen Belastungsfall wird deshalb in der Festigkeitsberechnung als zulässige Höchstbeanspruchung der Fügeteilwerkstoffe als Grenze $\delta = 0,2$ zugrunde gelegt. Entsprechendes gilt für Torsions- und Scherbelastungen der Verbindung.
5. Wenn größere Spalten zu überbrücken sind als sie der Klebstoff aufgrund seiner Eigenschaften (Viskosität) bewältigen kann, sollte mit Füllstoffen gearbeitet werden (z. B. pulverige oder faserige Zusätze).
6. Klebeverbindungen möglichst biege-, dehn- und stauchfest gestalten. Dadurch wird sichergestellt, daß die Verbindung auch *im Betrieb* unter reiner Scherbelastung hält.
7. Bei Klebeverbindungen möglichst nur eine ebene Klebeschicht vorsehen. Dadurch wird die Gefahr ungleicher Spannungsverteilung, ungleicher Anpreßkräfte bei der Montage oder innere Spannungen beim Aushärten und damit verbundene ungenügende Berechenbarkeit vermieden.
8. Fügeteile so auslegen, daß sie keine Spannungskonzentrationen auf bestimmte Stellen der Klebeverbindung übertragen können (z. B. schroffe Querschnittsänderungen).
9. Klebeschicht mit gleichmäßiger, für den Klebstoff optimaler Dicke auftragen, große Klebstoffschichtstärken vermeiden. Der Grund dafür liegt in der möglichen Kerbempfindlichkeit der Klebeschicht.
10. Schälgefahr, die bei manchen Klebeverbindungen nicht vermeidbar ist, durch geeignete Gegenmaßnahmen vermindern.
11. Das Nacharbeiten fertiger Klebeverbindungen wegen möglicher, schädlicher Beanspruchung vermeiden.
12. Bei mantelförmigen Fügeflächen, z. B. zylindrischen Verbindungen und stufenartig versetzten Paßflächen, optimal benetzungsfreudige, drucklos härtende Kleber vorsehen.

11.3 Grundlagen der Gestaltung von Klebeverbindungen

13. Bei Schiebesitzen der Abschiebgefahr des Klebstoffs Rechnung tragen. Besonders sorgfältigen und gleichmäßigen Klebstoffauftrag auf beide Fügeflächen vorsehen.
14. Bei Kombination von Klebungen, vor allem mit Schraub- oder Schrumpfverbindungen, spezielle Klebstoffe verwenden (hohe Anpreßdrücke, hohe Schrumpftemperaturen usw.).
15. Den Temperatureinsatzbereich der Klebeverbindung im Kurz- und Langzeitbetrieb festlegen.
16. Da die Nennfestigkeiten, wie sie von den Klebstoffherstellern angegeben werden, oft unter idealen Versuchsbedingungen ermittelt wurden, grundsätzlich Betriebsversuche durchführen (Versuche an den jeweiligen Arbeitsplätzen, mit dem vorgesehenen Arbeitspersonal).
17. Falls in der Anwendung verschiedenartige, langandauernde Beanspruchungen auf die Klebeverbindungen einwirken, in der Festigkeitsberechnung den vorgegebenen Faktor von der Kleberfestigkeit abziehen.
18. Zu beachten ist, daß bei sehr großflächigen, vor allem gekrümmten Fügeteilen (z. B. Blechen), die miteinander verklebt werden, das gleichmäßige Anliegen der Flächen durch Anpressen erreicht wird. Entfällt der Anpreßdruck nach der Klebstoffhärtung, so können durch das Rückformbestreben der Fügeteile, Vorspannungen in der Klebeschicht auftreten, die bei ungünstiger Überlagerung mit den Betriebsspannungen schädlich sind.
19. Ein „vorsorgliches" Aufrauhen der Fügeflächen nur dann vorsehen, wenn sie für den betreffenden Klebstoff und dessen Verarbeitungsweise vorgeschrieben werden.

Weitere Gestaltungshinweise unter Gegenüberstellung der bisherigen Fügemethoden sind in *Abb. 11.5* wiedergegeben.

Bei Klebverbunden ist die Gestaltung der Randabschlüsse und Krafteinleitung von besonderer Wichtigkeit. Die Vergrößerung der Klebeflächen sollte stets im Mittelpunkt von Gestaltungsüberlegungen stehen. Nicht immer ist die Kombination des Klebens mit anderen Fügemethoden vorteilhaft. Eine montagegerechte Gestaltung ist besonders bei zylindrischen Fügeverbindungen zu berücksichtigen.

11 Klebegerechtes Konstruieren

bisherige Fügemethode	klebgerechte Gestaltung	bisherige Fügemethode	klebgerechte Gestaltung
geschweißt	d, 1/2·d	geschweißt	
geschweißt		geschweißt	min. 0,8·d
geschweißt		geschweißt	
leichter Preßsitz mit Verdrehsicherung	Befestigung mit Schiebesitz ohne Verdrehsicherung	Lockerung der Preßsitze bei niedrigfesten Werkstoffen	Befestigung mit Schiebesitz
aufwendige Keilverbindung	Befestigung mit Schiebesitz	Preßsitz mit Sicherung z.B. nach DIN 995	Befestigung mit Schiebesitz, ohne Sicherung

11.3 Grundlagen der Gestaltung von Klebeverbindungen

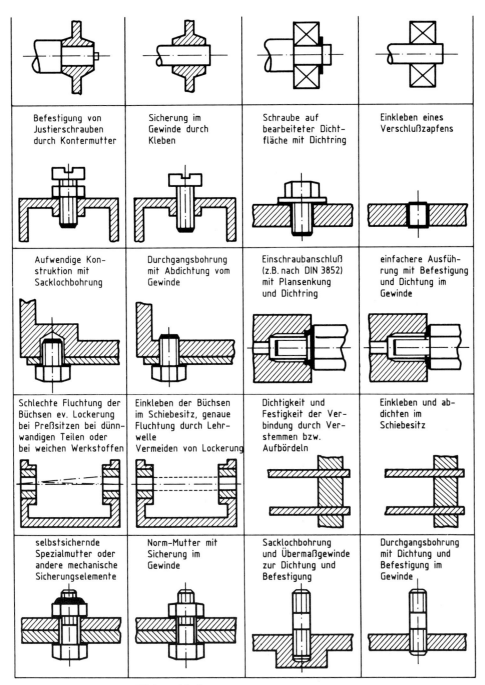

Abb. 11.5. Gestaltung von Klebeverbindungen.

11.3.1 Konstruktive Maßnahmen gegen Abschälen

Bei einschnittig überlappten Klebeverbindungen nehmen die Zuspannungen in Richtung auf die Fügeteilenden zu. Diese können im Falle großer Überlappungslängen ein Abschälen der Fügeteilenden hervorrufen. Durch geeignete Maßnahmen kann dies verhindert werden *(Abb. 11.6)*.

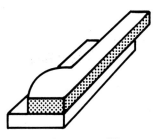

a) Klebflächenvergrößerung

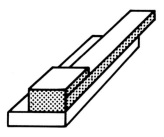

c) Versteifen der Randzonen

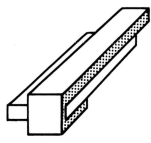

b) Bördeln, Umlegen

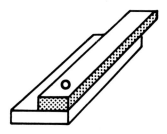

d) Verschrauben, Vernieten

Abb. 11.6. Konstruktive Maßnahmen gegen Abschälen bei einschnittig überlappten Klebeverbindungen.

A. Durch **Klebeflächenvergrößerung** wird ein Abschälen der Fügeteilenden verhindert.
B. **Bördeln oder Umlegen** dient als Sicherheit gegen Abschälen.
C. **Versteifen der Randzonen** oder an den Stellen, wo Schälkräfte auftreten.
D. Ein weiterer Schutz gegen Schälneigung kann durch **Verschrauben oder Vernieten** an den schälbeanspruchten Stellen erreicht werden.

Merke: Einfach überlappte Klebeverbindungen werden immer durch den asymetrischen Kraftangriff (s. auch *Abb. 11.12*) und durch ein zusätzliches Biegemoment M_b belastet (s. auch *Abb. 11.13*).

11.4 Konstruktive Gestaltung und Berechnung

Die in *Abb. 11.7* aufgeführten Grundformen von Klebeverbindungen zeigen dem Anwender die Vor- und Nachteile. Es ist dem Konstrukteur vorbehalten, diese Vor- und Nachteile gegeneinander abzuwägen und das jeweils beste Verfahren anzuwenden.

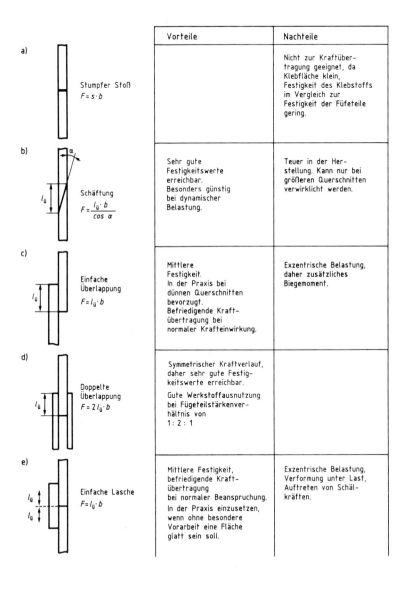

		Vorteile	Nachteile
a)	Stumpfer Stoß $F = s \cdot b$		Nicht zur Kraftübertragung geeignet, da Klebfläche klein, Festigkeit des Klebstoffs im Vergleich zur Festigkeit der Fügeteile gering.
b)	Schäftung $F = \dfrac{l_{\ddot{u}} \cdot b}{\cos \alpha}$	Sehr gute Festigkeitswerte erreichbar. Besonders günstig bei dynamischer Belastung.	Teuer in der Herstellung. Kann nur bei größeren Querschnitten verwirklicht werden.
c)	Einfache Überlappung $F = l_{\ddot{u}} \cdot b$	Mittlere Festigkeit. In der Praxis bei dünnen Querschnitten bevorzugt. Befriedigende Kraftübertragung bei normaler Krafteinwirkung.	Exzentrische Belastung, daher zusätzliches Biegemoment.
d)	Doppelte Überlappung $F = 2 l_{\ddot{u}} \cdot b$	Symmetrischer Kraftverlauf, daher sehr gute Festigkeitswerte erreichbar. Gute Werkstoffausnutzung bei Fügeteilstärkenverhältnis von 1 : 2 : 1	
e)	Einfache Lasche $F = l_{\ddot{u}} \cdot b$	Mittlere Festigkeit, befriedigende Kraftübertragung bei normaler Beanspruchung. In der Praxis einzusetzen, wenn ohne besondere Vorarbeit eine Fläche glatt sein soll.	Exzentrische Belastung, Verformung unter Last, Auftreten von Schälkräften.

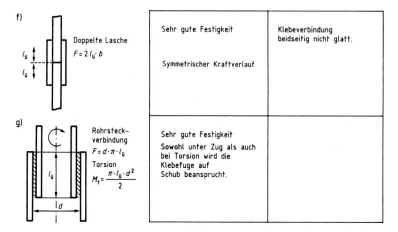

Abb. 11.7. Grundformen: Vor- und Nachteile einer Klebeverbindung.

11.4.1 Nahtformen der Klebeverbindung aus der Grundform abgeleitet

Die nachfolgend aufgeführten Grundformen sind aus der einfach überlappten Verbindung abgeleitet. Sie weisen alle günstige Spannungsverteilungen auf und sollten wenn möglich statt der einfach überlappten Verbindung vom Konstrukteur eingesetzt werden.

Die **gefalzte Überlappung** führt zu einer Verminderung des Biegemoments M_b und der Schälneigung *(Abb. 11.8 A)*. Die **abgeschrägte Überlappung** dient der Verminderung der Spannungsspitzen an den Überlappungsenden *(Abb. 11.8 B)*. Die Beispiele *A* und *B* weisen somit eine günstige Spannungsverteilung auf.

Die **abgesetzte Überlappung** *(Abb. 11.8 C)* hat eine günstige Spannungsverteilung, das Biegemoment M_b ist vermindert, daher besteht weniger Abschälgefahr. Die **abgesetzte Überlappung** *(Abb. 11.8 D)* ist ebenfalls eine günstige Konstruktion. Es treten keine Biegemomente und keine Zug- und Zugscherbelastungen auf. Die **abgesetzte Doppellasche** *(Abb. 11.8 E)* ist eine sehr gute Nahtform, jedoch teuer in der Herstellung. Die **abgeschrägte Doppellasche** *(Abb. 11.8 F)* ist nur preisgünstig, wenn Profilleisten zur Verfügung stehen. Die Beispiele *E* und *F* zeigen bei Beanspruchung günstige Spannungsverteilungen, sowie keine auftretenden Biegemomente M_b, daher keine Schälneigung wie bei einer einfach überlappten Verbindung.

11.4 Konstruktive Gestaltung und Berechnung

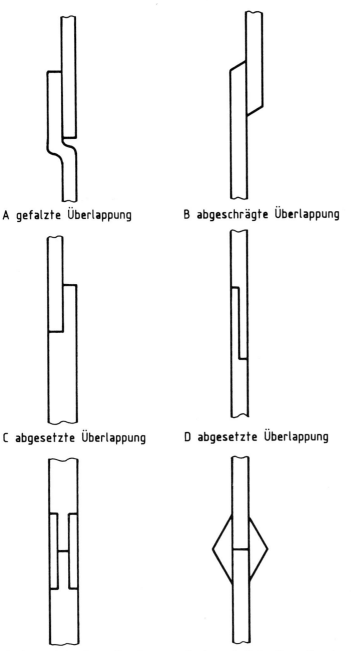

A gefalzte Überlappung   B abgeschrägte Überlappung

C abgesetzte Überlappung   D abgesetzte Überlappung

E abgesetzte Doppellasche   F abgeschrägte Doppellasche

Abb. 11.8. Nahtformen der Klebeverbindung aus der Grundform abgeleitet.

11.4.2 Formelsammlung zur Berechnung geklebter Fügeteile

Tabelle 11.1 Berechnung und Bewertung geklebter Fügeteile.

Verbindungsformen		Lastart	Fügeteilfläche	Scherspannung in der Klebschicht	Übertragbare Betriebslast
a) einfache Überlappung					
b) gefalzte Überlappung					
c) abgeschrägte Überlappung		Zug Druck	$A = 2 \cdot l_{ü} \cdot b$	$\tau_s = \dfrac{F}{2 \cdot l_{ü} \cdot b}$	$F = \tau_{Kl} \cdot A$
d) einschnittige Laschung					
e) zweischnittige Laschung					
f) geschäftet		Zug Druck	$A = \dfrac{l_{ü} \cdot b}{\cos \alpha}$	$\tau_s = \dfrac{F \cdot \cos \alpha}{l_{ü} \cdot b}$	$F = \tau_{Kl} \cdot A$
g) rotationssymmetrische Überlappung (Rohrsteckverbindung)		Zug Druck	$A = l_{ü} \cdot \pi \cdot d_a$	$\tau_s = \dfrac{F}{\pi \cdot l_{ü} \cdot d_a}$	$F = \tau_{Kl} \cdot A$
		Torsion		$\tau_s = \dfrac{2 \cdot M_t}{\pi \cdot l_{ü} \cdot d_a^2}$	$M_t = \tau_{Kl} \dfrac{\pi \cdot l_{ü} \cdot d_a^2}{2}$
f) rotationssymmetrische Überlappung (Bolzensteckverbindung)		Zug Druck	$A = l_{ü} \cdot \pi \cdot d_a$	$\tau_s = \dfrac{F}{\pi \cdot l_{ü} \cdot d_a}$	$F = \tau_{Kl} \cdot A$
				$\tau_s = \dfrac{2 \cdot M_t}{\pi \cdot l_{ü} \cdot d_a^2}$	$M_t = \tau_{Kl} \dfrac{\pi \cdot l_{ü} \cdot d_a^2}{2}$
g) rotationssymmetrische Stoßverbindung (Flanschverbindung)		Torsion	$A = \dfrac{\pi}{4}(d_a^2 - d_i^2)$	$\tau_s = \dfrac{16 \cdot M_t \cdot d_a}{\pi (d_a^4 - d_i^4)}$	$M_t = \tau_{Kl} \dfrac{\pi (d_a^4 - d_i^4)}{16 \cdot d_a}$
			$A = 2\pi \cdot \dfrac{D}{2} \cdot B$		$M_t = \tau_s \dfrac{\pi \cdot D^2 \cdot B}{2 \cdot 100}$

D, d Wellendurchmesser, B Nabenbreite, τ_s Torsionsfestigkeit, τ_T Torsionsscherfestigkeit, M_B Bruchmoment

11.4 Konstruktive Gestaltung und Berechnung

r Fügeteilfestigkeit entsprechende Scherfestigkeit s Klebers	Der Fügeteilfestigkeit entsprechende Überlappungslänge	Bewertung und Bemerkung
		Einfach und wirtschaftlich; durch Biegemoment und ungleiche Spannungsverteilung Schälgefahr. Notfalls geeignete Verstärkung anbringen.
		Wie a), aber durch Falzung eine Fläche glatt; geringere Schälgefahr.
$= \sigma_{0,2} \dfrac{s}{l_\mathrm{ü}}$	$l_\mathrm{ü} = s \cdot \dfrac{\sigma_{0,2}}{\tau_\mathrm{Kl}}$	Wie a), durch Anschrägung gleichmäßige Spannungsverteilung; Herstellung teuer.
		Stumpfer Stoß der Fügeteile möglich; Einseitig glatt, einfach in der Herstellung, Verwölbung möglich.
		Sichere, symmetrische jedoch massige Verbindungsform.
$= \sigma_{0,2} \dfrac{s \cdot \cos \alpha}{l_\mathrm{ü}}$	$l_\mathrm{ü} = \sigma_{0,2} \dfrac{s \cdot \cos \alpha}{\tau_\mathrm{Kl}}$	Gute Verbindung; kein Biegemoment jedoch kompliziert, da ausreichende Überlappung nur durch genaue, spitzwinklige Schäftung möglich.
$= \sigma_{0,2} \dfrac{s(n-1)}{l_\mathrm{ü} \cdot n}$ $n = \dfrac{d_\mathrm{a}}{s}$	$l_\mathrm{ü} = \dfrac{\sigma_{0,2} \cdot s(n-1)}{\tau_\mathrm{Kl} \cdot n}$	Wegen rotationssymmetrischem Spalt kein Aushärten unter Druck. Durch mangelnde Zentrierung unterschiedlicher Spalt. Oft höhere Scherfestigkeit durch hohe Klemmwirkung des Klebstoffs. Kann bei richtiger Anwendung teure Passungen ersetzen.
$= \tau_\mathrm{tzul} \dfrac{d_\mathrm{a}^4 - d_\mathrm{i}^4}{8 \cdot l_\mathrm{ü} \cdot d_\mathrm{a}^3}$ bei $d_\mathrm{i} = d_\mathrm{a} - 2s$	$l_\mathrm{ü} = \dfrac{\tau_\mathrm{tzul}(d_\mathrm{a}^4 - d_\mathrm{i}^4)}{\tau_\mathrm{Kl} \cdot 8 \cdot d_\mathrm{a}^3}$	
$= \sigma_{0,2} \cdot \dfrac{d_\mathrm{a}}{4\, l_\mathrm{ü}}$	$l_\mathrm{ü} = \dfrac{\sigma_{0,2} \cdot d_\mathrm{a}}{\tau_\mathrm{Kl} \cdot 4}$	Siehe g), jedoch wegen höherer Fügeteilfestigkeit meist günstigere Spannungsverteilung.
$= \tau_\mathrm{tzul} \dfrac{d_\mathrm{a}}{8 \cdot l_\mathrm{ü}}$	$l_\mathrm{ü} = \dfrac{\tau_\mathrm{tzul} \cdot d_\mathrm{a}}{\tau_\mathrm{Kl} \cdot 8}$	
$= \tau_\mathrm{tzul} \dfrac{d_\mathrm{a}(d^4 - d_\mathrm{i}^4)}{d(d_\mathrm{a}^4 - d_\mathrm{i}^4)}$ $= \dfrac{M_\mathrm{B}}{r \cdot A}$		Selten, da nur bei reiner Schubbeanspruchung durch Torsion ausreichende Festigkeit erreichbar. Falls Vollprofil vorliegt, ist d_i an entsprechender Stelle der entsprechenden Formel durch 0 zu ersetzen.

11.5 Vereinfachtes Dimensionierungsverfahren für einfach überlappte Klebeverbindungen (Berechnungsbeispiele)

Mit dem nachfolgend angeführten Verfahren (Ciba-Geigy) werden heute in der Klebetechnik die Parameter Fügeteil, Überlappungslänge und Zugscherfertigkeit bestimmt.

Dieses Dimensionierungsverfahren ermöglicht
- die optimale Überlappungslänge bei gegebener Dicke der Fügeteile,
- die optimale Dicke der Fügeteile bei gegebener Überlappungslänge ($l_ü$),

festzulegen.

Für das Begriffspaar Klebstoff/Fügeteilwerkstoff wird die mittlere Bruchfestigkeit im Zugversuch als Funktion des Verhältnisses Fügeteildicke (s) zur Überlappungslänge ($l_ü$) experimentell bestimmt und als Kurve graphisch dargestellt *(Abb. 11.9)*.

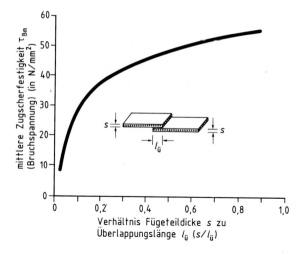

Abb. 11.9. Verhältnis Fügeteildicke (s) zur Überlappungslänge ($l_ü$).

Jeder Punkt des Diagramms gibt den Zusammenhang wieder zwischen

- den Dimensionen der Klebeverbindungen,
- der Zugscherfestigkeit (τ) und
- der mittleren Zugspannung (τ_{Bm}) im Fügeteil

11.5 Vereinfachtes Dimensionierungsverfahren

Beispiel 1: Bestimmung der Überlappungslänge $l_ü$ *(Abb. 11.10)*

Gegeben: Zu übertragende Kraft $F = 600$ N/mm Blechdicke $s = 2$ mm

$$\tau = \frac{F}{l_ü}, \quad \sigma = \frac{F}{s}, \text{ woraus folgt: } \tau = \sigma \frac{s}{l_ü}.$$

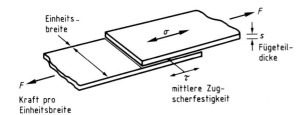

Abb. 11.10. Bestimmung der Überlappungslänge.

Lösung: $\sigma = \dfrac{P}{s} = \dfrac{\tau}{\frac{s}{l_ü}} = 300$ N/mm².

Auf Grund der Gegebenheit $\tau = \sigma \dfrac{s}{l_ü}$ und $\sigma = 300$ N/mm² resultiert der Punkt A bei einem angenommenen Überlappungsverhältnis von 0,2 bei 60 N/mm². Der Punkt B ergibt sich als Schnittpunkt der Geraden O-A mit der Kurve. Daraus folgt für Punkt B die mittlere Zugscherfestigkeit von 29 N/mm², $s/l_ü = 0.096$ (abgelesener Wert in *Abb. 11.11*)

$$l_ü = \frac{s}{\frac{s}{l_ü}} = \frac{2 \text{ mm}}{0{,}096} = 20{,}83 \text{ mm}$$

Die Überlappungslänge beträgt **20,83 mm**.

Beispiel 2: Bestimmung der optimalen Blechdicke s_{opt}

Gegeben: Zu übertragende Kraft $F = 350$ N/mm
Überlappungslänge $l_ü = 10$ mm

Gesucht: Optimale Blechdicke s_{opt}?

Lösung: $\tau = \dfrac{F}{l_ü} = \dfrac{350}{10} = 35$ N/mm²

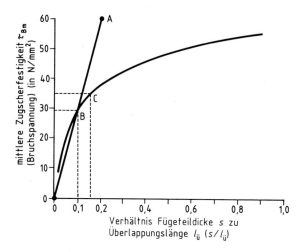

Abb. 11.11. Zugscherfestigkeit (τ) als Funktion des Überlappungsverhältnisses ($s/l_{\ddot{u}}$).

Mit 35 N/mm² folgt aus der Kurve in *Abb. 11.11* Punkt C mit $s/l_{\ddot{u}} = 0{,}155$ mm,
$s_{opt.} = 1{,}55$ mm
Die optimale Blechdicke $s_{opt.}$ (Fügeteildicke) beträgt **1,55 mm.**

11.6 Einfluß verschiedener Faktoren auf die Festigkeit einer Klebeverbindung

In der Praxis wird für Blechklebungen am häufigsten die einfache Überlappung angewandt. Zugkräfte erzeugen in den Fügeteilen Zugspannungen und in der Klebefuge Schubspannungen. Ungleichmäßige Dehnung der Fügeteile entlang der Überlappung bewirkt in der Klebefuge eine Spannungsverteilung in der Form einer Hyperbelfunktion *(Abb. 11.12)*.

Die Klebeverbindung wird infolge des asymetrischen Kraftangriffs zusätzlich durch das Biegemoment belastet, welches Zugspannungen senkrecht zur Klebefuge hervorruft. Diese Zugspannungen nehmen in Richtung auf die Fügeteilenden zu und können im Falle größerer Überlappungslängen ein Abschälen der Fügeteilenden zur Folge haben *(Abb. 11.13)*.

11.7 Wichtige Größen zur Festigkeitsbestimmung für den Konstrukteur 199

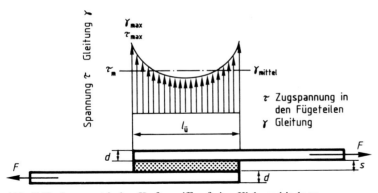

Abb. 11.12. Asymmetrischer Kraftangriff auf eine Klebeverbindung.
τ Zugspannung in den Fügeteilen,
γ Gleitung.

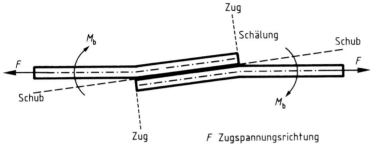

Abb. 11.13. Verformung der einfachen Überlappung durch das Biegemoment M_b.

11.7 Wichtige Größen zur Festigkeitsbestimmung für den Konstrukteur (Berechnungsbeispiele)

Optimale Überlappungslänge

Die für den Konstrukteur wichtigste Größe ist die **optimale Überlappungslänge** $l_{ü\,opt}$. Man sollte annehmen, daß die Bindefestigkeit der Klebeverbindung mit steigender Überlappungslänge $l_ü$ proportional zunimmt. Anhand von Versuchen wird das Gegenteil bewiesen. Die Bruchlast wächst mit größer werdender Überlappung bis zur optimalen Überlappungslänge $l_{ü\,opt}$. Der Anstieg an tragbarer Zuglast wird geringer. In allen bekannten Fällen trat ein Verbindungsbruch ein, wenn eine bleibende Deformation der Fügeteile vorhanden ist, d. h. die Dehngrenze δ_s ($R_p = 0,2$) wurde überschritten.

Merke: Es besteht ein Gleichgewicht zwischen der optimalen Überlappungslänge und der Fügeteilverformung im Bereich der Dehngrenze δ_s ($R_p = 0,2$) des Werkstoffs. Diese Streckdehnungsgrenze v darf nicht überschritten werden.

In Abb. *11.14* können wir sehen, daß die optimale Überlappungslänge $l_{ü\,opt.}$ in der Darstellung $l_{ü2}$ erreicht ist, denn hier liegt die übertragbare Zugspannung an der Dehngrenze δ-s ($R_p = 0,2$) des Werkstoffs. Deutlich ist die Zunahme der Spannungsspitzen an den Überlappungsenden erkennbar, steigend von $l_{ü1}$ bis $l_{ü3}$.

Bei $l_{ü3}$ tritt bereits Materialverformung ein, hier ist die Dehngrenze überschritten worden.

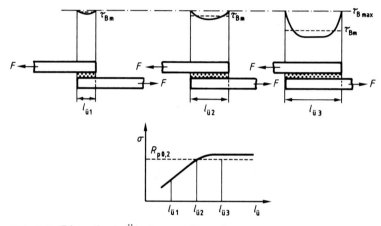

Abb. 11.14. Die optimale Überlappungslänge $l_{ü\,opt.}$.

Im Klebefall $l_{ü1}$ ist die optische Überlappungslänge noch nicht erreicht. Im Klebefall $l_{ü2}$ besteht ein Gleichgewicht zwischen der Überlappungslänge und der Fügeteilverformung, d. h. die Verformung befindet sich im Bereich der Dehngrenze $\sigma = 0,2$ und wird als optische Überlappungslänge bezeichnet.

Im Klebefall $l_{ü3}$ ist die Dehngrenze der Fügeteile überschritten und es kommt bereits zur Verformung des Materials.

In allen drei Fällen sind die Fügeteile über der Klebstoffschicht stoffschlüssig und somit kraftübertragend verbunden. Die angreifende Kraft F führt bei Überdimensionierung der Überlappung der Fügeteile zur Dehnung und zum Bruch, wenn die Festigkeit des Klebstoffes größer als die Dehnspannung der Fügeteile ist.

Durch diese Dehnung entstehen am Überlappungsende die ungewünschten Spannungsspitzen.

11.7 Wichtige Größen zur Festigkeitsbestimmung für den Konstrukteur

Experimente, bzw. Untersuchungen zeigen deutlich die Abhängigkeit der Überlappungslänge $l_ü$ von der Klebefestigkeit (Zugscherfestigkeit τ_B) (Abb. *11.15a* und *11.15b*).

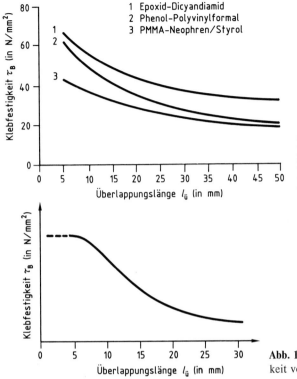

Abb. 11.15a. Abhängigkeit der Klebefestigkeit von der Überlappungslänge bei Klebstoffen unterschiedlichen Verformungsverhaltens.

Abb. 11.15b. Abhängigkeit der Klebefestigkeit von der Überlappungslänge $l_ü$.

In Abb. *11.15a* sind,
1. Einkomponentenklebstoff Epoxid-D Dicyandiamid
2. Phenolharz-Polyvinylformal-Klebstoff
3. Polymethylmethacrylat-Neopren-Styrol-Klebstoff verwendet worden.

Das Diagramm zeigt die Abhängigkeit der Bindefestigkeit-Klebefestigkeit von der Überlappungslänge $l_ü$ bei Klebstoffen mit unterschiedlichem Dehnungsverhalten nach Brockmann.

Eine Klebeverbindung sollte so bemessen sein, daß die Festigkeit der Fügeteile voll genutzt wird. Dies ist der Fall, wenn die vorhandene Zugspannung $\sigma_{s\,vorh.}$ im Klebeverbund-Fügeteil gleich der Streckspannung s ($R_p = 0{,}2$) des Fügeteilwerkstoffs ist. Es ist die Überlappungslänge $l_ü$ zu bestimmen, welche den optimalen erreichbaren Festigkeiten entspricht. Diese bezeichnet man als optimale Überlappungslänge $l_{ü\,opt.}$

Faustregel: In der Praxis beträgt die optimale Überlappungslänge $l_{ü\,opt.}$ bei einschnittig überlappten Fügeverbindungen ca. das 10 bis 15fache der Fügeteildicke s.

In vielen Einzelversuchen wurde festgestellt, daß eine Berechnung der optimalen Überlappungslänge bei **einschnittig überlappten Verbindungen** nach folgender Gleichung möglich ist (Faustregel):
Bei Berechnung auf Zug- und Druckbeanspruchung gilt:

$$l_{ü\,opt} = 0{,}02\,\delta_s\,(s^2 + 1)$$

Hierbei bedeutet δ_s die Streckgrenze des Fügeteilwerkstoffes in N/mm^2 und s die Blechdicke in mm.

Eine genauere Berechnung erfolgt durch:

$$l_{ü\,opt} = \frac{\sigma_s \cdot l_ü}{\sigma_{vorh.}}$$

Merke: Die Streckgrenzfestigkeit wird auch als Streckgrenzspannung $R_p = \sigma_{0,2} = \sigma_s$ bezeichnet.

Die optimale Überlappungslänge errechnet sich über die Streckgrenze des Fügeteils $R_p = \sigma_{0,2} = \sigma_s$ zur vorhandenen Spannung $\sigma_{vorh.}$, durch die übertragbare Last auf die Klebung, multipliziert mit der vorgesehenen Überlappungslänge $l_ü$.
Oder man sagt: Die optimale Überlappungslänge ergibt sich aus dem Verhältnis der dem Fügeteil innewohnenden Streckgrenzfestigkeit R_p, $\sigma_{0,2}$, σ_s zu der im Fügeteil vorhandenen Spannung $\sigma_{vorh.}$.
Festlegung der opt. Überlappungslänge $l_{ü\,opt.}$ aus dem Belastungsmaximum einer Verklebung nach Frey.
Einzelne Versuche mit unterschiedlicher Überlappungslänge $l_ü$ und Fügeteildicke s zeigen, daß bei jeder Fügeteilstärke ein Maximum an Belastung erreicht wird. Bei einer Überlappungslänge bis zu 40 mm steigt die Belastung an und fällt dann wieder ab (*Abb. 11.16*). Jedes Fügeteil einer bestimmten Dicke s besitzt ein spezifisches Belastungsmaximum δ_M bei bestimmter Überlappungslänge $l_ü$. Wird diese Überlappungslänge $l_{ü\,opt.}$ überschritten, so sinkt die Belastung F ab. Die Spannungsspitzen an den Überlappungsenden steigen an und es kommt zum Bruch.
Aus der graphischen Darstellung *(Abb. 11.16)* kann die optimale Überlappungslänge über dem Belastungsmaximum abgelesen werden.
Bei der *schäftigen Verbindung* finden wir bei der Belastungskurve **kein Maximum,** da bei größer werdender Klebefläche (größere Überlappungslänge $l_ü$) ein stetes Ansteigen der Last erfolgt. Die Bruchlast steigt hierbei bis zur Werkstoffestigkeit an. Bei der Erhöhung der Klebefläche tritt eine gleichmäßige Spannungsverteilung ein.
Die **Schäftung** einer Verbindungsart ist bei statischer Belastung allen anderen Verbindungsarten überlegen. Jedoch ist es sehr schwierig bei Blechen eine feine Schäftung herzustellen. Bei dickeren Blechen ist dies möglich.

11.7 Wichtige Größen zur Festigkeitsbestimmung für den Konstrukteur

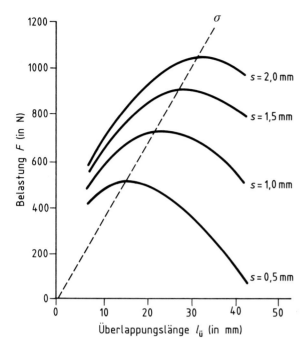

Abb. 11.16. Bestimmung des spezifischen Belastungsmaximums δ eines Fügeteils der Dicke s bei der optimalen Überlappungslänge $l_{ü\,opt.}$

Merke: Die optimale Überlappungslänge $l_{ü\,opt.}$ steht in enger Beziehung

- zum Klebstoff,
- zu den Fügeteilwerkstoff-Eigenschaften,
- zur Fügeteildicke s,
- zur Verbindungsgeometrie.

Die Überlappungslänge $l_ü$ ist bei geklebten Verbindungen die wichtigste Größe für den Konstrukteur zur Bestimmung der wirtschaftlichsten Ausnutzung.

Die Beanspruchungsfähigkeit und Belastbarkeit einer Fügeklebeverbindung nimmt mit größer werdender Überlappungslänge $l_ü$ bis zu einem Maximalwert zu und fällt dann wieder ab.

Es hat also keinen Sinn die Überlappungslänge so groß wie nur möglich zu gestalten, die Festigkeit wird nicht größer, sondern kleiner und die Kosten steigen enorm.

Zweckmäßig ist es, wenn die optimale Überlappungslänge $l_{ü\,opt.}$ durch laboreigene Vorversuche ermittelt wird. Es besteht ein Gleichgewicht zwischen der optimalen Überlappungslänge $l_{ü\,opt.}$ und der Fügeteilverformung im Bereich der Dehngrenze ($R_p = 0{,}2$).

In keinem Falle dürfen die in den technischen Unterlagen angegebenen Bindefestigkeiten τ_B (N/mm²) der Klebstoffe ohne Minderungsfaktor zur Berechnung einer Fügeverbindung herangezogen werden.

11 Klebegerechtes Konstruieren

Berechnungsbeispiel zur Bestimmung der optimalen Überlappungslänge über die Fügeteilfestigkeit-Streckgrenze σ_s ($R_p = 0{,}2$) und der wirklichen Zugspannung σ im Fügeteil.

Gegeben: Fügeteilwerkstoff, Baustahl St 34
Streckgrenze $\sigma_s = 200$ N/mm^2
Fügeteildicke $s = 1{,}0$ mm
Klebfestigkeit $\tau_B = 22$ N/mm^2
Fügeteilbreite $b = 20$ mm

Gesucht: $l_{\text{ü opt.}}$ bei $b = 20$ mm, $l_{\text{ü}} = 10$ mm, $s = 1$ mm

Lösung: Bestimmung der übertragbaren Kraft durch die Klebung:

$$F = \tau_B \cdot l_{\text{ü}} \cdot b = 22 \cdot 10 \cdot 20 = \underline{4400 \text{ N}}$$

Diese Last kann im Fügeteil zur Wirkung kommen und erzeugt eine innere Spannung σ von:

$$\sigma = \frac{F}{b \cdot s} = \frac{4400}{20 \cdot 1} = \underline{220 \text{ N/mm}^2}$$

Die vorhandene Spannung im Fügeteil beträgt $\underline{220 \text{ N/mm}^2}$.

Feststellung: Dieser Wert liegt über dem Wert der Streckspannung σ_s des Fügeteilwerkstoffs. Das Fügeteil befindet sich bereits im plastischen Verformungsbereich. Aus diesem Grunde muß hierfür die optimale Überlappungslänge errechnet werden, damit der Wert unter die Dehngrenze $\sigma = 0{,}2$ fällt. Die Überlappungslänge $l_{\text{ü opt.}}$ berechnet sich aus dem Verhältnis der auf das Fügeteil wirkenden Streckgrenzfestigkeit (Streckgrenzspannung) σ_s zu der im Fügeteil vorhandenen wirklichen Spannung $\sigma_{\text{vorh.}}$.

Lösung:

$$l_{\text{ü opt.}} = \frac{\text{Streckgrenzspannung } \sigma_s \cdot l_{\text{ü}} \text{ (N/mm}^2 \cdot \text{mm)}}{\text{vorh. wirkliche Zugspannung } \sigma \text{ (N/mm}^2)}$$

$$l_{\text{ü opt.}} = \frac{200 \cdot 10}{220} = \underline{9{,}1 \text{ mm}}$$

Die optimale Überlappungslänge beträgt $\underline{9{,}1 \text{ mm}}$.

Gestaltfaktor *f* nach de Bruyne

Eine weitere Möglichkeit zur Festigkeitsbestimmung einer Klebeverbindung mit Hilfe der Überlappungslänge $l_ü$ und der Fügeteildicke s besteht durch den von *de Bruyne* eingeführten Gestaltfaktor *f*.

$$f = \sqrt{\frac{s}{l_ü}}$$

Dieser besagt, daß die Klebefestigkeit einschnittiger Überlappungsverbindungen nur noch von der Blechdicke s (Fügeteildicke) und der Überlappungslänge $l_ü$ abhängt, vorausgesetzt, daß die folgenden Faktoren konstant gehalten werden:

- Klebstoffdicke d
- Schubfestigkeit des Klebstoffes τ_{max}
- Elastizitätsmodul der Fügeteile E_F
- Gleitmodul des Klebstoffes G_{Kl}

Aus dem Gestaltfaktor *f* läßt sich sowohl die Überlappungslänge $l_ü$ bei bekannter Fügeteildicke s und die optimale Fügeteildicke $s_{opt.}$ bei festgelegter Überlappungslänge bestimmen.

Die Vergrößerung der Überlappungslänge $l_ü$ und der Fügeteildicke s dienen dem Abbau der kritischen Spannung an der Fügeteilkante. Der beliebigen Vergrößerung der Überlappungslänge ist jedoch eine Grenze gesetzt, da sich die übertragbare Kraft (Last) nicht unendlich steigern läßt. Hier verringert sich die absolute Klebefestigkeit (*Abb. 11.15*).

Überlappungsverhältnis

Bei einschnittig überlappten Klebstoffverbindungen besteht ein direkter Zusammenhang zwischen der Fügeteildicke s und der Überlappungslänge $l_ü$. Das Überlappungsverhältnis $k_ü$ (ü, Überlappungsfaktor) kann man wie folgt berechnen:

$k_ü$ = Überlappungslänge $l_ü$ / Fügeteildicke s ($l_ü$ und s werden in mm angegeben)

Faustregel: Als Überlappungsverhältnis $k_ü$ ergaben empirische Ermittlungen für

- Kaltklebstoffe das 7 bis 15fache
- Warmklebstoffe das 10 bis 20fache

11 Klebegerechtes Konstruieren

Selbstverständlich läßt sich $l_ü$ hieraus ableiten. Der Einfluß der Klebstoffart auf das Überlappungsverhältnis $k_ü$ ist bei Metallkonstruktionsklebstoffen gering. Mit Hilfe des Überlappungsverhältnisses $k_ü$ können die günstigsten Abmessungen bestimmt werden.

Merke: Die Zugscherfestigkeit nimmt mit steigender Fügeteildicke s zu und mit steigender Überlappungslänge $l_ü$ ab.

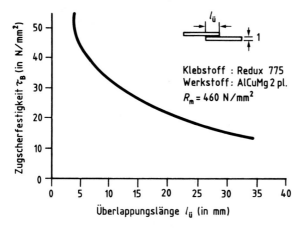

Abb. 11.17. Einfluß der Überlappungslänge $l_ü$ bei konstanter Fügeteildicke s auf die Klebfestigkeit.

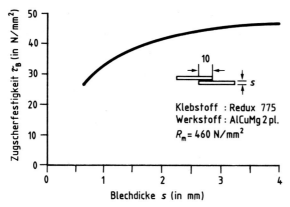

Abb. 11.18. Einfluß der Fügeteildicke s bei konstanter Überlappung $l_ü$ auf die Klebfestigkeit.

11.8 Einfluß der Fügeteildicke auf die Klebefestigkeit und Spannungsverteilung

Mit steigender Fügeteildicke erhöht sich die Fügeteilfestigkeit in bezug auf Dehnung und Biegung bei sonst konstanten Abmessungen. Dies erklärt sich daraus, daß dicke Bleche ($s = 3$ mm) gegenüber Blechen von $s = 1$ mm bei gleicher Belastung geringere Biegung aufweisen. So sind die an den Überlappungsenden hervorgerufenen Spannungsspitzen in der Klebeschicht bei dickeren Fügeteilen niedriger.

Merke: Die Grenzspannung bei einer Klebeverbindung ist bei dicken Fügeteilen geringer als bei dünnen Fügeteilen (*Abb. 11.19*). Das Reaktionsmoment bei einer Biegung ist abhängig von der Fügeteilfestigkeit τ_s und vom Widerstandsmoment W der Fügeteile, $M_{Br} = \tau_s \cdot W$.

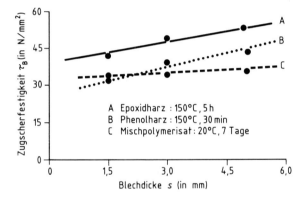

Abb. 11.19. Einfluß der Fügeteildicke s auf die Zugscherfestigkeit τ_B einer Klebung.
Prüfstreifen: Stahl, 100 × 20 mm,
Überlappung: 10 mm,
Vorbehandlung: sandgestrahlt.

11.9 Biegemoment bei Klebeverbindungen

Das Biegemoment M_{Br} ist das Produkt aus Fügeteilfestigkeit τ_s und Widerstandsmoment W. Das Widerstandsmoment eines Bleches erhöht sich mit der Überlappungsbreite b und dem Quadrat der Fügeteildicke s.

$$W = \frac{b \cdot s^2}{6}$$

Bei Zunahme der Fügeteildicke s erhöht sich bei konstanter Beanspruchung das äußere Moment. Bei Verdopplung der Fügeteildicke s verdoppelt sich gleichzeitig das äußere Moment. Hierdurch wird eine Verminderung der die Scherspannungen überlagernden Zugspannungen erreicht (*Abb. 11.20*).

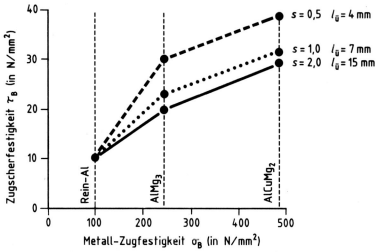

Abb. 11.20. Einfluß der Fügeteilfestigkeit τ_s auf die Zugscherfestigkeit τ_B einer einschnittig überlappten Klebeverbindung.

11.10 Fügeteilfaktor bei unterschiedlichen Verbindungsformen

Der Fügeteilfaktor $f_{\ddot{u}}$ ist definiert als das Verhältnis der Festigkeit der Klebeverbindung zur Festigkeit des Fügeteilwerkstoffs.

$$f_{\ddot{u}} = \frac{\tau_B \, (N)}{\tau_{F\ddot{u}} \, (N)}$$

Merke: Der Fügeteilfaktor ist abhängig von der geometrischen Gestaltung.

11.10 Fügeteilfaktor bei unterschiedlichen Verbindungsformen

Die **konstruktive Gestaltung** ist maßgebend für die Festigkeit der Klebung. Überwiegend wird die Doppellasche verwendet, wobei die Stumpfverbindung am schlechtesten abschneidet. Ist der Fügeteilfaktor über 1, so tritt Materialbruch ein, es kommt zur Überschreitung der R_p-Grenze von 0,2 (*Abb. 11.21*).

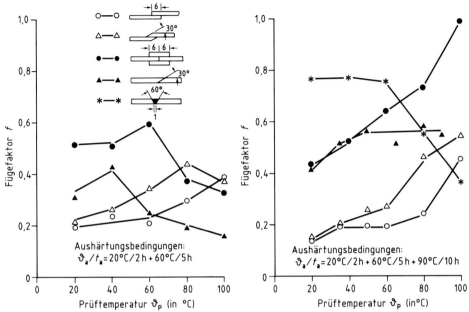

Abb. 11.21. Fügeteilfaktoren unterschiedlicher Verbindungsformen unter Verwendung von Agovit 1900 Polymerisationsklebstoff.
Fügeteilmaterial PMMA, $l_{ü} = 6$ mm, $s = 1$ mm

Klebnutzungsgrad

Der Ausnutzungsfaktor ($F_ü$) oder Klebnutzungsfaktor (δ, κ) gestattet eine weitere Vergleichsmöglichkeit zur Feststellung der Güte einer Klebeverbindung.

Der Klebnutzungsgrad ist das Verhältnis der vorhandenen Zugspannung (im Moment des Klebfugenbruches) zur Streckgrenzspannung $\sigma = 0{,}2$ des Werkstoffes.

$$\kappa, \delta = \frac{\sigma \text{ vorhanden } (\sigma_{Fü})}{\sigma_{0,2} \text{ des Werkstoffs}}$$

Es ist anzustreben, den Wert 1 zu erreichen.

11.11 Einfluß der Probenbreite (Klebbreite) auf die Zugscherfestigkeit einer Klebung bei gleicher Überlappungslänge

Die Bruchlast F einer Klebeverbindung wächst ungefähr proportional mit der Überlappungsbreite b. Hierbei sollte b größer als 20 mm sein. Dies ist deutlich aus *Abb. 11.22* ersichtlich. Die Zugscherfestigkeit τ_{Bm} liegt bei den verschiedenen Probenbreiten auf einer Ebene, wobei die Bruchlast F_{Bm} eine Gerade ist.

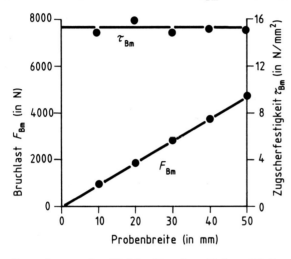

Abb. 11.22. Einfluß der Klebebreite (Probenbreite) auf die Zugscherfestigkeit τ_B einer Klebung bei gleicher Überlappungslänge $l_ü$.
Prüfstreifen:
PP, hellgrau 6 mm dick
Überlappung: 6 mm
Vorbehandlung: chemisch gebeizt
Klebstoff:
Epoxidharz/Polyamidhärter
Mischungsverhältnis:
60/40 Massenanteile
Aushärtung: 90 °C, 6 Stunden
Konditionierung auf Raumklima

Berechnung der Klebbreite einer Naben-Wellenverbindung (Nabenbreite B)

Beispiel:

Gegeben: Übertragbares Torsionsmoment $M_t = 600$ Nm
Wellendurchmesser $D = 30$ mm
Torsionsscherfestigkeit $\tau_T = \tau_B = 20$ N/mm²
Die Berechnung erfolgt über das Drehmoment M_t.

$$M_t = F \cdot r = F \cdot D/2 = \tau_T \cdot \frac{\pi \cdot D^2 \cdot B}{2 \cdot 1000} = \frac{\tau_T \cdot \pi \cdot D^2 \cdot B}{2 \cdot 1000}$$

Für die **Klebverbindungsfestigkeit** gilt:

$$\tau_B = \tau_T = \frac{F\,(N)}{A\,(mm^2)}$$

11.11 Einfluß der Probenbreite (Klebbreite) auf die Zugscherfestigkeit

Gesucht ist die Nabenbreite B:

$$B = \frac{2 \cdot M_t \cdot 1000}{\tau_T \cdot D^2 \cdot \pi} \quad B = \frac{2 \cdot 600 \cdot 1000}{20 \cdot 30^2 \cdot 3{,}14} = \underline{21{,}2 \text{ mm}}$$

Die Nabenbreite beträgt 21,2 mm.

Das Verhältnis Klebebreite B zu Durchmesser D der Welle soll nicht kleiner als 0,5 und nicht größer als 2 sein. In unserem Rechenbeispiel ist das Verhältnis 21,2/30 = 0,71. Das Verhältnis liegt noch in einem vernünftigen Rahmen.

Nabengeometrien in Abhängigkeit von der Torsionsfestigkeit

Durch Nabengeometrien, die in *Abb. 11.23* gezeigt werden, lassen sich Spannungsspitzen abbauen und somit die Torsionsfestigkeit erhöhen. Bei Probe 1 haben wir die größten Spannungsspitzen, bei Probe 2 finden wir etwas verminderte Spannungsspitzen und bei Probe 3 zeigt sich deutlich eine Glättung des Schubspannungsverlaufs. Bei den hier gewählten Beispielen beträgt die Torsionsfestigkeitssteigerung bei Probe 3 gegenüber der konventionellen Konstruktion bei Probe 1 ca. 40 %. Die Prüfungen bestätigten dies und es ist zu erwarten, daß bei dynamischer Belastung die positiven Eigenschaften der spannungsmäßig günstigsten Naben-Wellenverbindung noch deutlicher werden (Untersuchungen von **Muschard** 1980).

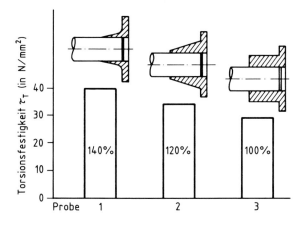

Abb. 11.23. Torsionsfestigkeit τ_T geklebter Naben-Wellenverbindungen (Epoxidharz EP1) mit unterschiedlichen Nabengeometrien.
Gleitmodul Klebstoff G_K = 1000 N/mm²
Gleitmodul Welle G_W = 80200 N/mm² (Cr-Ni-Stahl)
Gleitmodul Nabe G_N = 80200 N/mm² (Cr-Ni-Stahl)
Klebstoff D EP1 (Ciba-Geigy)
Rauhtiefe 6 µm
Nabenbreite B = 40 mm ($l_ü$)
Wellenradius W_r = 20 mm
Klebschichtdicke d = 60 µm

11.12 Einfluß der Klebschichtdicke auf die Zugscherfestigkeit bei Klebstoffen mit unterschiedlichem Verformungsverhalten

Bei einer einfach überlappten Fügeverbindung geht die Klebstoffdicke d direkt in das Biegemoment M_b ein. Daraus folgt, daß die Fügeteil-Klebefestigkeit τ_B mit zunehmender Klebstoffdicke d abnimmt. Die Grenzschichtfestigkeit wird durch die vom Fügeteil ausgehende Verformungsverhinderung der Klebstoffschicht mitbestimmt und die festigkeitsbestimmende Funktion im Fügeverbund wird durch die Kohäsionsfestigkeit der Klebstoffschicht d bestimmt (s. *Abb. 11.24*).

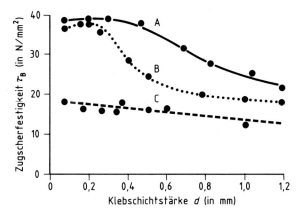

Abb. 11.24. Einfluß der Klebschichtdicke d auf die Zugscherfestigkeit einer Klebung bei Klebstoffen mit unterschiedlichem Verformungsverhalten.
Prüfstreifen: AlCuMg 2 pl, 100 × 20 × 1,5 mm
Überlappung: 15 mm ($l_ü$)
A. Mischpolymerisat: 20 °C, 48 Stunden Härtung
B. Epoxidharzbasis: 150 °C, 15 Stunden Härtung
C. Epoxidharzbasis: 20 °C, 7 Tage Härtung

Merke: Bei geringer Klebstoffestigkeit ist der Einfluß nicht so stark wie bei hochfesten Klebstoffen.

Als günstige Schichtdicke d des Klebstoffs hat sich für die Praxis ein Bereich von 0,01 mm bis 0,2 mm bewährt. Dies ist natürlich stark abhängig vom eingesetzten Klebstofftyp.

Dickere Klebstoffschichten ergeben größere Biegemomente M_b.

Beispiel: Biegemomente einer einfach überlappten Verbindung mit einer Klebstoffdicke $d_1 = 0,1$ mm und $d_2 = 0,4$ mm unter Belastung $F = 650$ N, einer Fügeteildicke $s = 2$ mm.

Beispiel A

$$M_b = F \frac{s + d_1}{2} = 650 \, \frac{2 + 0,1}{2} = 682,5 \text{ Nmm} = \underline{0,6825 \text{ Nm}}$$

Beispiel B

$$M_b = F\frac{s + d_2}{2} = 650\,\frac{2 + 0{,}4}{2} = 780 \text{ Nmm} = \underline{0{,}78 \text{ Nm}}$$

Zusammenstellung verschiedener Abminderungsfaktoren zur Festigkeitsberechnung von Klebverbindungen

Zur Berechnung von geklebten Nabenwellenverbindungen bedient man sich der in *Tabelle 11.2* aufgeführten Abminderungsfaktoren.

Tabelle 11.2 Berechnungsfaktoren für geklebte Nabenwellenverbindungen.

Einflußgröße	Abminderungsfaktor
Werkstoffe	f_1
Niedriglegierte Stähle	1.0
Hochlegierte Cr-Ni-Stähle	0.8
Aluminium-Legierungen	0.7
Kupfer-Legierungen	0.5
Grauguß	0.4
Kunststoffe	0.3–0.1
Klebstoffdicke in µm	f_2
< 50 µm	1.0
50 µm .... 100 µm	0.8
100 µm .... 150 µm	0.6
150 µm .... 200 µm	0.3
Rauhtiefe R_z in µm	f_3
Bei Angaben von τ_T Torsionsfestigkeit	
< 40 µm	1.0
> 40 µm – 100 µm	1.0–0.7
> 100 µm – 150 µm	0.7–0.4
Bei Angaben von τ_D Druckscherfestigkeit	
5 µm .... 10 µm	0.8
10 µm .... 20 µm	0.6
20 µm .... 30 µm	0.5
30 µm .... 40 µm	0.45
> 50 µm	0.35–0.1

Tabelle 11.2 Berechnungsfaktoren für geklebte Nabenwellenverbindungen (Fortsetzung).

Einflußgröße	Abminderungsfaktor
Fügefläche A	f_4
200 mm²	1.0
200 .... 1000 mm²	0.9
1000 .... 5000 mm²	0.8
5000 .... 10000 mm²	0.7
10000 .... 50000 mm²	0.55
Belastungsart	f_5
Statische Belastung	1.0
schwellende Belastung	0.7
dynamische, wechselnde Belastung	0.5-0.3
dynamische, ungleichmäßige, stoßartige Wechselbelastung	0.2-0.05
Belastungsrichtung	f_6
Unter Angabe von τ_T bei radialer Belastung	1.0
Bei Angaben von τ_D s. Tabelle unter f_3	
Temperaturbelastung	f_7
Für Klebstoffe bis 120 °C	
20 °C ...... 50 °C	1.0
50 °C ...... 100 °C	0.4
> 100 °C	0.1-0.0
Für Klebstoffe bis 200 °C	
20 °C ..... 50 °C	1.0
50 °C ..... 100 °C	0.85
100 °C ..... 150 °C	0.7
150 °C ..... 200 °C	0.3
Aushärtungsart des Klebstoffs	f_8
Warmhärtung 60 °C .. 100 °C	1.0
Raumtemperatur 20 °C .. 30 °C	0.8
Aktivatoreinsatz	0.5

11.13 Berechnung dynamisch beanspruchter Klebeverbindungen

Für die Berechnung dynamisch beanspruchter Klebeverbindungen sind die folgenden Punkte zu berücksichtigen:

- Für die vorgesehene Klebeverbindung werden aus *Tabelle 11.1* die dazugehörigen Berechnungssätze für den statischen Belastungsfall entnommen;
- die vorhandene Festigkeit von Klebstoff und Fügeteilwerkstoff τ_{kl} und $\sigma_{0,2}$ werden durch die entsprechende Zeit bzw. Dauerfestigkeit ersetzt;
- die Klebfestigkeit wird mit diesen Werten berechnet. Reicht die Festigkeit nicht aus, so kann durch Vergrößerung der Fügeflächen die gewünschte Festigkeit erreicht werden. (s. Dauerfestigkeit nach WÖHLER-Kurve Abschn. 11.14)

11.14 Dauerfestigkeit

Klebeverbindungen besitzen eine technische Dauerfestigkeit. Diese beträgt bei dauernder dynamischer Belastung 13 bis 17 % des Wertes der Bruch/Zugscherfestigkeit.

$$\tau_{dyn} = \tau_B \cdot f_{dyn} = \tau_B \cdot (0{,}13 \text{ bis } 0{,}17)$$

Merke: E_{dyn} ist abhängig vom Klebstofftyp.

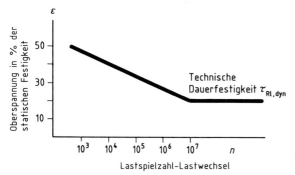

Abb. 11.25. Wöhler-Kurve nach DIN 53285.

11.15 Berechnung der Gleitpassung mit Keil und Klebstoff

Wie bei den Gleitpassungen hat auch bei der Gleitpassung mit Keil der Einsatz von aneroben Klebstoffen Vorteile. Doch empfiehlt es sich, die Festigkeit der Verbindung zu berechnen, da bei normaler Betriebslast der Verbindungsteile sogar auf den Keil verzichtet werden kann.

Rechenbeispiel: Auf eine Stahlwelle CK 60 soll ein Zahnrad aus CK 60 befestigt werden.

Produkt: anaerober Klebstoff mittelfest $\tau_{kl} = 21$ N/mm²
Durchmesser der Welle $d = 20$ mm
Fügespiel max 3/100 mm
Klebstoffüberdeckungsbreite $l_ü$ (b) $= 20$ mm
Oberflächenrauheit N6
Betriebslast dynamisch
Einsatztemperaturbereich bis 50 °C

Gesucht: Die Ausdruckkraft r_T, das übertragbare Betriebslastmoment M_t und die Torsionsfestigkeit

Faktoren zur Berechnung:
Material   0,75
Fügespiel   1,0
Oberflächenrauheit   0,8
Belastung dyn.   0,17
Temperatur   1,0
Gesamtfaktor
$f_{ges.}$: $0{,}75 \cdot 1{,}0 \cdot 0{,}8 \cdot 0{,}17 \cdot 1{,}0 = \underline{0{,}102}$

Berechnung der *Ausdruckkraft* der Verbindung:

$F_D = d \cdot \pi \cdot l_ü \cdot \tau_{Kl} \cdot f_{ges}$
$F_D = 20 \cdot 3{,}14 \cdot 20 \cdot 21 \cdot 0{,}102 = 2690{,}352$ N

Die Ausdruckkraft der Klebverbindung beträgt $\underline{2690{,}352 \text{ N}}$.

Berechnung des *übertragbaren Betriebsmoments* M_t der Verbindung:

$$M_t = \tau_{Kl} \cdot \frac{l_{ü} \cdot d^2 \cdot f_{ges.}}{2}$$

$$M_t = 21 \, \frac{3{,}14 \cdot 20 \cdot 400 \cdot 0{,}102}{2} = \underline{26903{,}52 \text{ Nmm}}$$

Das übertragbare Betriebsmoment M_t oder M_B beträgt $\underline{26{,}903 \text{ Nm}}$.

Berechnung der *Torsionsfestigkeit* τ_T in N/mm²:

$$M_t = \tau_T \cdot \frac{D^2 \cdot B}{2 \cdot 1000} \quad \text{(Umrechnungsfaktor Nm/Nmm)}$$

Hieraus errechnet sich durch Umstellen der Formel τ_T.

$$\tau_T = \frac{M_T \cdot 2 \cdot 1000}{\pi \cdot d^2 \cdot l_{ü}}$$

$$\tau_T = \frac{26{,}903 \cdot 2 \cdot 1000}{3{,}14 \cdot 400 \cdot 20}$$

$$\tau_T = \underline{2{,}14 \text{ N/mm}^2}.$$

11.16 Berechnung der Überdeckungslängen (Überlappungslängen) bei Flanschklebeverbindungen

Beispiel: In einen GG-Flansch soll eine Stahlwelle eingeklebt werden. Die gesamte Druckscherbelastung liegt bei 35 000 N. Welche Überdeckungslänge $l_ü$ muß gewählt werden, damit diese Kraft übertragen werden kann.

Konstruktion: Welle $d = 18$ mm, Spiel 3 bis 5/100 mm, Oberflächengüte N 8, Dauertemperaturbelastung 55 °C. Die Belastung ist leicht schwellend. Kleberfestigkeit $\tau_{Kl} = 36{,}5$ N/mm²

Faktoren zur Berechnung:

Material GG	0,6
Oberfläche N 8	1,0
Temperaturbelastung	1,0
Spiel 3 bis 5/100 mm	1,0
Zeitstandfestigkeit	0,7
Gesamtfaktor $f_{ges.}$	0,42

Dies ergibt eine effektive Festigkeit des Klebstoffs von:

$$\tau_{Kl\ eff.} = \tau_{Kl} \cdot f_{ges} = 36{,}5 \times 0{,}42 = \underline{15{,}33\ \text{N/mm}^2}$$

Berechnung:

Für die Übertragung der Gesamtkraft ist eine Fläche A notwendig von:

$$A = \frac{\tau_D}{\tau_{Kl\ eff.}} = \frac{35000}{15{,}33} = 2280\ \text{mm}^2$$

$$\text{Überdeckungslänge}\ l_{ü} = \frac{A}{d \cdot \pi} = \frac{2280}{18 \cdot 3{,}14} = \underline{40{,}33\ \text{mm}}.$$

Für die Übertragung der Druckscherbelastung von 35 000 N ist bei einem Durchmesser von 18 mm eine Überdeckung $l_ü$ von 40,33 mm notwendig. (Berechnung der Nabenbreite B einer Klebverbindung Nabe/Welle s. *Abb. 11.22* S. 208).

12 Fehlverklebungen

Ursachen sind:

- Klebstoffbedingt,
- verfahrensbedingt,
- konstruktionsbedingt,
- materialbedingt,
- emotionsbedingt,
- unvorhersehbar.

Klebstoffbedingte Ursachen:

- Überlagerung,
- Lösungsmittelverlust,
- Frostschäden,
- Phasentrennung,
- Sedimentierung.
- Verwechslung von Klebstoff

Überwachung des Klebstoffs:

- Eingangsprüfung,
- Zentrale Lagerung,
- Überwachung der Eingangsdaten,
- Optimieren der Lagerbedingungen,
- Überwachen der Temperaturangleichung (Lager – Verarbeitungstemperatur),
- Verhinderung der Feuchtigkeitsaufnahme,
- Probeklebungen durchführen,
- Vorbehandlung durchführen und überwachen,
- Überprüfung der Klebstoffschichtstärke,
- Überwachung des Aushärteprozesses,
- Zerstörungsfreie Prüfungen durchführen,
- Durchführen von Maß- und Gewichtskontrollen,
- Freigabe des Klebstoffs mit Kontrollblatt und Angabe des Versuchsvorgangs,
- Wenn angezeigt, neue Versuche durchführen!

Verfahrensbedingte Ursachen:

- Nichteinhaltung von Mischverhältnis, Aushärtetemperatur und Aushärtungszeit, Topfzeit/Verarbeitungszeit, Ablüftzeit, Anpreßdruck Klebstoffauftrag.

Kontruktionsbedingte Ursachen:

- Fehler, welche bei der konstruktiven Gestaltung und Berechnung zu suchen sind.

Welches sind die häufigsten Fehler?

- Nichtberücksichtigung der statischen, dynamischen, thermischen oder chemischen Belastungen,
- Schälbelastung,
- Aufbau von Spannungsspitzen,
- Unkenntnisse über die Beschaffenheit von Material und Klebstoff,
- Ungeeignete Konstruktion,
- Fügeteilfaktor,
- Oberflächenfaktor,
- Alterungsfaktor,
- Klebstoffaktor.

Materialbedingte Ursachen:

- Fehler, welche direkt auf die verklebten Teile zurückzuführen sind. Hierzu zählen auch die Alterungsschäden.

Welche sind bekannt?

- Lunkereinschlüsse,
- Feuchtigkeitseinschlüsse,
- Gefügeveränderungen,
- Niederenergetische Oberflächen bei Kunststoffen.

Emotionsbedingte Fehler

- Diese Fehler sind rein menschlicher Natur und unterliegen der physischen Verfassung der Menschen.
- Empfehlung: Bei schlechter physischer Verfassung sollte die Arbeit einem anderen Mitarbeiter übertragen werden.

Unvorhersehbare Ursachen

- Hierzu zählen die Klimaänderungen,
- Temperaturschwankungen,
- Luftfeuchtigkeitsveränderungen.

13 Handhabung von Klebstoffen – Hinweise zur Arbeitssicherheit

Klebstoffe sind Chemikalien, deren unsachgemäße Handhabung nicht ohne Risiko ist. Bekannte Risiken sind aber vermeidbar. Werden die hier wiedergegebenen Vorschriften beachtet, so ist die Verarbeitung der Klebstoffe gefahrlos und nicht gesundheitsschädigend.

Lagerung:
Gebinde stets *gut verschlossen,* übersichtlich, trocken und nicht in der Nähe von Wärmequellen lagern.

Inhalt *nicht* verschütten. Versehentlich verschüttetes Material sofort – mit Sand, Sägemehl, Papiertüchern usw. – entfernen.
Danach verschmutzte Stellen sauber waschen.
Nie unsorgfältig arbeiten.

224   13   Handhabung von Klebstoffen – Hinweise zur Arbeitssicherheit

Persönlicher Schutz:

Vor der Arbeit: Immer zuerst feststellen, wo sich das nächste Waschbecken mit fließendem Wasser und wo sich der nächste Feuerlöscher befindet.

Den Arbeitsplatz immer zuerst mit sauberem Papier abdecken.

Durch Sauberkeit mehr Sicherheit!

Stets Arbeitskleidung, Schutzhandschuhe und Schutzbrille tragen. Hautschutzcreme verwenden.

Während der Arbeit:

In jedem Fall Hautkontakt mit allen zu verarbeitenden Materialien vermeiden.
Gegebenenfalls sofort mit warmem Wasser und Seife waschen.

In jedem Fall verunreinigte Arbeitskleider sofort wechseln.

Vor und *nach* der Arbeit Hände und Arme sorgfältig mit warmem Wasser und Seife waschen, Hautschutzcreme verwenden.

Keinenfalls

Harze und *Härter* auf Haut und Kleider einwirken oder gar aushärten lassen.

Verboten sind

Essen, Trinken und Rauchen, sowie die Lagerung von Nahrungsmitteln im Arbeitsraum oder Klebstofflager.

**So ist es richtig.
Aber vorher:
Hände waschen!**

Nach der Arbeit:

Verunreinigte Arbeitskleider immer an den Waschservice übergeben! Verunreinigte Gegenstände stets in verschließbare Abfallbehälter werfen.

Arbeitsgeräte *immer* sorgfältig mit geeigneten Lösungsmitteln reinigen. Wegwerftücher benutzen.

Arbeitsplatz und Werkzeuge stets sauber hinterlassen.

Arbeitskleider *nie* herumliegen lassen und *nie* mit den Straßenkleidern in Berührung bringen!

Haut *niemals* mit Lösungsmitteln reinigen!

Arbeitshygiene

Absaugvorrichtungen *immer* einschalten.

Leere Behälter und Abfälle *stets* sofort in die Abfallbehälter werfen.

Niemals Dämpfe einatmen.

Niemals unordentlich und unsauber arbeiten.

In der dafür vorgesehenen Klebewerkstatt **nie** Fremdarbeiten zulassen.

13 Handhabung von Klebstoffen – Hinweise zur Arbeitssicherheit

Brandgefahr

Lösungsmittel und Lösungsmitteldämpfe sind feuergefährlich oder explosionsgefährlich.

Deshalb: Offene Flammen und Funkenbildung *vermeiden*.
Elektrische Heizgeräte sind *abzuschalten*.

Arbeitsgeräte
Niemals ungeeignete, defekte, oder selbst reparierte Mischgeräte verwenden.

Wenn vorhanden, *stets* mit einem hierfür geeigneten, mechanischen Mischer arbeiten.

Geräte nach dem Gebrauch *unverzüglich* mit den vorgeschriebenen Reinigungsmitteln reinigen.

13 *Handhabung von Klebstoffen – Hinweise zur Arbeitssicherheit*

Falls eine Aushärtung der Klebstoffe erhöhte Temperaturen erfordert, ist zum Schutz vor Dämpfen immer im Luftumwälzofen mit einem Abzug zu härten.

Nie in nicht dafür bestimmten Öfen härten.
Es ist verboten Nahrungsmittel in diesen Öfen warmzustellen!

13 Handhabung von Klebstoffen – Hinweise zur Arbeitssicherheit

Bearbeitung von ausgehärteten Klebstoffen.
Absaugvorrichtung stets in Richtung
– *weg vom Körper* – installieren!

Sich *nie* dem Schleifstaub aussetzen.
Nie ohne Schutzanzug, Schutzbrille, Filter- oder Staubmaske schleifen.

Zusammenfassung:
Nie Klebstoffe mit der Haut, Schleimhaut, Augen oder Kleidern in Berührung bringen. Wenn diese einfachen Vorschriften eingehalten werden, sollte keine gesundheitliche Schädigung auftreten.

Sauberkeit ist erstes Gebot!
In diesem Kapitel sind die wichtigsten Vorschriften zusammengefaßt, die beim Verarbeiten von Klebstoffen und Hilfsstoffen zu beachten sind.
Der Sicherheitsdienst Ihres Betriebes sollte sich vergewissern, daß allen Mitarbeitern, die mit Klebstoffen und den Hilfsmitteln umgehen, diese Vorschriften bekannt sind.
(Die arbeitshygienischen Hinweise zur Verarbeitung von Kunststoffprodukten und Karikaturen in diesem Kapitel wurden freundlicherweise von der Ciba-Geigy AG zur Verfügung gestellt. Sie sind unter Publ.Nr. 24264/d im Stammhaus in Basel zu beziehen.)

14 Zusammenfassung und Zukunftsaussichten

Die moderne Klebe- und Fügetechnik hat bereits in vielen Industriezweigen Einzug gehalten. Die Klebetechnik ist einfach, schnell, rationell und kostengünstig. Die gesamte Entwicklung ist noch lange nicht abgeschlossen, wir stehen mitten in einem neuen Zeitalter der Füge- und Verbundtechnik mit Klebstoffen. Dies gilt besonders für die metall- und kunststoffverarbeitende Industrie. Auch zeichnen sich bereits Trends ab, die moderne Fügetechnik mit Klebstoffen in der Elektronikindustrie und in der optischen Informationsübermittlung einzusetzen. Eine neue Anwendung ist in der Löttechnik und in der SMD-Technik zu finden. In den USA, in Japan und Europa werden Klebstoffe bereits in die Leiterplattenbestückung mit einbezogen. Dem Einsatz von UV- und strahlenhärtenden Klebstoffen wird eine große Zukunft vorausgesagt, der Bedarf soll bis 1989 auf 700 bis 800 t angewachsen sein. Dies würde eine jährliche Zuwachsrate von 20% bedeuten.

Auf dem europäischen und amerikanischen Markt wird sich diese Tatsache folgendermaßen auf die Klebstoffindustrie auswirken:

1. Bildung einer konzentrierten Forschungsindustrie bei den Kleb- und Dichtstoffen.
2. Gesteigerte Einsatzmöglichkeiten der Kleb- und Dichtstoffe in allen Industriezweigen.
3. Beginn eines neuen Zeitalters in der Fügetechnik durch Kleb- und Dichtstoffe für Konstrukteure.
4. Verbesserung der Klebstoffe für anwendungsfreundliche Verarbeitung, zunehmende Verwendung schnellaushärtender Klebstoffe. Bei den Dichtstoffen werden in Zukunft nur noch die Polyurethane und Silikone eine Rolle spielen.
5. Die staatliche Ausbildung im Bereich der Klebe- und Dichttechnik wird eine neue Berufsgruppe schaffen, den Klebstofftechniker oder Klebstoffmechaniker. Diese Ausbildung wird sich auf die Berufsschulen, Fachschulen und Technikerschulen bis hin zu den Ingenieurschulen erstrecken.
6. Eine intensivere Grundlagenforschung, sowohl in der Klebstoffindustrie als auch an den Lehranstalten, wird notwendig sein.
7. Neue Klebstoffe finden immer mehr Einzug in die Hochtechnologie.

Die Klebetechnik und deren sinnvolle Anwendung in der Industrie und in Lehranstalten wurde bisher sehr stiefmütterlich behandelt. Den Grundlagen, der Theorie und der Praxis wurde zu wenig Beachtung geschenkt; es besteht daher ein Informationsdefizit auf diesem Fachgebiet.

Der Industrie fehlt es heute an erfahrenen Klebstoffachleuten und Klebstoffmechanikern, die gute Kenntnisse auf dem Gebiet der Klebetechnik besitzen. Es ist wünschenswert, daß bereits in den Berufsschulen, Berufsfach- und Hochschulen die Klebetechnik als Lehrfach aufgenommen wird. An den Hochschulen in München, Aachen, Dortmund und Paderborn wird bereits diese Technik gelehrt und erforscht, an der Universität Bordeaux kann man bereits in diesem Fach promovieren.

Für den Verbraucher ist eine deutliche Produkttransparenz und fachliche Information der Klebstoffindustrie notwendig. Es besteht die Forderung nach konkreten technischen Leistungsdaten in den Produktunterlagen, mit denen der Konstrukteur und der Klebstoffverbraucher arbeiten können.

Zusammenfassend kann man feststellen, daß die Klebetechnik zu einem der interessantesten und wichtigsten Fügeverfahren unserer Zeit emporsteigt und daß wir in den 90er Jahren mit neuen Klebetechnologien und einer Flut von neuen Klebstoffen rechnen können. Den Kleb- und Dichtstoffen wird hiermit ein fester nicht mehr wegzudenkender Platz in der Fertigungsindustrie eingeräumt. Werbung ist notwendig, doch Bildung und Erziehung sind Pflicht.

Anhang A

Produktspezifische Parameter: Abbildungen und Tabellen

234 Anhang A: Produktspezifische Parameter

A1 Aushärtung eines Lösungsmittelklebstoffs an PMMA

Die Haftungsfestigkeit ist eine Funktion des Anpreßdrucks und der Zeit.

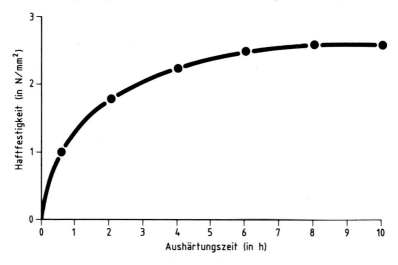

A2 Einteilung der Klebeverbindungen

A 2 Einteilung der Klebeverbindungen VDI/VDE 2251 Blatt 5

Verbindungs-gruppe	Anwendung	Mögliche Werkstoffkombinationen der Verbindungspartner und bevorzugte Klebmittelarten									
		Trägerwerkstoffe	Belegstoffe bzw. Folien								
			Papier und ähnl.	Thermo-plast	Holz (Furn.)	Gummi	Glas, Kera-mik	Textil-gewebe, Leder	Filz	Metall	
Belag-klebung	Erzielung bestimmter Oberflächeneigen-schaften auf starren Trägern (meist ebenen Platten)	Holz	H, F	H, K	K, F, V	K	K, F, V	K	H, K	K, V	
		Metall	H, K	K, V	K, V	K, V	K, V	K, F	K, F	K, V	
		Duroplast	H, K	H, K	K, V	K, V	K, V	K, F	K, F	K, V	
		Thermoplast	H, K	H, K, L	K	K	K	K	K	K	
		Glas	H, K, F	H, K	K, F	K	K, V	K, F	K, F	V	
Belag-klebung	Erzielung bestimmter Oberflächeneigen-schaften auf flexiblen Trägern (Folien)	Papier und ähnl.	H, F	H, K, F	K, F	H	H	H, K	K	H, K	
		Metall	H, K	K, V	K, V	K	K, V	K, F	K	K, V	
		Thermoplast	H, K, F	H, K, L	K	K	K	K	K	K, V	
		Gummi	H	K	K	K, V	K	K	K	K	
		Textilgewebe	H, K	K	K, F	K	K, F	K, F, V	K, F	K	
			Holz	Duro-plast	Thermo-plast	Gummi		Textil-gewebe, Leder		Metall	
Schicht-klebung	Erzielung geringer Gewichte bei hoher Steifigkeit, Verzugs-festigkeit, hoher Belastbarkeit, guten Federeigenschaften	Werkstoff der Verbindungspartner	Holz					Gummi		Metall	
		Holz	H, K, F, V								
		Duroplast		K, V	K	K		H, K		V	
		Thermoplast		K, V	K	K		K, V		K, V	
		Gummi			K, L			K		K	
		Metall						K, V		K, V	
										V	

A 2 Einteilung der Klebeverbindungen VDI/VDE 2251 Blatt 5 (Fortsetzung)

Verbindungsgruppe	Anwendung	Mögliche Werkstoffkombinationen der Verbindungspartner und bevorzugte Klebmittelarten									
		Trägerwerkstoffe					Belegstoffe bzw. Folien				
		Werkstoff der Verbindungspartner	Papier und ähnl.	Thermoplast	Holz (Furn.)	Duroplast	Gummi	Thermoplast	Glas, Keramik	Textilgewebe, Leder	Metall	Filz	Metall Textilgewebe, Leder
Klebung beliebig geformter Teile	Raumsparende Verbindungen mit gleichmäßiger Verteilung mechanischer Spannungen über die Klebfläche mit Sondereigenschaften, wie Spanbarkeit, elektrische Isolation u. a.	Papier und ähnl.	H, K, F	K, F	K, F, V	H, K, F	H, K		H, K	H, K	K		
		Holz			K, F, V	K, V	K	K, V	K, V	K, V	K, F		
		Duroplast				K, F, V	K, F	K, V	K	K, V	K, F		
		Thermoplast					K, L		K	V	K, V		
		Glas, Keramik							K, F, V		K, F		
		Metall											
		Textilgewebe, Leder											

H Haftkleber, K Kontaktkleber, F Festkleber ohne Vernetzung, V Festkleber mit Vernetzung, L Lösungsmittel und angedickte Lösungsmittel

A 3 Bindefestigkeit eines Lösungsmittelklebstoffs in Abhängigkeit von der Aushärtungszeit

Klebstoff: Tangit, Material: hart-PVC, Aushärtetemperatur 20 °C.

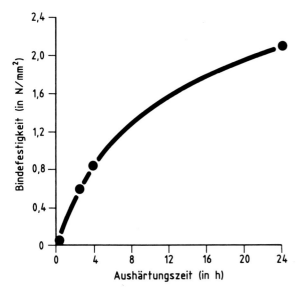

A 4 Offene Zeit eines Lösungsmittelklebstoffs in Abhängigkeit von der Schichtdicke

Klebstoff: Tangit, Material: hart-PVC, Verarbeitungstemperatur 25 °C.

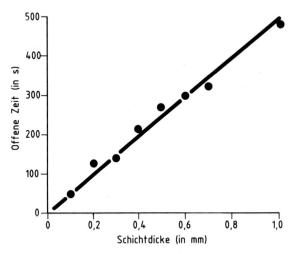

A 5 Druckscherfestigkeit in Abhängigkeit von der Zeit und der Spaltbreite

Klebstoff: Tangit, Material: hart-PVC, Aushärtungstemperatur: 20 °C, Spaltbreite A = 0,2 mm, B = 0,6 mm, C = 0,8 mm.

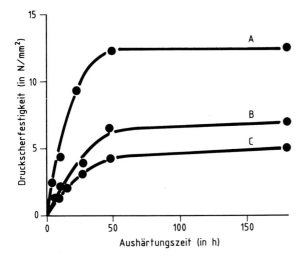

A 6 Beispiel des Verklebungsablaufes eines Hotmelt-Klebstoffs

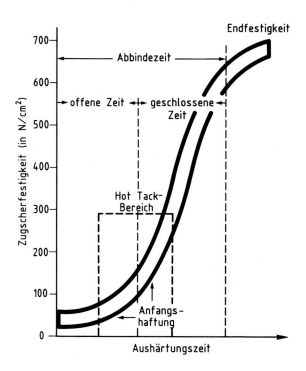

Offene Zeit: Sie ist abhängig von der Außentemperatur, Temperatur des Substrats, Wärmeleitfähigkeit des Substrats, Raumtemperatur, Luftbewegung an der Arbeitsstelle, Maschinenerwärmung und der Oberflächenklebrigkeit des Klebstoffs.

Geschlossene Zeit: Sie ist abhängig von der Verarbeitungstemperatur, der Auftragsstärke, dem Andruck und der Temperatur des Füllguts.

Hot Tack (Benetzungsbereich): Er ist abhängig von der Kohäsion im Schmelzbereich, der Adhäsion zum Packstoff, der Temperatur in der Klebfuge und der Schicht.

Viskosität: Die Abhängigkeit der Viskosität von der Temperatur ist bei Schmelzklebstoffen besonders stark ausgeprägt, so daß die Arbeitstemperatur in gewissen Grenzen als Regulativ für die Verarbeitungsviskosität benutzt werden kann.
   Bei fest eingestellten Auftragssystemen dient sie deshalb auch als Regulativ für die Auftragsstärke.

A 7 Epoxidklebstoff, verschiedene Parameter

Aushärtung von Epoxidklebstoffen bei Raumtemperatur
Klebstoff: Epoxidharz, Klebstofftyp: *Metallon FL,* Werkstoff: AlCuMg 2 (100 x 25 x 1,5 mm), Vorbehandlung: Pickling-Prozeß.

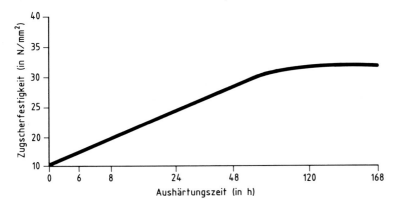

Aushärtung von Epoxidklebstoffen bei erhöhter Temperatur
Klebstoff: Epoxidharz, Klebstofftyp: *Metallon FL,* Werkstoff: AlCuMg 2 (100 x 25 x 1,5 mm), Vorbehandlung: entfettet, geätzt.

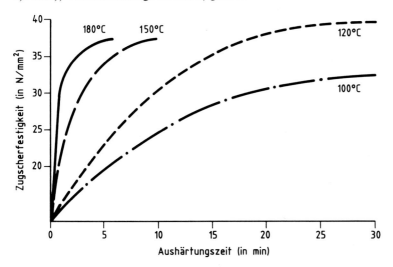

Zugscherfestigkeit von Epoxidklebstoffen bei unterschiedlicher Temperatur
Klebstoff: Epoxidharz, Prüfkörper: Nach DIN.

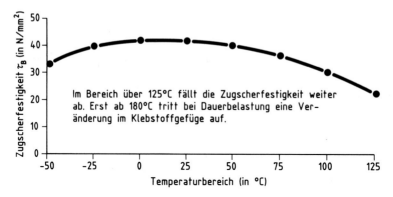

Zugscherfestigkeit in Abhängigkeit von der Zeit und Temperatur
Klebstoff: Epoxidharz.

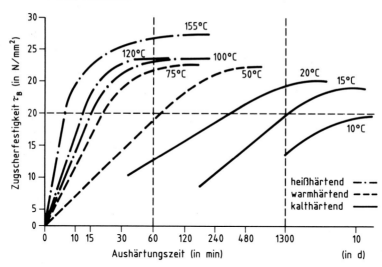

Zugscherfestigkeit von Klebstoffen bei unterschiedlichen Temperaturen und deren Einsatzbereich

Klebstoffe: A Epoxidharz, B Polyurethan.

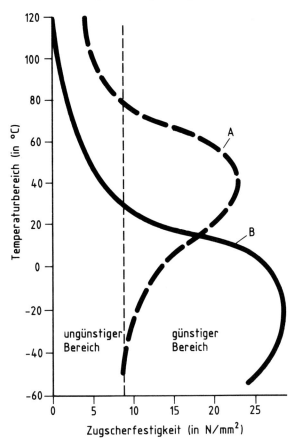

Zugscherfestigkeit von Klebstoffen bei unterschiedlichen Temperaturen und Aushärteverfahren
Klebstoff: Epoxidharz.

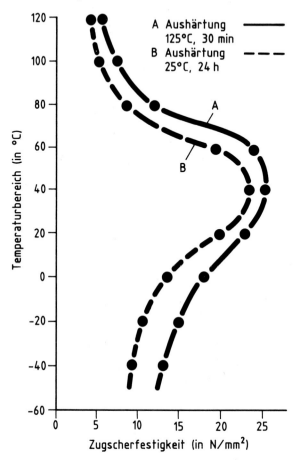

Verlauf der Klebstofftemperatur während der Härtung
Klebstoff: Epoxidharz.

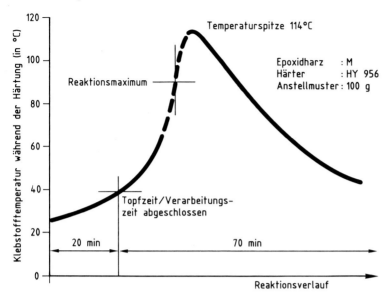

Verlauf der Klebstofftemperatur während der Härtung
Klebstoff: Epoxidharz.

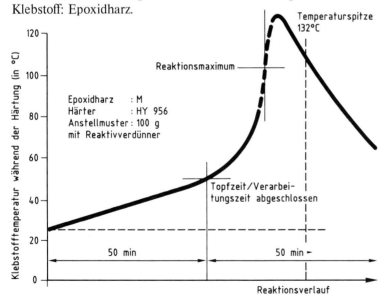

Verlauf der Klebstofftemperatur bei Klebstoffen bei unterschiedlichen Härterzugaben
Klebstoff: Epoxidharz.

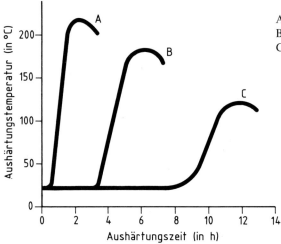

A) Härterzugabe 20 Massenanteile in %
B) Härterzugabe 10 Massenanteile in %
C) Härterzugabe 5 Massenanteile in %

Reaktionstemperatur T und Bindefestigkeit τ_B eines Epoxidharzes in Abhängigkeit von der Zeit t
Klebstoff: Epoxidharz.

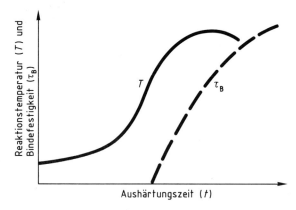

Verlauf der Härtung eines Epoxidklebstoffs mit verschiedenen Aminen
Klebstoff: Epoxidharz, (A) mit niedrigmolekularen Aminen gehärtet, (B) mit Polyaminoamiden gehärtet.

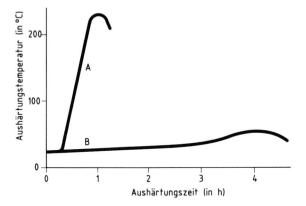

Typischer Verlauf der Klebstofftemperatur während der Härtung von Zweikomponenten-Polymerisationsklebstoff, ungesättigter Polyester
Klebstoff: Polymerisationsklebstoffe und ungesättigte Polyester.
Härtungssystem: Amin/Peroxid, Beschleuniger/Katalysator, Umgebungstemperatur: 20 °C.

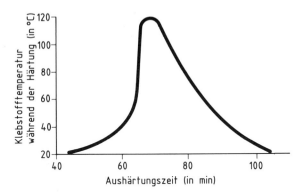

Anhang A: Produktspezifische Parameter

Zugscherfestigkeit verschiedener Metallklebungen (Mittelwert)

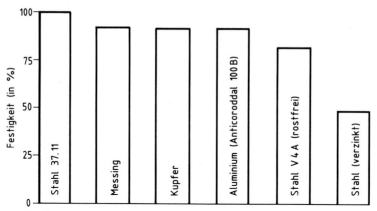

Klebstoff:	Araldit AV 144 mit Härter HV 997
Prüfstreifen:	Standard
Härtung:	16 h/40 °C
Prüfung:	23 °C
Prüfkörper:	Aluminium (Anticorodal 100 B)
Abmessung:	170 x 25 x 1,5 mm
Überlappung:	12,5 mm

Zugscherfestigkeit nach Lagerung in verschiedenen Reagenzien (Mittelwerte)

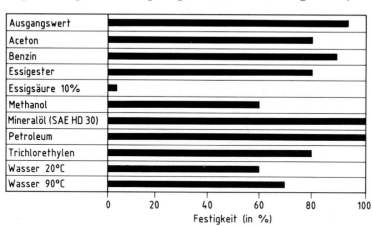

Klebstoff:	Araldit AV 144/Härter HV 997	
Härtung:	16 h/40 °C	
Prüfung:	Nach 60 Tagen Einlagerung in diversen Reagenzien bei 23 °C	
Prüfkörper:	Verschiedene Metalle	Überlappung: 12,5 mm
Abmessung:	170 x 25 x 1,5 mm	(Standard-Prüfkörper und Prüfanordnung)

Zugscherfestigkeit verschiedener Metallklebungen (Mittelwert)

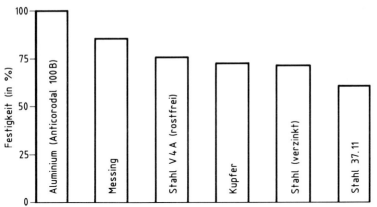

Klebstoffe: Araldit XD 911
Prüfstreifen: Standard
Härtung: 30 min/150 °C
Prüfkörper: Aluminium (Anticorodal 100 B)
Abmessung: 170 x 25 x 1,5 mm
Überlappung: 12,5 mm

Zugscherfestigkeit nach Lagerung in verschiedenen Reagenzien

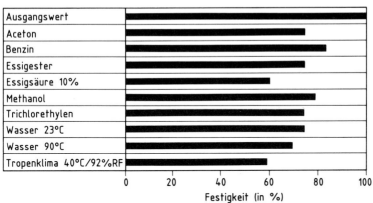

Klebstoff: Araldit XD 911
Härtung: 30 min/150 °C
Prüfung: Nach 60 Tagen Einlagerung in diversen Reagenzien bei 23 °C
Prüfkörper: Verschiedene Metalle
Abmessung: 170 x 25 x 1,5 mm
Überlappung: 12,5 mm
(Standard-Prüfkörper und Prüfanordnung)

Zugscherfestigkeit verschiedener Metallklebungen (Mittelwert)

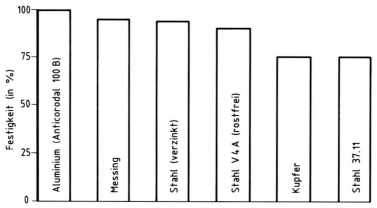

Klebstoff: Araldit XD 981
Prüfstreifen: Standard
Härtung: 30 min/150 °C
Prüfkörper: Aluminium (Anticorodal 100 B)
Abmessung: 170 x 25 x 1,5 mm
Überlappung: 12,5 mm

Zugscherfestigkeit nach Lagerung in verschiedenen Reagenzien

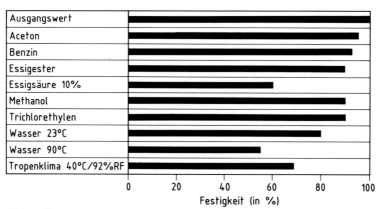

Klebstoff: Araldit XD 981
Härtung: 30 min/150 °C
Prüfung: Nach 60 Tagen Einlagerung in diversen Reagenzien bei 23 °C
Prüfkörper: Verschiedene Metalle
Abmessung: 170 x 25 x 1,5 mm
Überlappung: 12,5 mm
(Standard-Prüfkörper und Prüfanordnung)

Abbindegeschwindigkeit in Abhängigkeit von der Temperatur

Klebstoff: Polyurethan
Klebstofftyp: Macroplast (Henkel Chemie)
Aushärtung: bei 70 °C ———
bei 20 °C ———

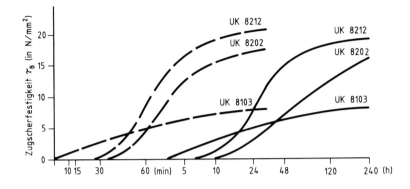

252   Anhang A: Produktspezifische Parameter

A 8   Polyurethan-Klebstoff, verschiedene Parameter

Abbindeverhalten von Polyurethan-Klebstoff mit Beschleuniger

Klebstoff: Polyurethan.

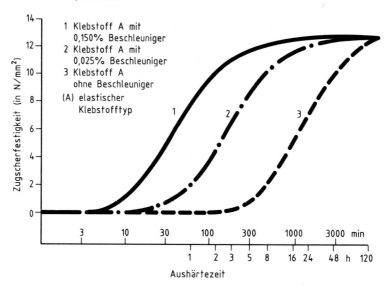

Zugscherfestigkeit von Klebstoffen bei tiefen Temperaturen

Klebstoff: Polyurethan
Klebstofftyp: Macroplast
Prüfstreifen: PS-, PUR- und PVC-Schaumstoff als Kernmaterial und Aluminium
Prüfkörper: 25 x 25 x 30 mm

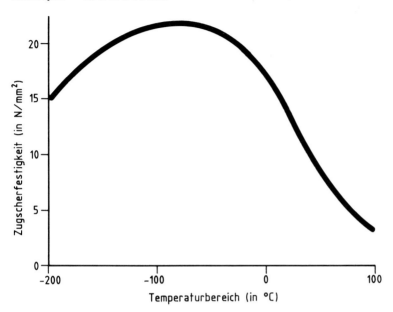

Anhang A: Produktspezifische Parameter

Einfluß von Beschleunigern auf die Topfzeit

Klebstoff: Polyurethan

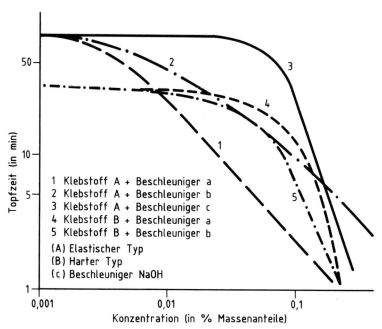

Offene Zeit eines Polyurethan-Klebstoffs in Abhängigkeit der Beschleuniger-Konzentration

Klebstoff: Polyurethan
Klebstofftyp: Macroplast

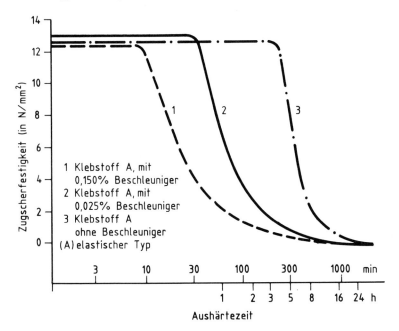

A 9 Aushärtungstemperaturen von Epoxid-Einkomponenten-Klebstoffen

(Produkte mit eingebautem, latentem Härter)
Die Aushärtezeit ist von der Temperatur in der Klebfuge abhängig. Je nach Werkstoffmaßen und Aufwärmmethode muß zusätzliche Aufwärmzeit berücksichtigt werden.

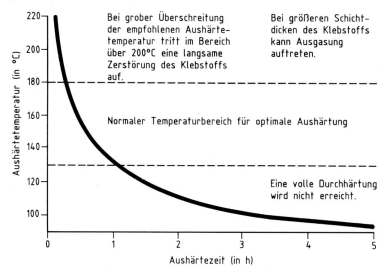

A 10 MMA-Klebstoff, verschiedene Parameter

Spezifische Angaben zu den Parametern Seite 257 bis 261:

Klebstoff:	Cyanacrylat
Klebstofftyp:	Sicomat 85
Prüfstreifen:	AlCuMg 2
	100 x 25 x 1,5
Überlappung:	10 mm
Vorbehandlung:	entfettet, geätzt.

Härtungsverlauf von MMA-Klebstoffen

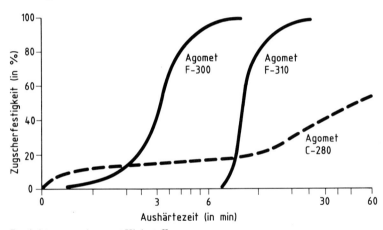

Produkt: Agomet-Klebstoffe

Anhang A: Produktspezifische Parameter

Zugscherfestigkeit von Agomet-Klebstoffen bei unterschiedlichen Temperaturen

Klebstofftyp: Agomet F-300 (A)
                     Agomet F-310 (B)
Prüfkörper: AlCuMg 2/100 x 25 x 1,6

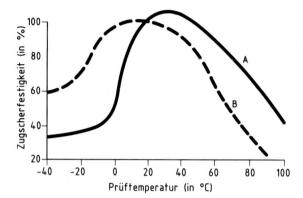

Zugscherfestigkeit nach Lagerung in verschiedenen Reagenzien

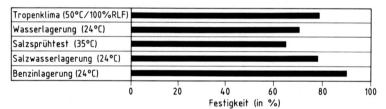

Klebstofftyp: Agomet F 310
Prüfzeit: 1000 h, ohne Belastung während der Prüfzeit
Prüfkörper: 100 x 25 x 1,5/1,6 mm. Überlappung 12 mm
Material: AlCuMg 2

A 11 Cyanacrylat-Klebstoff, verschiedene Parameter

Zugscherfestigkeit in Abhängigkeit von der Aushärtezeit von Cyanacrylat-Klebstoffen
(Aushärtung bei 65% relativer Luftfeuchtigkeit und 20°C.)
Spezifische Angaben s. S. 257.

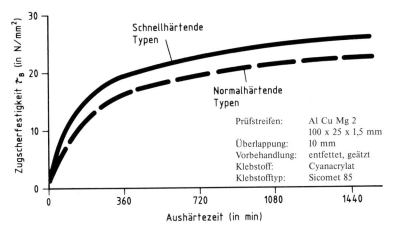

Zugscherfestigkeit verschiedener Metall-Klebverbindungen in Abhängigkeit von der Temperatur
Spezifische Angaben s. S. 257.

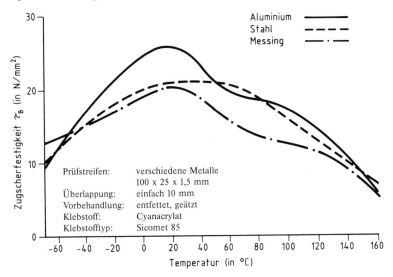

Zugscherfestigkeit von Cyanacrylat-Klebstoffen in Abhängigkeit von chemischen Belastungen

Spezifische Angaben s. S. 257.

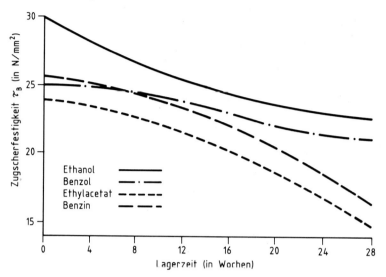

Zugscherfestigkeit in Abhängigkeit von der Lagerzeit bei unterschiedlichen klimatischen Bedingungen.

Spezifische Angaben s. S. 257.

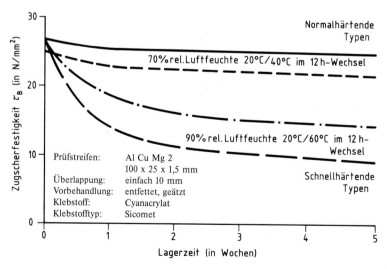

Zugscherfestigkeit in Abhängigkeit von der Überlappung und Temperatur
Spezifische Angaben s. S. 257.

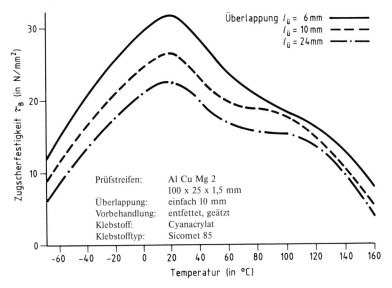

Zugscherfestigkeit in Abhängigkeit von Umweltbedingungen
Spezifische Angaben s. S. 257.

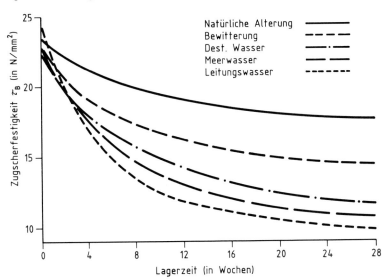

Kunststoffverklebungen mit Cyanacrylat-Klebstoffen

Es können grundsätzlich viele Kunststofftypen verklebt werden. Hierbei ist besonders auf fettfreie und saubere Oberflächen zu achten. Anhaftende Formtrennmittel müssen mechanisch oder chemisch entfernt werden, damit eine gute Benetzung und Verankerung erreicht wird. Mit Silikontrennmittel behandelte Kunststoffe können nicht mit *Sicomet* verklebt werden.

Die Thermoplaste Polystyrol, Styrolbutation, Polymethylmethacrylat, Polycarbonat, Polyvinylchlorid sowie Polyamid 6 lassen sich einwandfrei verkleben.

Die hochwertigen Kunststoffe wie Polyethylen, Polyacetal, Polytetrafluorethylen und weitere fluorierte Kohlenwasserstoff-Verbindungen mit naturbedingten klebstoffabweisenden Oberflächen können erst nach entsprechenden Vorbehandlungen überhaupt verklebt werden.

Die Duroplaste Melaminformaldehyd-, Harnstofformaldehyd-, Epoxid- und Polyesterharze werden z. B. mit *Sicomet 50* oder *77* sehr gut verklebt, während Phenolformaldehydharze nur bedingt zu verkleben sind.

Es ergeben sich für jede Kunststoffart spezifische Festigkeiten. Bei der Verklebung von Kunststoffen sind daher stets Probeklebungen durchzuführen bzw. Muster mit detaillierten Angaben für Laborversuche einzureichen.

Zugscherfestigkeit verschiedener Kunststoffe

Klebstoff: Cyanacrylat

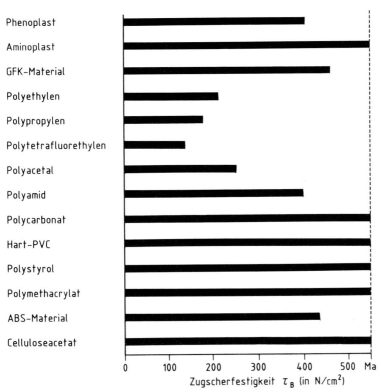

Prüfanordnung nach SICHEL
Prüfstreifen: Kunststoffe, verschiedene
                 100 x 25 x 1,5 mm
Vorbehandlung: entfettet, angerauht
Klebstoff: Sicomet 50
Überlappung: einfach, 20 mm
Klebung: bei 60% rel. Luftfeuchtigkeit/20 °C
Klemmabzug-
geschwindigkeit: 10 mm/min.

Zugscherfestigkeit von Elastomerklebungen

Gummi-qualität	Prüfung bei verschiedenen Temperaturen in °C								Prüfung nach 7 Tagen Alterung			
	25		50		80		110		50		70	
	N/cm²	RB	N/cm²	RB	N/cm²	RB	N/cm²	RB	N/cm²	RB	N/cm²	RB
NBR (6521)	1070	65R	790	70R	790	50R	600	40R	990	90R	410	50R
CR (3550)	560	100R	390	95R	370	95R	400	95R	290	95R	330	90R
CR (HC 353)	1140	100R	1000	60R	650	45R	200	10R	1000	60R	980	45R
SBR (2513)	1310	45R	840	40R	590	45R	570	10R	1170	33R	150	0R
IIR (V 7)	600	5R	440	0R	510	0R	0	0R	190	0R	0	0R
EPDM (4449)	310	90R	330	90R	330	85R	340	90R	300	85R	340	85R

R Rubber
RB Bruch im Rubber z. B. 100R, die Haftfläche ist nach dem Zerreißversuch mit 100% Gummi bedeckt.

Gummiqualität	Schälfestigkeit (N/Zoll)	Reißbild
NBR (6521)	730	85R
CR (HC 353)	390	75R
SBR (2513)	400	80R
SBR/NR (V53)	310	80R
NR (1304)	410	60R
IIR (HC 504)	290	90R
EPDM (4452)	460	35R

Gummiqualität	Zugfestigkeit (N/cm²)	Reißbild
NBR (6532)	1370	90R
SBR (V 53)	870	60R

Zugfestigkeit der Gummi/Stahl-Verklebung

Prüfkörper: Rundpuffer ⌀ 36 mm mit 2 mm dicker Gummizwischenlage

Schälfestigkeit der Gummi/Stahl-Verklebung in Anlehnung an ASTM-D 429, Methode B

Prüfkörper: Stahlblech DIN 1624   Gummistreifen
                d = 1,5 mm   d = 2 mm
                b = 25 mm   b = 25 mm
                                    l = 150 mm

Klebfläche: 1 Zoll²
Schälwinkel: 45°

Metallvorbehandlung: Strahlen mit Hartgußkies K 55, Trichlorethylendampfentfettung
Gummivorbehandlung: Abreiben mit Aceton
Klebstoff: Sicomet 85

Zugfestigkeit von Gummi-Gummi

Die Festigkeiten von Klebeverbindungen sind stark abhängig von der Elastomerbasis und der Mischung. Obwohl Cyanacrylat-Klebstoffe relativ harte Klebefilme bilden, lassen sich bei der Gummi-Gummi- und Gummi-Metall-Verklebung sehr hohe Festigkeiten erreichen. Gummi-Mischungen auf der Basis polarer Elastomere lassen sich leichter verkleben.

Ähnlich wie bei der Gummi-Metall-Verklebung ergibt sich für die Gummi-Gummi-Verklebung eine Temperaturbeständigkeit bis 70°C über einen längeren Zeitraum. Höhere Temperaturen führen zu chemischen Veränderungen in der Klebefuge. Bei längerer Einwirkungszeit sind Ablöseerscheinungen zu erwarten.

Prüfkörper:	Normring 1, DIN 53504
Prüfkörper-Vorbehandlung:	Senkrechter Schnitt mit Stahlklinge, anschließend Stoßverklebung.
Prüfung:	Nach 36 h, Lagerung bei +20°C und 65% rel. Luftfeuchtigkeit.
Klebstoff:	*Sicomet 8300*
Prüfung bei erhöhten Temperaturen:	30 min Lagerung im Umlufttrockenschrank, bei angegebener Temperatur zerreißen.
Prüfung auf Alterung:	Lagerung, 7 Tage im Umlufttrockenschrank, 24 h Abkühlung, zerreißen bei Raumtemperatur.

A 12 Anaerobe Klebstoffe, verschiedene Parameter

Aushärtung

Klebstoff: Anaerobe Produkte
Klebstofftyp: omniFIT
(1) Aushärtung bei 100 °C
(2) Aktive Oberflächen z. B. Ms 60, Temp. 20 °C
(3) Baustahl, Automatenstahl 9S 20 K, Temp. 20 °C
(4) Inaktive Oberflächen z. B. Zn oder Temp. unter 20 °C

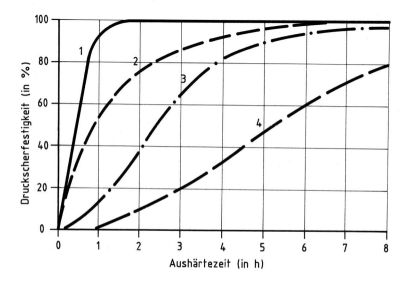

Rauhtiefen

Klebstoff: Anaerobe Produkte
Klebstofftyp: omniFIT

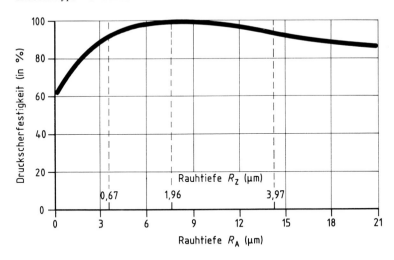

Materialeinfluß

Klebstoff: Anaerobe Produkte
Klebstofftyp: omniFIT
* Je nach Verfahren bzw. Überzug
** Je nach Graphit-Gehalt
Bei Werkstoff-Mischpaarungen muß stets von der ungünstigen Werkstoffoberfläche ausgegangen werden.

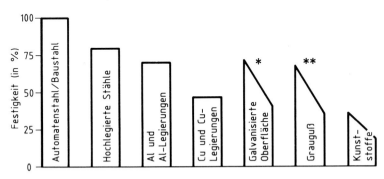

Spaltbreiten und deren Überbrückung

Klebstoff: Anaerobe Produkte
Klebstofftyp: omniFIT

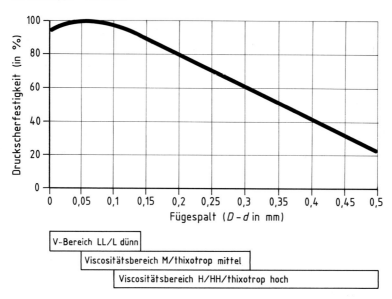

Temperaturbeständigkeit

Klebstoff: Anaerobe Produkte
Klebstofftyp: ——————— omniFIT 230/250
               — — — — omniFIT 200/150
               ——·—— omniFIT 100/ 80
Aushärtung: 72 h bei 20 °C
Prüfung: Nach 24stündiger Lagerung bei entsprechender Temperatur
               (Anlehnung an DIN 54452)

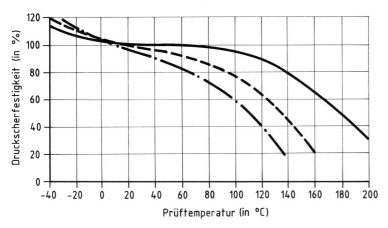

Alterungsverhalten

Klebstoff: Anaerobe Produkte
Klebstofftyp: omniFIT 200 M

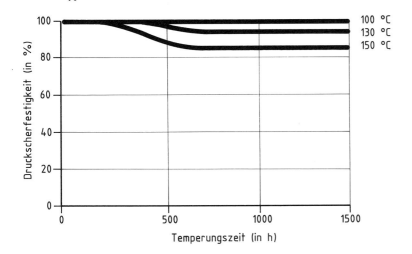

270   Anhang A: Produktspezifische Parameter

Fügeflächengröße

Klebstoff: Anaerobe Produkte
Klebstofftyp: omniFIT

Die prozentuale Abhängigkeit der Scherfestigkeit (τ) zur vorhandenen Fügefläche *(A)* ist in diesem Diagramm wiedergegeben. Ein Überdeckungsverhältnis *L/D* von 0,8 bis 1,2 wurde dabei zugrunde gelegt.

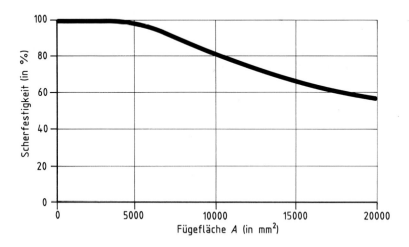

Dauerfestigkeit (Dynamische Beanspruchung)

Klebstoff: Anaerobe Produkte
Klebstofftyp: omniFIT

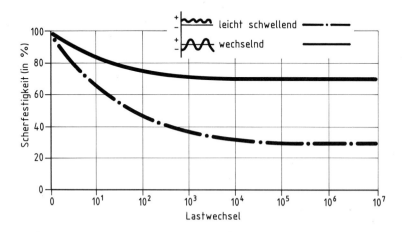

Anhang B

Größen, Einheiten und Umrechnungsfaktoren

B1 Physikalische Größen und Einheiten

Größe	Einheit	Definition
a	mm, cm, m	Probenlänge der Fügeteile
b	mm, cm	Probenbreite, Überlappungsbreite
d, d_i, d_a	mm, cm	Durchmesser
d	µm, mm	Klebstoffdicke, Klebespalt
f	$mm^{-0,5}$	Gestaltfaktor De Bruyne
$f_ü$	–	Fügeteilfaktor
f_a	–	Abminderungsfaktor
f_b	–	Benetzungskennzahl A_{kl}/A_W
$f_{ges.}$	–	Gesamtabminderungsfaktor
f_e	min^{-1}	Lastspielfrequenz
f_n	–	Spannungsspitzenfaktor
l	mm, cm	Fügeteillänge
$l_ü$	mm, cm	Überlappungslänge
$l_{ü\,opt.}$	mm, cm	optimale Überlappungslänge
n	–	Anzahl der Proben
p	Pa	Druck
p	N/mm	Schälwiderstand F_2/b
p_A	N/mm	absoluter Schälwiderstand
r	mm, cm	Radius
s	mm, cm	Fügeteildicke
$s_{opt.}$	mm, cm	optimale Fügeteildicke
t	s, min, h, d	Zeit
t_n	s, min, h, d	Normalisierungszeit
$ü$	–	Überlappungsverhältnis $l_ü/s$
v	cm^3/g	spez. Volumen
v	mm/min	Prüfgeschwindigkeit
x, y	–	Koordinaten in Belastungsrichtung
z	–	Koordinate senkrecht zur Klebefläche

Größe	Einheit	Definition
A (A_g)	mm², cm²	geometrische Klebefläche $l_ü \cdot b$
A_{kl}	mm²	wirksame Klebeoberfläche
A_u	mm²	unbenetzte Oberfläche
A_w	mm²	wirkliche Oberfläche
B	mm, cm	Nabenbreite, Fugenbreite
D, d_i, d_a	mm, cm	Durchmesser
E	N/mm²	Elastizitätsmodul
E_F	N/mm²	Elastizitätsmodul aus der Verformung, Quotient aus der Spannung und durch diese verursachte Verformung.
E_{kl} (E_k)	N/mm²	Elastizitätsmodul der Klebeschicht
F_{kB}	N/mm²	Abscherkraft des Klebstoffs/Fläche
F	N	Prüfkraft, Kraft, Zugkraft, Last
Fm (F)	N	mittlere Prüfkraft, Zugkraft
F_b, F_s,	N	Bruchlast, Trennkraft, Zuglast, Zugkraft
F_B	N/mm	Einheitsbruchkraft, Last beim Schälversuch
F_{Bm}	N	mittlere Bruchlast, Trennlast, Kraft
F_{dK} (F_{dF})	N	Druckkraft
F_{zk}	N	Zugkraft
$F_{max.}$	N	Höchstkraft, Zug, Last, Druck
F_D	N	Ausdruckkraft, Druckscherkraft
F_s (F_{sk})	N	Zugscherkraft, Haftkraft
F_{st}	N	Zug/Druckscherstandkraft
F_{stD} (F_{stT})	N	Druckscherzeitstandkraft
F_{sch}	N	Druckscherschwellkraft
F_v	N	Vorspannkraft
F_w	N	Druckscherwechselkraft
F_f	N	stofformspez. Haftkraft, Verankerung, mechan. Adhäsion
F_z (F_s)	N	zügige äußere Kraft senkrecht zur Klebefläche
G	N/mm²	Kriechmodul
G_{kl} (G_k)	N/mm²	Gleitmodul Klebstoff
G_W	N/mm²	Gleitmodul Welle
G_N	N/mm²	Gleitmodul Nabe
K	–	Klebstoffaktor max. $2d/G$
$K_ü$ (ü)	–	Überlappungsverhältnis $l_ü/s$
L_m	–	Profilmittellinie

Größe	Einheit	Definition
L_h	-	Profilspitze
L_g	-	Profilgrundlinie, Oberflächenstruktur
M	-	Metallfaktor, E
M	Nm, Ncm	Moment, Kraft x Hebelarm
M_a	Nm, Ncm	Anzugsdrehmoment, Muttern
M_{Br} (M_B)	Nm	Biegemoment
M_t, M_B	Nm, Ncm, Nmm	Torsionsmoment, Betriebslast Torsion
M_{Gr}	Nm, Ncm, Nmm	Drehmoment Gewinde, Flankenreibung
M_{Gst}	Nm, Ncm, Nmm	Drehmoment Gewindesteigung
M_{Kr}	Nm, Ncm, Nmm	Drehmoment Kopf, Kopfreibung, Schraube
M_{LB}	Nm, Ncm	Losdrehmoment, gemessener Wert bei der ersten Relativbewegung
M_{LW}	Nm, Ncm	Maximalwert einer Losbrechumdrehung
N	-	Schwinglastzahl
R_a	µm	Mittelrauheitswert Oberfläche
R_e, $R_p = \sigma_{0,2}$	N/mm²	Streckgrenze des Fügeteilwerkstoffs Dehngrenze 0,2
R_p	µm	Glättungstiefe, Oberflächenprofil
R_m	N/mm²	Zugfestigkeit des Fügeteils
R_t	µm	Rauhtiefe Oberflächenprofil
R_T	°C	Raumtemperatur
R_z	µm	mittlere Rauheit, Oberflächenrauheit
S, (γ)	-	Sicherheitsfaktor
T	°C, K	Temperatur
T_b	°C, K	Schmelzbereich
T_g	°C, K	Glasübergangstemperatur
T_s	°C, K	Schmelztemperatur
T_z	°C, K	Zersetzungstemperatur
W	mm³	Widerstandsmoment

B 1 Physikalische Größen und Einheiten

Größe	Einheit	Definition
a (fb)	Grad	Benetzungswinkel, Schäftungswinkel
α	10^{-6} K^{-1}	Linearer Ausdehnungskoeffizient
γ	Grad	Verschiebungswinkel durch Dehnung
tang γ	Grad	elastische Winkelverformung durch Gleitung
tang γ_B	Grad	Bruchgleitung
γ_{KF}	mNm^{-1}, mJ^{-2}	Grenzflächenspannung
$\delta; \vartheta; \kappa$	–	Klebnutzungsgrad
δ_M	N/mm^2	spez. Belastungsmaximum n. Frey
δ_S	N/mm^2	Dehn-, Streckgrenze d. Fügeteils
ε	%	Dehnung in %
ε_B	%	Bruchdehnung in %
n	mPa·s, Cps	Viskosität
ρ	cm	spez. Widerstand
σ	N/mm^2	Zugspannung
σ	N/mm^2	Bruchspannung
σ_f (σ_{FG})	mNm^{-1}, mJ^{-2}	Oberflächenspannung der Fügeteile
σ_g	mNm^{-1}, mJ^{-2}	Oberflächenspannung zwischen Klebstoff und Fügeteiloberfläche
σ_k (σ_{KG})	mNm^{-1}, mJ^{-2}	Oberflächenspannung Klebstoff
σ_m	N/mm^2	Mittlere Zugspannung
σ_{max}	N/mm^2	max. Zugspannung
$\sigma_s = \sigma_{0,2}$	N/mm^2	Festigkeit des Werkstoffs Fügeteilstreckgrenzfestigkeit, Streckgrenzspannung
$\sigma_{vorh.}$	N/mm^2	vorhandene Zugspannung in der Klebefuge
σ_z (σ)	N/mm^2	Zugspannung in der Klebeschicht
σ_{zB}	N/mm^2	Zugfestigkeit F/A
σ_{zd}	N/mm^2	Zugdruckwechselspannung, Festigkeit, Widerstand pro Fläche
σ_{zsch}	N/mm^2	Zugschwellspannung, Zugschwellfestigkeit F$_{zsch}$/A
τ, τ', τ_B	N/mm^2	Bindefestigkeit, Klebstoffestigkeit Zugscherfestigkeit
τ_B = KMf	N/mm^2	Klebefestigkeit, Bindefestigkeit
$\tau_{Bm} = \tau_B$	N/mm^2	mittlere Zugfestigkeit, Zugspannung beim Bruch
$\tau_{Bmax}, \tau_{max}, \tau_{max}$	N/mm^2	max. Zugscherspannung beim Bruch

Größe	Einheit	Definition
τ_D	N/mm²	Druckscherfestigkeit
τ_d, τ_{stD} τ_0	N/mm²	Zugscherdauerfestigkeit
τ_E	N/mm²	Schubspannung infolge Fügeteildehnung
τ_K	N/mm²	Scherspannung, Schubspannung
$\tau_{Kl} = \tau'$; τ_B	N/mm²	Klebstoffestigkeit, Bindefestigkeit
$\tau_{kl}\infty$	N/mm²	Dauerklebefestigkeit
τ_m, τ	N/mm²	mittlerer Zugscherspannung innerhalb des Festigkeitsbereichs
τ_{Mt}, $\tau_{st(t)}$	N/mm²	Zeitstandklebefestigkeit
τ_s	N/mm²	Verdrehscherfestigkeit, Torsionsfestigkeit
τ_{sch}, $\tau_{schw.}$	N/mm²	Zugscherschwellfestigkeit
τ_T	N/mm²	Torsionsscherfestigkeit
τ_v	N/mm²	Schubspannung infolge Fügeteilverschiebung
$\tau\infty$, τ_D, $\tau_{st(t)}$	N/mm²	Zugscherdauerstandfestigkeit
τ'	N/mm²	Dauerstandfestigkeit
τ'_B	N/mm²	Schubspannung in der Klebeschicht, parallel zur Klebefläche bezogene Höchstkraft
τ'_m	N/mm²	mittlere Schubspannung in der Klebeschicht
π	-	Pi Konstante: 3,14

B 2 Umrechnungsfaktoren

Mechanische Spannung (Festigkeit)

	N/m²	N/mm²	kp/cm²	kp/mm²
1 N/m² (= 1 Pa)	1	10^{-6}	$0{,}102 \cdot 10^{-4}$	$0{,}102 \cdot 10^{-6}$
1 N/mm² (= 1 MPa)	10^6	1	10,2	0,102
1 kp/cm²	$9{,}81 \cdot 10^4$	0,0981	1	0,01
1 kp/mm²	$9{,}81 \cdot 10^6$	9,81	100	1

Größe	Formel-zeichen	Gesetzliche Einheiten		ungültige Einheiten	Bemerkungen Umrechnungen Hinweise
		bevorzugt	weitere		
Biegefestigkeit	σ_{bB}	N/mm²		kp/cm² kp/mm²	Biegespannung beim Bruch $1\,kp/cm^2 = 9{,}80665 \cdot 10^{-2}\,N/mm^2$ $1\,kp/mm^2 = 10^2\,kp/cm^2 =$ $= 9{,}80665\,N/mm^2$ DIN 1350
Biegemoment	M_b	N m	N mm kN m MN m	kp cm kp m	$1\,kp\,cm = 0{,}0980665\,N\,m$ $1\,kp\,m = 9{,}80665\,N\,m$ DIN 1350
Biegewechsel-festigkeit	σ_{bW}	N/mm²		kp/mm² kp/cm²	Dauerfestigkeit auf Biegung nach Wöhler
Länge	l	m	μm mm cm dm km sm	f X.E. Å μ p ″ Lj pc	$1\,f = 1\,fm = 10^{-15}\,m$ $1\,X.E. = 1{,}00202 \cdot 10^{-13}\,m$ $1\,Å = 10^{-10}\,m$ $1\,\mu = 1\mu m = 10^{-6}\,m$ (sprich Mikrometer) $1\,p = 0{,}376065\,mm$ $1\,'' = 1\,in = 25{,}4\,mm$ $1\,sm = 1{,}852\,km$ $1\,Lj = 9{,}46053 \cdot 10^{15}\,m$ $1\,pc = 30{,}8572 \cdot 10^{15}\,m$
mechanische Spannung	σ τ	N/mm²	N/m²	dyn/cm² kp/cm² kp/mm²	$1\,dyn/cm^2 = 10^{-7}\,N/mm^2$ $1\,kp/cm^2 =$ $= 9{,}80665 \cdot 10^{-2}\,N/mm^2$ $1\,kp/mm^2 = 10^2\,kp/cm^2 =$ $= 9{,}80665\,N/mm^2$ $1\,N/mm^2 = 10^6\,N/m^2$ DIN 1350
Reißfestigkeit	σ_{max}	N/mm²		kp/mm²	Reißkraft durch Querschnittsfläche $1\,kp/mm^2 = 9{,}80665\,N/mm^2$ DIN 53 815
Reißkraft	F_{max}	N		kp	$1\,kp = 9{,}80665\,N$
Scherfestigkeit	τ_{aB} τ_{sB}	N/mm²		kp/cm² kp/mm²	τ_{aB} Scherspannung beim Bruch τ_{sB} Schubspannung beim Bruch $1\,kp/cm^2 =$ $= 9{,}80665 \cdot 10^{-2}\,N/mm^2$ $1\,kp/mm^2 = 10^2\,kp/cm^2 =$ $= 9{,}80665\,N/mm^2$ DIN 1350

Anhang B: Größen, Einheiten und Umrechnungsfaktoren

(Fortsetzung)

Größe	Formel-zeichen	Gesetzliche Einheiten		ungültige Einheiten	Bemerkungen Umrechnungen Hinweise
		bevorzugt	weitere		
Scherspannung	τ_a	N/mm²		kp/cm² kp/mm²	Querkraft durch Fläche 1 kp/cm² = = 9,80665 · 10⁻² N/mm² 1 kp/mm² = 10² kp/cm² = = 9,80665 N/mm² DIN 1350
Schubspannung	τ_v	N/mm²	N/m²	dyn/cm² kp/cm² kp/mm²	1 dyn = 10⁻⁷ N/mm² 1 kp/cm² = = 9,80665 · 10⁻² N/mm² 1 kp/mm² = 10² kp/cm² = = 9,80665 N/mm² 1 N/mm² = 10⁶ N/m² DIN 1350
Streckgrenze	σ_s	N/mm²		kp/cm² kp/mm²	1 kp/cm² = = 9,80665 · 10⁻² N/mm² 1 kp/mm² = 10² kp/cm² = = 9,80665 N/mm² DIN 1350
Torsionsfestigkeit, auch Verdrehfestigkeit	τ_{tB}	N/mm²		kp/cm² kp/mm²	1 kp/cm² = = 9,80665 · 10² kp/cm² 1 kp/mm² = 10² kp/cm² = = 9,80665 N/mm² DIN 1350

Umrechnungsfaktoren für anglo-amerikanische Maße in SI-Einheiten

Länge	1 in	1 ft	1 yd	1 mile Landmeile	1 mile Seemeile	1 mil = 10^{-3} in
in m	$2{,}54 \cdot 10^{-2}$	$3{,}048 \cdot 10^{-1}$	$9{,}144 \cdot 10^{-1}$	$1{,}609 \cdot 10^{3}$	$1{,}852 \cdot 10^{3}$	$2{,}54 \cdot 10^{-5}$

Fläche	1 sq. in	1 sq. ft	1 sq. yd	1 acre	1 sq. mile
in m²	$6{,}452 \cdot 10^{-4}$	$9{,}290 \cdot 10^{-2}$	$8{,}361 \cdot 10^{-1}$	$4{,}047 \cdot 10^{3}$	$2{,}590 \cdot 10^{6}$

Volumen	1 cu. in	1 cu. ft	1 cu. yd	1 gal (US)	1 gal (UK)	1 bu	1 bbl
in m³	$1{,}639 \cdot 10^{-5}$	$2{,}832 \cdot 10^{-2}$	$7{,}646 \cdot 10^{-1}$	$3{,}785 \cdot 10^{-3}$	$4{,}546 \cdot 10^{-3}$	$3{,}637 \cdot 10^{-4}$	$1{,}115 \cdot 10^{-5}$

Masse	1 lb	1 ton (UK) long ton	1 ctw (UK) long tcw	1 ton (US) short ton	1 ounce	1 grain
in kg	$4{,}536 \cdot 10^{-1}$	$1{,}016 \cdot 10^{3}$	$5{,}080 \cdot 10^{1}$	$9{,}072 \cdot 10^{2}$	$2{,}835 \cdot 10^{-2}$	$6{,}480 \cdot 10^{-5}$

Dichte	$1\,\dfrac{lb}{cu.\ ft}$	$1\,\dfrac{lb}{cu.\ in}$	$1\,\dfrac{lb}{gal\ (UK)}$	$1\,\dfrac{lb}{gal\ (US)}$
in kg/m³	$1{,}602 \cdot 10^{1}$	$2{,}768 \cdot 10^{4}$	$9{,}978 \cdot 10^{1}$	$1{,}198 \cdot 10^{2}$

Druck in Pascal, Pa
1 Pascal ist gleich dem auf eine Fläche gleichmäßig wirkenden Druck, bei dem senkrecht auf die Fläche von 1 m² die Kraft 1 N ausgeübt wird.

Kraft in Newton, N
1 Newton ist gleich der Kraft, die einem Körper der Masse 1 kg die Beschleunigung 1 m/s^{-2} erteilt.

Anhang C

Kunststoffe – eine Übersicht

C 1 Thermoplaste

Chemische Bezeichnung	Kurz-zeichen	Handels-namen	Eigenfestigkeit	Vorbehandlung	Verklebbarkeit/Bemerkungen
Polyethylen	PE	Lupolen Hostalen Baylon	steif-weich unzerbrechlich	Abflammen Ozon-Behandlung Entfetten, Beizbad Chromschwefelsäure	unpolar, keine hohe Festigkeit Haftklebstoffe, Kontaktklebstoffe 2-Komp. Epoxid- und PUR-Klebstoffe
Polypropylen	PP	Novolen Hostalen PP	hart, biegsam	wie PE	wie PE
Polystyrol	PS	Vestyron Hostyren	hart, zerbrechlich	Abschleifen Entfetten	Lösungsmittelklebstoffe, 2-Komp. Epoxid- und PUR-Klebstoffe, 1-Komp. Methacrylate und Cyanacrylate
Styrolbutadien	SB	Hostyrens Vestyron H I Edistir	hart, zäh biegsam	Schmirgeln Entfetten	Lösungsmittelklebstoffe, Kontakt-klebstoffe, 1-Komp. Cyanacrylate, Methacrylate
Styrolacrylnitril	SAN	Luran Vestoran	härter als PS	Schmirgeln Entfetten	Lösungsmittelklebstoffe Epoxid- und PUR-Klebstoffe Cyanacrylate
Acrylnitril-Butadien-Styrol	ABS	Novodur W Terluran	sehr hart, unzerbrechlich	Schmirgeln oder Beizen, Entfetten	2-Komp. Epoxid- und PUR-Klebstoffe, 1-Komp. Cyanacrylate, Kontakt- und Haftklebstoffe
Polyvinylchlorid	PVC	Hostalit Vestolit	hart, zerbrechlich	mit alkalischen Reinigungsmitteln, Schmirgeln	2-Komp. Epoxid- und PUR-Klebstoffe, Kontaktklebstoffe, Lösungsmittelkleb-stoffe, 1-Komp. Cyanacrylate
weich PVC		Mipolam Acella Skai	biegsam, sehr zäh, fest,	wie PVC	wie PVC
hart PVC		Hostalit Z Vestolit V	hart, bruchsicher	wie PVC	wie PVC

C 1 Thermoplaste (Fortsetzung)

Chemische Bezeichnung	Kurz-zeichen	Handels-namen	Eigenfestigkeit	Vorbehandlung	Verklebbarkeit/Bemerkungen
Polymethylmethacrylat	PMMA	Plexiglas Resarit	hart, zerbrechlich	Entfetten Tempern, Schmirgeln	schwer verklebbar, Lösungsmittelklebstoffe Methacrylate, 2-Komp. Epoxid-Klebstoffe
Polycarbonat	PC	Makrolon	hart, zäh, unzerbrechlich	Schmirgeln Entfetten	2-Komp. Epoxiklebstoffe 1-Komp. Cyanacrylate
Polyoxymethylen (Polyacetal)	POM	Delrin Hostaform C	hart, fest	mit Phosphorsäure ätzen, Schmirgeln	Kleben ist schwierig, Haftklebstoffe, 2-Komp. PUR, Epoxid-Poliamidoamine Cyanacrylate, (spröde Endprodukte)
Celluloseacetat Cellulosepropionat	CA CP	Cellidor A	weich bis hart, zäh	Entfetten	2 Komp. PUR, Epoxid-Polyamido-amine
Polyamid	PA	Ultramid Rilsan Trogamid Vestamid	hart, biegsam	Schmirgeln Entfetten Abflammen Haftvermittler	Haft- und Kontaktklebstoffe, polyamidhaltiger Calcium-Ethanol-Klebstoff, 2-Komp. PUR, Epoxid- und Cyanacrylatklebstoffe, Resorcinharz-Ethanolgemische, konz. Ameisensäure
Polytetrafluor-ethylen	PTFE	Teflon Hostaflon	fest, biegsam	Beizen Abflammen	Spezialklebstoff auf Epoxid-Polyamidoamin-Basis, Haftklebstoffe
Polysulfon	PSU	Bakelite Polysulfon	hart, zäh	Schmirgeln Entfetten	2-Komp. Epoxid-Klebstoff auf Polyamidoamin, PUR-Klebstoff

C 2 Duroplaste

Chemische Bezeichnung	Kurz-zeichen	Handels-namen	Eigenfestigkeit	Vorbehandlung	Verklebbarkeit/Bemerkungen
Phenolformaldehyd	PF	Phenoplast, Pertinax	hart	Schmirgeln, Entfetten	UP- und Epoxid-Klebstoffe, Methacrylate, Cyanacrylate
Melaminformaldehyd	MF	Baskelite, Resopal	hart	Schmirgeln, Entfetten	Kontaktklebstoffe, UP- und Epoxid-Klebstoffe, Methacrylate, Cyanacrylate
Harnstoffformaldehyd	UF	Beckaminol, Kaurit	hart	Schmirgeln, Entfetten	UP- und Epoxid-Klebstoffe, Methacrylate, Cyanacrylate, Kontaktklebstoffe
Polyester	UP	Palatal, Alpolit, Leguval	hart, sehr fest	Schmirgeln, Entfetten	2-Komp. Epoxid-Klebstoffe, PUR-Klebstoffe, Kontaktklebstoffe, Haftklebstoffe
Epoxide	EP	Metallon, Araldite	hart	Schmirgeln, Entfetten	1- und 2-Komp. Epoxid-Klebstoffe
Polyurethane	PUR	Vulkollan, Moltopren	zäh	Schmirgeln, Entfetten	Bei harten Kunststoffen und Metallen sind elast. Epoxid-Klebstoffe zu verwenden

● Die Liste der Handelsnamen ist nicht vollständig.

Anhang D

Reaktionsklebstoffe im Vergleich

Anhang D: Reaktionsklebestoffe im Vergleich

Die Tabelle zeigt einen Vergleich der verschiedenen Klebstofftypen, sowie deren chemische und physikalische Eigenschaften. Der Anwender kann hier bereits sondieren.

	Epoxide	Urethane	Cyanacrylate	Anaerobe Systeme	Acrylate
Härtung:					
Wärme oder Mischung erforderlich?	ja	ja	nein	nein	nein
zwei Komponenten	ja	ja	nein	nein	ja
schnellste Härtung bei RT	5 Minuten	5 Minuten	<10 Sekunden	60 Sekunden	2 Minuten
UV-Härtung	möglich	nein	nein	möglich	möglich
Aushärtung	<24 Stunden	<24 Stunden	<2 Stunden	<12 Stunden	<12 Stunden
Gebrauchseigenschaften:					
Lagerung	Raumtemperatur oder Kühlung	Raumtemperatur	Raumtemperatur oder Kühlung	Raumtemperatur	Raumtemperatur
Gebrauchsdauer	6 Monate – 1 Jahr	6 Monate – 1 Jahr	6 Monate – 1 Jahr	1 Jahr	6 Monate – 1 Jahr
Geruch	mild	mild	unangenehm	mild	stark
Brennbarkeit	niedrig	niedrig	niedrig	niedrig	mittelmäßig bis hoch
Schälfestigkeit	gut	sehr gut	schlecht	gut	gut
Zugscherspannung	hoch	hoch	hoch	hoch	mittelmäßig bis hoch
Anwendungen	Metall, Glas, Kunststoffe, Keramik	Metall, Glas, Kunststoffe, Keramik, Gummi	(Metall)*, Kunststoffe, Gummi, Holz	Metall, Glas, einige Kunststoffe, Keramik	Metall, Glas, Kunststoffe, Keramik
Haftung auf geölten Oberflächen	schlecht	schlecht	befriedigend	befriedigend	befriedigend
Temperaturbeständigkeit °C	200	100	80	200	100
Lösungsmittelbeständigkeit	sehr gut	gut	gut	sehr gut	gut
Feuchtebeständigkeit	sehr gut	befriedigend	befriedigend	sehr gut	gut

*keine konstruktiven Metallverklebungen

Anhang E

Physikalische Eigenschaften der Werkstoffe

Physikalische Eigenschaften der Werkstoffe

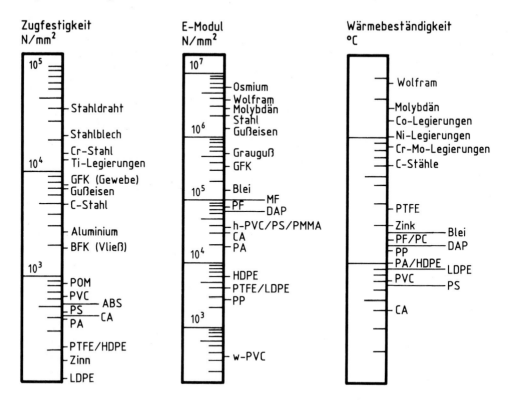

Physikalische Eigenschaften der Werkstoffe 289

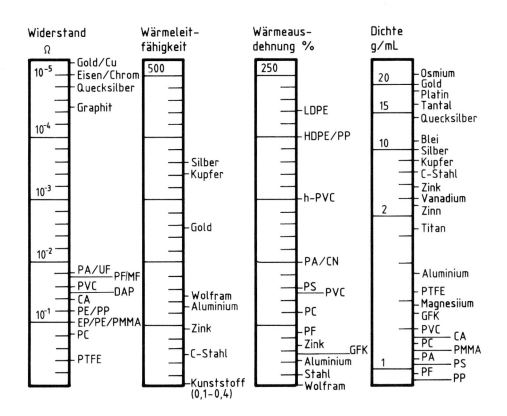

Anhang F

Wärmeausdehnung der Werkstoffe

Jeder Werkstoff dehnt sich unterschiedlich in der Wärme aus. Dies führt zu inneren Spannungen in der Klebstoffschicht und muß mit der Wahl des Klebstoffs ausgeglichen werden.

Es sind auf jeden Fall die linearen Ausdehnungskoeffizienten der Fügeteilwerkstoffe zu berücksichtigen.

Lineare Ausdehnungskoeffizienten (Richtwerte)

Material	lineare Wärmeausdehnung $10^{-6}/K$
Stahl	12,0–12,5
nichtrostender Stahl	17,5
Aluminiumlegierungen	19,0 bis 23,0
Zink	29,7
Kupfer	17,0
Messing	19,0
Blei	29,2
Sandstein	12,0
Beton	7,0 bis 10,0
Ziegelstein	5,0
Glas	4,8 bis 8,0
Polyvinylchlorid (PVC)	80 bis 100
Polyethylen (PE) weich	235
Polyethylen (PE) hart	200
Polypropylen (PP)	160
Polystyrol (PS)	80
Polyamid (PA)	70
Polyacetal, Polyoxymehylen (POM)	130
Epoxidharz (EP)	60
Polyester (UP)	60
glasfaserverstärkter Polyester	25 bis 40

Anhang G

Fragebogen und Berechnungsbeispiel für die Verklebung einer Rohrverbindung mit Epoxidharz

G1 Fragebogen

a) Konstruktion
Abmessung:

Länge: _____ mm / Breite: _____ mm / Dicke, Höhe _____ mm

Durchmesser: innen _____ mm / außen _____ mm

Klebefläche _____ mm² Klebespalt _____ mm

b) Skizze

c) Material

Teil A _____ Ausdehnungskoeffizient _____

Teil B _____ Ausdehnungskoeffizient _____

Teil C _____ Ausdehnungskoeffizient _____

d) Beanspruchung und Belastung
Statisch: ja / nein
Schwellend: ja / nein
Dynamisch: ja / nein
Thermische Belastung

Dauertemperaturbelastung _____ °C / Max. Temp. _____ °C

Wechselnde Temperatur: ja / nein   Intervall _____ Min
Chemische Belastung

Säuren: ja / nein _____ Konzentration _____ %

Laugen: ja / nein _____ Konzentration _____ %

Lösungen: ja / nein _____ Konzentration _____ %

Sonstige: ja / nein _____ Konzentration _____ %

Beanspruchung: Zugkräfte _____ N / Zugscherkräfte _____ N

Druckscherkräfte _____ N / Schälkräfte _____ N

Schlagkräfte Nmm/mm² _____ N / Torsionskräfte _____ N

Bemerkung: _____

e) **Vorbehandlung**

Werkstück	Entfetten	Sandstrahlen Schleifen Bürsten	Beizen
Teil A			
Teil B			
Teil C			

Bemerkungen: _____
_____

Ablauf: 1. Entfetten mit: _____
          2. Vorbehandlung mechanisch: _____
                              chemisch: _____
          3. _____
          4. _____
          5. _____

f) **Klebstoff**

Einkomponenten-Klebstoff ja/nein / Offene Zeit _____ min
Zweikomponenten-Klebstoff ja/nein / Topfzeit _____ min
Aushärtung bei: _____ °C / Zeit _____ min
Festigkeit des Klebstoffs: Zugfestigkeit _____ N/mm^2
                         Zugscherfestigkeit _____ N/mm^2
                         Druckscherfestigkeit _____ N/mm^2
                         Schälfestigkeit _____ N/mm^2
                         Schlagfestigkeit _____ Nmm/mm^2
                         Drehmoment _____ Nm

g) Verarbeitung
  Direkt aus dem Gebinde (Flasche, Dose usw.) ja / nein
  Mit Auftragshilfen (Pinsel, Rakel usw.) ja / nein
  Mit Dosiervorrichtungen (Dosiergeräte usw.) ja / nein
  Über Mischanlagen ja / nein

  Sonstige: _____

  Reinigungsmittel für Geräte usw. _____

  _____

  Bemerkungen: _____

  _____

  _____

  _____

G 2 Berechnungsbeispiel

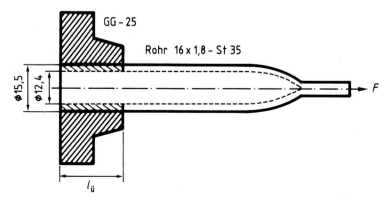

Problemstellung: Das Rohr nach Zeichnung soll in einem Graugußgehäuse mit Epoxidklebstoff verbunden werden.

Gegeben: Das Rohr mit einer Bohrung von $d_i = 12{,}4$ mm ist am Ende auf $d = 15{,}5$ mm abgedreht und entfettet.
Umgebungstemperatur 50 °C
Die Bohrung im Grauguß ist geschmirgelt um eine optimale Festigkeit zu erhalten.
Klebstoff Araldit AV 138 $\tau_{KB} = 18$ N/mm²
Klebespalt 0,1 mm

Gesucht: 1. Welche Fugenlänge l muß vorgesehen werden, sodaß die Zugscherkraft des Klebstoffs gleich der Zugbruchkraft $\tau_{b\,mat.}$ des Rohres ist?
2. Welche Fugenlänge l der Klebefläche ist erforderlich bei einer schwellenden dynamischen Betriebskraft von 2000 N?

Berechnung:

Lösung zu Frage 1:
Die notwendige Fugenlänge l bei gleicher Bruchkraft?
Die Querschnittfläche des abgedrehten Rohres beträgt:

$$S = \frac{(15{,}5^2 - 12{,}4^2)\ \text{mm}^2 \cdot \pi}{4} = \underline{68\ \text{mm}^2}$$

Nach Gleichung ist die Abscherkraft des Klebstoffes F_{KB}

$F_{KB} = A_{Kl} \cdot \tau_{KB}$ oder $F_B = S \cdot R_m$

F_{KB} Abscherkraft des Klebstoffes in N/mm²
A_{Kl} Geometrische Klebefläche in mm²
τ_{KB} Zugscherfestigkeit des Klebstoffs in N/mm²
S Querschnittfläche des Bauteiles in mm²
R_m Fügeteil-Bauteilfestigkeit (Zugfestigkeit) in N/mm²
F_B Zugbruchkraft des Bauteils in Newton N
τ_K Scherspannung in der Klebstoffschicht in N/mm²
F Belastungskraft/Betriebskraft in N

Die Scherspannung $\tau_K = \dfrac{F\ (\text{N})}{A_{Kl}\ (\text{mm}^2)}$

Nun berechnen wir die Bruchlast für den Klebstoff bei mittlerer Vorbehandlung für die Umgebungstemperatur von 50 °C aus.
τ_{KB} 50 °C = 18 N/mm² · 0,5 = 9 N/mm²
Mit dieser max. zulässigen Zugscherkraft für den Klebstoff muß gerechnet werden.

Die Zugbruchkraft des Bauteils ist:

$F_B = S \cdot R_m$
= 68 mm² · 350 N/mm² = 23 800 Newton

Die Klebefläche ist:

$$A_{Kl} = \frac{F_{KB}}{\tau_{KB}} = d \cdot \pi \cdot l$$

hieraus folgt:

$$l = \frac{F_{KB}}{d \cdot \pi \cdot \tau_{KB}} = \frac{23800 \text{ N}}{15,5 \text{ mm} \cdot \pi \cdot 9 \text{ N/mm}^2} =$$

$$l = \frac{23800 \text{ mm}}{438.03} = 54,3 \text{ mm}$$

Die Länge der Klebnaht muß 54,3 mm sein um der Bruchkraft des Rohres standzuhalten.

Anmerkung: Das Ergebnis zeigt deutlich, daß die Fugenlänge *l* am Rohr zum Vergleich des Fugendurchmessers *d* viel zu groß ist.

Lösung Frage 2:
Erforderliche Fugenlänge *l* in mm bei einer Kraft von 2000 N
Bei schwellender dynamischer Belastung ist der Festigkeitsfaktor 0.3, d. h. der Wert für τ_{KB} wird mit 0,3 multipliziert.

$\tau_{K\text{zul dyn.}} = 0.3 \cdot 9$ N/mm² = 2,7 N/mm²

2.2 Aus folgender Gleichung errechnet sich die Länge *l*

$$l = \frac{F}{d \cdot \pi \cdot \tau_{K \text{ zul. dyn.}}} = \frac{2000 \text{ N} \cdot \text{mm}^2}{15,5 \text{ mm} \cdot 3,14 \cdot 2,7 \text{ N}} = 15,2 \text{ mm}$$

Die erforderliche Fugenlänge muß mindestens 15,2 mm betragen.

Anhang H

R/S-Sätze mit Bedeutung für den Klebstoffverarbeiter und -anwender

Bezeichnungen der besonderen Gefahren bei gefährlichen Stoffen (R-Sätze)

R 10   Entzündlich
R 11   Leichtentzündlich
R 20   Gesundheitsschädlich beim Einatmen
R 21   Gesundheitsschädlich bei Berührung mit der Haut
R 22   Gesundheitsschädlich beim Verschlucken
R 23   Giftig beim Einatmen
R 24   Giftig bei Berührung mit der Haut
R 25   Giftig beim Verschlucken
R 26   Sehr giftig beim Einatmen
R 27   Sehr giftig bei Berührung mit der Haut
R 28   Sehr giftig beim Verschlucken
R 33   Gefahr kumulativer Wirkung
R 34   Verursacht Verätzung
R 35   Verursacht schwere Verätzung
R 36   Reizt die Augen
R 37   Reizt die Atmungsorgane
R 38   Reizt die Haut
R 39   Ernste Gefahr irreversiblen Schadens
R 40   Irreversibler Schaden möglich
R 42   Sensibilisierung durch Einatmen möglich
R 43   Sensibilisierung durch Hautkontakt möglich

Sicherheitsratschläge für gefährliche Stoffe (S-Sätze)

S 7   Behälter dicht geschlossen halten
S 16   Von Zündquellen fernhalten – nicht rauchen
S 22   Staub nicht einatmen
S 23   Gas/Rauch/Dampf/Aerosol nicht einatmen
S 24   Berührung mit der Haut vermeiden
S 25   Berührung mit den Augen vermeiden
S 26   Bei Berührung mit den Augen gründlich mit Wasser abspülen und Arzt konsultieren
S 27   Beschmutzte, getränkte Kleidung sofort ausziehen
S 28   Bei Berührung mit der Haut sofort mit viel Wasser und Seife abwaschen
S 36   Bei der Arbeit geeignete Schutzkleidung tragen
S 37   Geeignete Schutzhandschuhe tragen
S 39   Schutzbrille/Gesichtsschutz tragen
S 44   Bei Unwohlsein ärztlichen Rat einholen, Angaben über R- und S-Stoffe unerläßlich

Anhang I

Normen mit Bedeutung für den Klebstoffverarbeiter und -anwender

I 1 DIN Normenverzeichnis

DIN	18	Prüfnormen für Kunststoffe 1: Mechanische, thermische und elektrische Eigenschaften
DIN	19	Materialprüfnormen für metallische Werkstoffe 1: Probenahme, Abnahme, Prüfgeräte, mechanisch-technologische Prüfverfahren
DIN	30	Normen über Anstrichstoffe u. ähnliche Beschichtstoffe
DIN	48	Prüfnormen für Kunststoffe 2: Chemische, optische Gebrauchs- u. Verarbeitungseigenschaften
DIN	56	Materialprüfnormen für metallische Werkstoffe 2: Physik, Prüfverfahren. Prüfung von Überzügen, Korrosion, Klima. Zerstörungsfreie Prüfverfahren
DIN	109	Fertigungsverfahren: Normen über Begriffe für Abtragen, Fügen, Löten, Schweißen usw.
DIN	117	Normen über Rohstoffe für Anstrichstoffe: Bindemittel, Lösungsmittel, Weichmacher
DIN	281	Parkettklebstoffe kalt streichbar; Anforderungen
DIN	4062	Dichtstoffe für Bauteile aus Beton; kalt verarbeitbare plastische Dichtstoffe für Abwasserkanäle und -leistungen; Anforderungen, Prüfungen und Verarbeitung.
DIN	4076 T3	Kurzzeichen auf dem Holzgebiet; Klebstoffe, Verleimungsarten, Beanspruchungsgruppen
DIN	4761	Oberflächencharakter; Geometrische Oberflächentextur-Merkmale, Begriffe, Kurzzeichen
DIN	4766 T1	Herstellverfahren der Rauheit von Oberflächen; Erreichbare gemittelte Rauhtiefe R_z und Microflächentraganteil t_{al}
DIN	7728 T1	Kunststoffe, Kurzzeichen für Homopolymere, Copolymere und Polymergemische
DIN	7728 T2	Kunststoffe; Kurzzeichen für verstärkte Kunststoffe
DIN	8577	Fertigungsverfahren; Übersicht
DIN	13924 T1	Zahnärztliche Werkstoffe; Zinkoxid-Eugenol-Zemente; Füllungswerkstoffe; Anforderungen, Prüfung
DIN	13924 T2	–, Befestigungszement, Anforderungen, Prüfung
DIN E	16860	Klebstoffe für Bodenbeläge; Klebstoffe für Polyvinylchlorid (PVC)-Beläge ohne Träger, Anforderungen, Prüfung
DIN E	16920	Klebstoffe; Allgemeine Begriffe
DIN	16945	Gießharze, Reaktionsmittel, Gießharzmassen
DIN	16946	Gießharzformstoffe

DIN	16970	Klebstoffe zum Verbinden von Rohren und Rohrleitungsteilen aus PVC hart; Allgemeine Güteanforderungen und Prüfungen
DIN	18352	VOB Verdingungsordnung für Bauleistungen Teil C; Allgemeine technische Vorschriften für Bauleistungen, Fliesen- und Plattenarbeiten
DIN	18353	-, Estricharbeiten
DIN	18355	-, Tischlerarbeiten
DIN	18356	-, Parkettarbeiten
DIN	18361	-, Verglasungsarbeiten
DIN	18365	-, Bodenbelagarbeiten
DIN	18366	-, Tapezierarbeiten
DIN E	18540 T1	Abdichten von Außenwandfugen im Hochbau mit Fugendichtungsmassen; Konstruktive Ausbildung der Fugen
DIN E	18540 T2	-; Fugendichtungsmassen; Anforderungen und Prüfung
DIN E	18540 T3	-; Baustoffe, Verarbeiten von Fugendichtungsmassen
DIN	18545 T1	Abdichten von Verglasungen mit Dichtstoffen; Anforderungen an Glasfalze
DIN E	18545 T2	-; Verglasungsdichtstoffe, Prüfungen und Einteilung in Anforderungsgruppen
DIN	29963	Luft- und Raumfahrt; Expansionsklebfolien für tragende Teile; Technische Lieferbedingungen
DIN	29973	Luft- und Raumfahrt; Expansionsklebfolien; Bestimmung der Scherfestigkeit
DIN E	30660	Dichtungsmaterial für die Gas- und Wasserversorgung; Nichtaushärtendes Dichtungsmaterial für Gewindeverbindungen der Hausinstallation
DIN	30661	Dichtungsmaterial für Gasversorgung; Aushärtendes Dichtungsmaterial für Gewindeverbindungen in Armaturen und Gasverbrauchseinrichtungen
DIN E	40802 T4	Metallkaschierte Basismaterialien f. gedruckte Schaltungen; Klebfolie zum Aufbau von Mehrlagen-Leiterplatten; Anforderungen, Prüfung
DIN E	50013	Klimata und ihre technische Anwendung; Vorzugstemperaturen
DIN	50014	-; Normalklimate
DIN	50049	Bescheinigungen über Werkstoffprüfungen
DIN	50100	Prüfung von Kunststoffen; Dauerschwingversuch
DIN	50118	-; Zeitstandversuch
DIN	50984	Messung von Schichtdicken; Wirbelstromverfahren zur Messung der Dicke von elektrisch nicht leitenden Schichten auf nichtferromagnetischem Grundmaterial
DIN	51550	Viskosimetrie; Bestimmung der Viskosität, allgemeine Grundlagen

DIN	52138	Klebemassen für Teerdachbahnen; Steinkohlenteererzeugnisse, Begriff, Anforderungen
DIN	52139	–; Prüfung
DIN E	52367	Prüfung von Spanplatten, Bestimmung der Scherfestigkeit parallel zur Plattenebene
DIN	52376	Prüfung von Sperrholz; Bestimmung der Druckfestigkeit parallel zur Plattenebene
DIN	52377	–, Bestimmung des Zug-Elastizitätsmoduls und der Zugfestigkeit
DIN	52451	Prüfung von Materialien für Fugen- und Glasabdichtungen im Hochbau; Bestimmung der Volumenänderungen; Tauchwägeverfahren
DIN	52452 T1	–; Verträglichkeit der Dichtstoffe; Verträglichkeit mit anderen Baustoffen
DIN	52452 T2	–, – Einfluß von Chemikalien
DIN E	52452 T3	–; Verträglichkeit von ausreagierten mit frischen Dichtstoffen
DIN E	52453 T1	–; Bindemittelabwanderung; Prüfen auf Verfärbung von angrenzenden Baustoffen
DIN E	52453 T2	–; Bindemittelabwanderung – Filterpapiermethode
DIN E	52453 T3	–; Prüfung der Verfärbung von Beton
DIN	52454	–; Standvermögen
DIN	52455 T1	–; Haft- und Dehnversuch; Vorbehandlung im Normalklima und in Wasser
DIN	52455 T2	–; Wechsellagerung
DIN	52455 T3	–; Lichteinwirkung
DIN E	52455 T4	–; Dehn-Stauch-Zyklus von Dichtstoffen
DIN	52456	–; Bestimmung der Verarbeitbarkeit von Dichtstoffen
DIN E	52457	–; Druckversuch an Dichtstoffen
DIN	52458	–; Bestimmung des Rückstellvermögens
DIN	52460	–; Begriffe
DIN E	53166	Prüfung von Anstrichstoffen; Prüfung der Wetterbeständigkeit von Anstrichen und ähnl. Beschichtungsstoffen im Naturversuch (Freibewitterung)
DIN	53182	Bestimmung des Trockenrückstandes und des Einbrennrückstandes von Harzen, Harzlösungen und dgl.
DIN	53189	Prüfung von Anstrichstoffen; Bestimmung des Trockenrückstandes von Kunststoffdispersionen
DIN	53205	Prüfung von Pigmenten; Probenahme
DIN	53200	Prüfung von Pigmenten; Bestimmung des pH-Wertes von wäßrigen Pigment-Suspensionen
DIN	53211	Prüfung von Anstrichstoffen; Bestimmung der Auslaufzeit mit dem Auslaufbecher

DIN	53213 T1	Prüfung von Anstrichstoffen und ähnlichen lösungsmittelhaltigen Erzeugnissen; Flammpunktprüfung im geschlossenen Tiegel; Bestimmung des Flammpunktes
DIN	53216	Prüfung von Anstrichstoffen; Bestimmung des Gehaltes an flüchtigen und nicht flüchtigen Bestandteilen
DIN	53251	Prüfung von Holzleimen und Holzverleimungen; Bestimmung der Bindefestigkeit; Allgemeine Richtlinien
DIN	53252	Prüfung von Holzleimen; Kenndaten des Verleimvorgangs
DIN	53254	Prüfung von Holzklebstoffen; Bestimmung der Klebfestigkeit von Längsklebungen im Zugscherversuch
DIN	53255	-; Bestimmung der Bindefestigkeit von Sperrholzleimungen (Furnier- und Tischlerplatten) im Zugversuch und im Aufstechversuch
DIN	53257	-; Bestimmung der Zugfestigkeit von Hirnholzverleimungen
DIN	53258	-; Bestimmung des Verhaltens bei wiederholter kurzzeitiger Wassereinwirkung
DIN	53260	Prüfung von Glutinleimen
DIN E	53273	Prüfung von Klebstoffen für Schuhwerkstoffe; Lösungsmittel- und Dispersions-Klebstoffe, Festigkeit der Klebungen
DIN	53273	Prüfung von Sohlenklebstoffen; Scherversuch
DIN E	53276	Prüfung von Klebstoffen für Bodenbeläge; Prüfung zur Ermittlung der elektrischen Leitfähigkeit von Klebstofffilmen
DIN	53277 T1	-; Prüfung der Zugscherfestigkeit von Verklebungen, Klebstoffe auf Basis von Kunstkautschuk-Lösungen
DIN	53277 T2	-; Prüfung der Zugscherfestigkeit von Verklebungen, Dispersionsklebstoffe
DIN	53278 T1	-; Prüfung des Schälwiderstandes von Verklebungen, Dispersionsklebstoffe
DIN E	53278 T2	-; Prüfung des Schälwiderstandes von Verklebungen, Reaktionsklebstoffe
DIN	53279 T1	-; Prüfung des Einflusses auf die Maßhaltigkeit, Klebstoffe auf Basis von Kunstkautschuklösungen
DIN	53279 T2	-, Dispersionsklebstoffe
DIN E	53279 T3	-, Dispersionsklebstoffe für Elastomerbeläge nach DIN 16850
DIN E	53279 T4	-, Klebstoffe auf Basis von Kunstkautschuklösungen für Elastomerbeläge nach DIN 16850
DIN E	53279 T5	-, Reaktionsklebstoffe für Elastomer-Beläge nach DIN 16852
DIN	53281 T1	Prüfung von Metallklebstoffen und Metallklebungen; Proben, Klebflächenvorbehandlung
DIN	53281 T2	-; Proben, Herstellung
DIN	53281 T3	-; Proben, Kenndaten des Klebvorgangs
DIN	53282	-; Winkelschälversuch

DIN	53283	–; Bestimmung der Klebfestigkeit von einschnittig überlappten Klebungen (Zugscherversuch)
DIN	53284	–; Zeitstandversuch an einschnittig überlappten Klebungen
DIN	53285	–; Dauerschwingversuch an einschnittig überlappten Klebungen
DIN	53286	–; Bedingungen für die Prüfung bei verschiedenen Temperaturen
DIN	53287	–; Bestimmung der Beständigkeit gegenüber Flüssigkeiten
DIN	53288	–; Zugversuch
DIN E	53289	–; Rollenschälversuch
DIN E	53297	Prüfung von Kernverbunden; Zeitstandversuch
DIN	53444	Prüfung von Kunststoffen – Zeitstand-Zugversuch
DIN	53445	Prüfung von Kunststoffen; Torsionsschwingungsversuch
DIN	53452	Prüfung von Kunststoffen; Biegeversuch
DIN	53453	–; Schlagbiegeversuch
DIN	53454	–; Druckversuch
DIN	53455	–; Zugversuch
DIN	53456	–; Härteprüfung durch Eindruckversuch
DIN	53457	Prüfung von Kunststoffen – Bestimmung des Elastizitätsmoduls im Zug-, Druck- und Biegeversuch
DIN	53458	–; Bestimmung der Formbeständigkeit in der Wärme nach Martens
DIN	53512	Prüfung von Kautschuk und Elastomeren; Bestimmung der Rückprall-Elastizität
DIN	53513	Prüfung von Kautschuk und Elastomeren; Bestimmung der visko-elastischen Eigenschaften von Elastomeren bei erzwungenen Schwingungen außerhalb der Resonanz
DIN E	53520	Prüfung von Elastomeren; Torsionsschwingungsversuch
DIN E	53521	Prüfung von Kautschuk und Elastomeren; Bestimmung des Verhaltens gegen Flüssigkeiten, Dämpfe und Gase
DIN	53539	Prüfung von Elastomeren; Auswertung von Weiterreiß-, Trenn- und Schälversuchen
DIN E	53546	Prüfung von Elastomeren; Bestimmung der Kältesprödigkeitstemperatur bei Schlagbeanspruchung
DIN	53553	Prüfung von Kautschuk, Elastomeren, Hartgummi und Rußen; Bestimmung der mit Lösungsmitteln extrahierbaren Bestandteile
DIN E	53563	Prüfung von Latex; Bestimmung des Gehalts an Trockensubstanz
DIN E	53621 T9	Prüfung von Kautschuk und Elastomeren; Quantitative Bestimmung von Polymeren; Nachweis von vernetzten Polyurethanen
DIN	53735	Bestimmung des Schmelzindex von Thermoplasten
DIN E	53753	Prüfung von Kunststoffen; Schlagbiegeversuch an Probekörpern mit Loch- und Doppel-V-Einkerbung

DIN E	53781	Prüfung von Beschichtungen; Verfahren zur Prüfung der Beständigkeit gegen ionisierende Strahlung in kerntechnischen Anlagen
DIN	53788	Prüfung von wäßrigen Kunststoff-Dispersionen, Harzlösungen und ähnlichen Flüssigkeiten; Bestimmung der Viskosität mit definiertem Schergefälle
DIN E	54450	Prüfung von Metallklebstoffen und Metallklebungen; Zugversuch zur Bestimmung der Knotenanrißkraft von Metall-Wabenkernen
DIN E	54451	–; Zugscher-Versuch zur Ermittlung des Schubspannungs-Gleitungs-Diagramms eines Klebstoffes in einer Klebung
DIN	54452	–; Druckscherversuch
DIN	54454	Prüfung von Metallklebstoffen und Metallklebungen; Losbrechversuch an geklebten Gewinden
DIN	54455	Prüfung von Metallklebstoffen und Metallklebungen; Torsionsscherversuch
DIN	55405	Klebebänder
DIN E	55954	Bindemittel für Anstrichstoffe; Prüfung auf Mischbarkeit von Harzen
DIN E	55955	–; Prüfung auf Löslichkeit und Verdünnbarkeit von Harzen und Harzlösungen
DIN	65065	Luft- und Raumfahrt; Reaktionsharze für faserverstärkte Formstoffe; Technische Lieferbedingungen
DIN	65082	Luft- und Raumfahrt; Beizen von Aluminium in Chromschwefelsäure
DIN	65262	Luft- und Raumfahrt; Dichtmassen; Technische Lieferbedingungen
DIN	68141	Prüfung von Leimen und Leimverbindungen für tragende Holzbauteile
DIN	68601	Klebstoffe zur Verbindung von Holz- und Holzwerkstoffen; Begriffe
DIN E	68602	–; Beanspruchungsgruppen, Gütebedingungen
DIN	68603	–; Prüfung
DIN	86013	Rohre aus PVC hart für Schiffsrohrleitungen mit Klebverbindungen

(E = Normentwurf mit terminierten Einspruchsmöglichkeiten, T = separate Teile von Normen, auch einzeln erhältlich)

Normenausschuß Materialprüfung (NMP) im DIN Deutsches Institut für Normung e.V.
Alleinverkauf der Normen durch Beuth Verlag GmbH, Berlin 30 und Köln 1

12 ASTM-Normenverzeichnis

ASTM (American Society for Testing and Materials)

Specifications for:
*D 1779-65 (1977)	Adhesives for Acoustical Materials
C 557-73	Adhesives for Fastening Gypsum Wallboard to Framing
*D 3498-76	Adhesives for Field-Gluing Plywood to Lumber Framing for Floor Systems
D 1580-60 (1973)	Adhesives, Liquid, for Automatic Machine Labeling of Glass Bottles
D 2559-76	Adhesives for Structural Laminated Wood Products for Use Under Exterior (Wet Use) Exposure Conditions
*D 2851-70 (1977)	Liquid Optical Adhesive
*D 3024-78	Protein-Base Adhesives for Struktural Laminated Wood Products for Use Under Interior (Dry Use) Exposure Conditions

Specifications for:
D 1874-62 (1977)	Water- or Solvent-Soluble Liquid Adhesives for Automatic Machine Sealing of Top Flaps of Fiberboard Shipping Cases

Test Methods for:
*D 898-69 (1974)	Applied Weight per Unit Area of Dried Adhesive Solids
*D 899-51 (1977)	Applied Weight per Unit Area of Liquid Adhesive
*D 1174-55 (1976)	Bacterial Contamination. Effect of, on Permanence of Adhesive Preparations and Adhesive Bonds
*D 1146-43 (1976)	Blocking Point of Potentially Adhesive Layers
*D 1713-65 (1977)	Bonding Permanency of Water-or Solvent-Soluble Liquid Adhesives for Automatic Machine Sealing Top Flaps of Fiberboard Specimens
*D 1062-78	Cleavage Strength of Metal-to-Metal Adhesive Bonds
D 1781-76	Climbing Drum Peel Test for Adhesives
D 1084-63 (1976)	Viscosity of Adhesives
*D 2293-69 (1975)	Creep Properties of Adhesives in Shear by Compression Loading (Metal-to-Metal)
D 2294-69 (1975)	Creep Properties of Adhesives in Shear by Tension Loading (Metal-to-Metal)

*D 3535-76	Deformation Under Static Loading for Structural Wood Laminating Adhesives Used Under Exterior (Wet Use) Exposure Conditions. Resistance to
*D 1875-69 (1974)	Density of Adhesives in Fluid Form
D 1304-69 (1977)	Electrical Insulation, Adhesives Relative to Their Use as
*D 1184-69 (1975)	Flexural Strength of Adhesive Bonded Laminated Assemblies
*D 2183-69 (1974)	Flow Properties of Adhesives
D 3433-75	Fracture Strength in Cleavage of Adhesives in Bonded Joints
*D 950-78	Impact Strength of Adhesives Bonds
D 2739-72	Measuring the Volume Resistivity of Conductive Adhesives
*D 1151-72 (1979)	Moisture and Temperature. Effect of, on Adhesive Bonds
*D 1286-57 (1979)	Mold Contamination. Effect of, on Permanence of Adhesive Preparations and Adhesives Bonds
D 1489-69 (1977)	Nonvolatile Content of Aqueous Adhesives
D 1490-67 (1978)	Nonvolatile Content of Urea-Formaldehyde Resin Solutions
*D 903-49 (1978)	Peel or Stripping Strength of Adhesive Bonds
*D 1876-72 (1978)	Peel Resistance of Adhesives (T-Peel Test)
*D 2558-69 (1977)	Peel Strength of Shoe Sole-Attaching Adhesives. Evaluating
D 1916-69 (1974)	Penetration of Adhesives
D 1877-77	Permanence of Adhesive-Bonded Joints in Plywood Under Mold Conditions
*D 2979-71 (1977)	Pressure Sensitive Tack of Adhesives Using an Inverted Probe Machine
D 3121-73	Pressure-Sensitive Adhesives by Roll Ball
*D 896-66 (1979)	Resistance of Adhesives Bonds to Chemical Reagents
*D 1183-70 (1976)	Resistance of Adhesives to Cyclic Laboratory Aging Conditions
*E 229-70 (1976)	Shear Strength and Shear Modulus of Structural Adhesives
D 1337-56 (1976)	Storage Life of Adhesives by Consistency and Bond Strength
*D 906-64 (1976)	Strength Properties of Adhesives in Plywood Type Construction in Shear by Tension Loading
*D 905-49 (1976)	Strength Properties of Adhesive Bonds in Shear by Compression Loading
*D 1002-72 (1978)	Strength Properties of Adhesives in Shear By Tension Loading (Metal-to-Metal)
*D 2295-72 (1978)	Strength Properties of Adhesives in Shear by Tension Loading at Elevated Temperatures (Metal-to-Metal)
*D 2557-72 (1978)	Strength Properties of Adhesives in Shear by Tension Loading in the Temperature Range of $-267{,}8$ to $-55\,°\mathrm{C}$ (-450 to $-67\,°\mathrm{F}$)
*D 2339-70 (1976)	Test for Strength of Adhesives in Two-Ply Wood Construction in Shear by Tension Loading

*D 3528-76	Strength Properties of Double Lap Shear Adhesive Joints by Tension Loading
*D 2182-72 (1978)	Strength Properties of Metal-to-Metal Adhesives by Compression Loading (Disk Shear)
*D 2674-72 (1979)	Sulfochromate Etch Solution Used in Surface Preparation of Aluminium. Analysis of
*D 1383-64 (1976)	Susceptibility to Attack by Laboratory Rats of Dry Adhesive Films
*D 897-78	Tensile Properties of Adhesive Bonds
*D 1344-78	Tensile Properties of Adhesive, Cross-Lap Specimens for
*D 2095-72 (1978)	Tensile Strength of Adhesives by Means of Bar and Rod Specimens
*D 2556-69 (1974)	Viscosity, Apparent, of Adhesives Having Shear Rate Dependent Flow Properties
*D 1338-56 (1977)	Working Life of Liquid or Paste Adhesives by Consistency and Bond Strength

Recommended Practices for:

*D 3632-78	Accelerated Aging of Adhesive Joints by Oxygen Pressure Method
*D 2918-71 (1976)	Adhesive Joints Stressed in Peel, Determining Durability of
*D 2919-71 (1976)	Adhesive Joints Stressed by Tension Loading, Determining Durability of
*D 1828-70 (1976)	Atmospheric Exposure of Adhesive-Bonded Joints and Structures
*D 904-57 (1976)	Artificial (Carbon-Arc Type) and Naturel Light. Exposure of Adhesive Specimens to
*D 1780-72 (1978)	Conducting Creep Tests of Metal-to-Metal Adhesives
*D 3310-74 (1979)	Corrosivity of Adhesive Materials
*D 3482-76	Electrolytic Corrosion of Copper by Adhesives
D 1879-70 (1976)	Exposure of Adhesive Specimens to High-Energy Radiation
D 3434-75	Multiple-Cycle Accelerated Aging Test (Automated Boil Test) for Exterior Wet Use Wood Adhesives
*D 2651-79	Preparation of Metal Surfaces for Adhesives Bonding
*D 2093-69 (1976)	Preparation of Surfaces for Adhesive Bonding
D 896-66 (1979)	Standard Test Method for Resistance of Adhesive Bonds to Chemical Reagents
D 897-78	Standard Test Method for Tensile Properties of Adhesive Bonds.
D 903-49 (1978)	Standard Test Method for Peel or Stripping Strength of Adhesive Bonds

12 ASTM-Normenverzeichnis

D 905-49 (1976)	Standard Test Method for Strength Properties of Adhesive Bonds in Shear by Compression Loading
D 950-78	Standard Test Method for Impact Strength of Adhesive Bonds
D 1002-72 (1978)	Standard Test Method for Strength Properties of Adhesives in Shear by Tension Loading (Metal-to-Metal).
D 1062-78	Standard Test Method for Cleavage Strength of Metal-to-Metal Adhesive Bonds
D 1084-63 (1976)	Standard Test Method for Viscosity of Adhesives
D 1144-57 (1975)	Standard Recommended Practice for Determining Strength Development of Adhesive Bonds
D 1146-53 (1976)	Standard Test Method for Blocking Point of Potentially Adhesive Layers
D 1151-72 (1979)	Standard Test Method for Effect of Moisture and Temperature on Adhesive Bonds
D 1183-70 (1976)	Standard Test Methods for Resistance of Adhesives to Cyclic Laboratory Aging Conditions
D 1184-69 (1980)	Standard Test Method for Flexural Strength of Adhesive Bonded Laminated Assemblies
D 1304-69 (1977)	Standard Testing Methods Adhesives Relative to Their Use as Electrical Insulation
D 1337-56 (1979)	Standard Test Method for Storage Life of Adhesives by Consistency and Bond Strength
D 1338-56 (1977)	Standard Test Method for Working Life of Liquid or Paste Adhesives by Consistency and Bond Strength
D 1344-78	Standard Testing Methods Cross-Lap Specimens for Tensile Properties of Adhesives
D 1780-72 (1978)	Standard Recommended Practice for Conducting Creep Tests of Metal-to-Metal Adhesives
D 1781-76	Climbing Drum Peel Test for Adhesives
D 1828-70 (1976)	Standard Recommended Practice for Atmospheric Exposure of Adhesive-Bonded Joints and Structures
D 1876-72 (1978)	Standard Test Method for Peel Resistance of Adhesives (T-Peel Test)
D 2093-69 (1976)	Standard Recommended Practice for Preparation of Surfaces of Plastic Prior to Adhesive Bonding
D 2094-69 (1980)	Standard Recommended Practice for Preparation of Bar and Rod Specimens for Adhesion Tests
D 2095-72 (1978)	Standard Test Method for Tensile Strength of Adhesives by Means of Bar and Rod Specimens
D 2182-72 (1978)	Standard Test Method for Strength Properties of Metal-to-Metal Adhesives by Compression Loading (Disk Shear)

D 2183-69 (1974)	Standard Test Method for Flow Properties of Adhesives
D 2293-69 (1980)	Standard Test for Creep Properties of Adhesives in Shear by Compression Loading (Metal-to-Metal)
D 2294-69 (1980)	Standard Test Method for Creep Properties of Adhesives in Shear by Tension Loading (Metal-to-Metal)
D 2295-72 (1978)	Standard Test Method for Strength Properties of Adhesives in Shear by Tension Loading at Elevated Temperatures (Metal-to-Metal)
D 2557-72 (1978)	Standard Test Method for Strength Properties of Adhesives in Shear by Tension Loading in the Temperature Range from $-267{,}8$ to $-55\,°C$ (-450 to $-67\,°F$)
D 2651-79	Standard Recommended Practice for Preparation of Metal Surfaces for Adhesive Bonding
D 2739-72 (1979)	Standard Test Method for Volume Resistivity of Conductive Adhesives
D 2918-71 (1976)	Standard Recommended Practice for Determining Durability of Adhesive Joints Stressed in Peel
D 2919-71 (1976)	Standard Recommended Practice for Determining Durability of Adhesive Joints Stressed in Shear by Tension Loading
D 2979-71 (1977)	Standard Test Method for Pressure-Sensitive Tack of Adhesives Using an Inverted Probe Machine
D 3121-73 (1979)	Standard Test Method for Tack of Pressure-Sensitive Adhesives by Rolling Ball
D 3163-73 (1979)	Standard Recommended Practice for Determining the Strength of Adhesively Bonded Rigid Plastic Lap Shear Joints in Shear by Tension Loading
D 3166-73 (1979)	Standard Test Method for Fatique Properties of Adhesives in Shear by Tension Loading (Metal-to-Metal)
D 3310-74 (1979)	Standard Recommended Practice for Determining Corrosivity of Adhesive Materials
D 3433-75	Standard Test Methode for Fracture Strength in Cleavage of Adhesives in Bonded Joints
D 3528-76	Standard Test for Strength Properties of Double Lap Shear Adhesive Joints by Tension Loading
D 3658-78	Standard Recommended Practice for Determining the Torque Strength of Ultraviolet (UV) Light Cured Glass/Metal Adhesive Joints
D 3762-79	Standard Test Method for Adhesive-Bonded Surface Durability of Aluminium (Wedge Test)
D 3807-79	Standard Test Method for Strength Properties of Adhesives in Cleavage/Peel by Tension Loading (Engineering Plastics-to-Engineering Plastics)

D 3808-79	Practice for Qualitative Determination of Adhesion of Adhesives to Substrates by Spot Adhesion Test Method
E 229-70 (1976)	Standard Test Method for Shear Strength and Shear Modulus of Structural Adhesives
D 1144-57 (1975)	Strength Development of Adhesive-Bonds. Determining
D 3658-78	Strength of Ultraviolet (UV) Light-Cured Glass/Metal Adhesive Joints

Definitions of Terms Relating to
D 907-77 Adhesives

Anhang J

Glossar klebstofftechnischer Begriffe

Abbinden/Härten: Verfestigen der Klebstoffschicht durch physikalische oder chemische Reaktion.
Ablüftzeit: Zeit, welche die Lösungsmittelanteile benötigen, um zu verdampfen, bzw. zu verdunsten.
Adhäsion: Die Haftkräfte eines Körpers zu einem anderen Substrat (Klebstoff-Metall).
Festkörper: Auch Festkörpergehalt, alle nicht flüchtigen Anteile im Klebstoff.
Flammpunkt: Bezeichnung des Verdampfungspunktes eines Stoffes, z. B. Lösungsmittels. Dabei entsteht ein brennbares Luft-Gas-Gemisch (z. B. bei Aceton bei $-18\,°C$, bei Dieselöl bei $+55\,°C$.)
Härten: s. Abbinden.
Härter: Auch Beschleuniger oder Accelerator. Zusatzmittel um dem Grundstoff oder der Basis ein gewünschtes Reaktionsvermögen zu geben.
Harz: Basis eines Reaktionsklebstoffs.
Kleben: Zwei Körper mit Hilfe eines Klebstoffes so verbinden, daß sich diese wie ein Körper verhalten.
Klebefläche: Die zu klebende, geometrische Fläche eines Fügeteils oder Körpers.
Klebefuge: Der Zwischenraum zwischen zwei Klebeflächen, welcher durch die Klebstoffschicht ausgefüllt wird.
Klebstoff: Nichtmetallischer Werkstoff, welcher Substrate durch Adhäsion und Kohäsion verbindet.
Klebstoffilm: Auf eine Fläche flüssig oder fest (Transferband) aufgetragener Film aus Klebstoff.
Klebstoffschicht: Schicht zwischen zwei Fügeteilen (monomer oder polymer).
Klebspanne: Die Klebspanne gibt an, in welcher Zeit nach dem Auftrag, der Klebstoff für die Verklebung eingesetzt werden kann. (Nicht zu verwechseln mit der Ablüftzeit.)
Kohäsion: Die innere Festigkeit eines Körpers.
Konsistenz: Äußerer physikalischer Zustand eines Stoffes, z. B. dünnflüssig, zähflüssig usw., nicht zu verwechseln mit der Viskosität.
Kontaktklebstoff: Beide Fügeteile werden mit Klebstoff benetzt. Nach erfolgter Ablüftzeit werden die Teile unter hohem Druck zusammengefügt.
MAK-Wert: Kurzbezeichnung für „Maximale Arbeitsplatz-Konzentration": Sie stellt eine Klassifizierung der physiologischen Wirkung von Lösungsmittel dar, die angibt, welche Konzentration von einem Verarbeiter ohne Schwierigkeiten oder gesundheitsschädigende Wirkung ausgehalten werden können. Der MAK-Wert wird in Milligramm pro Kubikmeter Luft angegeben.
Mindest-Lagerzeit: Die angegebene Lagerzeit des Produkts, gerechnet ab Fabrikations- oder Lieferdatum.
Monomer: Monomerer Klebstoff ist ein nicht ausgehärteter, flüssiger Klebstoff.
Naßklebung: Meist nur einseitiger Klebstoffauftrag mit unmittelbarem Zusammenfügen der Flächen. Anfangshaftung meist gering, steigt aber mit der Verdunstung des Trägermaterials schnell an.
Polymer: Polymerer Klebstoff ist ein ausgehärteter Klebstoff.

Reaktivierung:
Lösungsmittel-Reaktivierung: Der trockene Klebstoff wird nach der Benetzung mit einem geeigneten Lösungsmittel wieder klebrig.
Wärme-Reaktivierung: Der trockene Klebstoff wird durch Wärmeeinwirkung wieder flüssig.
Temperatur-Einsatzbereich: Unter diesem Begriff versteht man die zumutbare Kälte- bzw. Wärmebelastung eines Klebstoffs.
Thixotrop: Bestimmter Zustand einer Flüssigkeit, die durch Umrühren oder Schütteln aus dem „Gel-Zustand" verflüssigt werden kann. Nach einer gewissen Ruhezeit jedoch in den „Gel-Zustand" zurückfällt.
Topfzeit: s. Verarbeitungszeit
Viskosität: Gibt über den inneren Widerstand einer Flüssigkeit Auskunft. Die Angabe erfolgt heute z. B. in mPa· s (Milli-Pascal · Sekunden.)
Verarbeitungszeit: Ist die Zeit zwischen der Zugabe eines Härters oder Beschleunigers zur Basis und der zugelassenen Applikationszeit. Sie bezeichnet den Moment, in welchem die Produktaushärtung soweit fortgeschritten ist, daß eine Weiterverarbeitung des Klebstoffs nicht mehr erfolgen darf.

Weiterführende Literatur

Althof, W., „Festigkeit von Klebeverbindungen bei dynamischer Beanspruchung": Seminarunterlagen 2004/27.3/1. TA Esslingen (1973).
Brockmann, W., „Über Haftvorgänge beim Metallkleben", *Adhäsion* **13,** (1969), S. 9 u. 11, 14 (1970).
Brockmann, W., Hennemann, O., Kollek, H., „Relativität und Morphologie von Metalloberflächen als Basis für ein Modell der Adhäsion", *Farbe + Lack* **5,** S. 86 (1980).
Brockmann, W., „Über Haftvorgänge beim Metallkleben", *Adhäsion* **9** (1969) u. **11** (1970).
De Bruyne, N., „The strength of glued joints", *Aircraft Eng.* **4** S. 115 ff (1944).
Ciba-Geigy, Basel: *Technische Informationsblätter Epoxidklebstoff.* Ciba-Geigy, Basel (Schweiz).
Dimter, L., *Klebstoffe für Plaste.* VEB-Verlag Leipzig (1969).
Eichhorn, F., Hahn, O., „Festigkeitsverhalten von Metallklebungen bei verschiedenen Beanspruchungsarten", *Technische Mitteilungen* **7** S. 65 (1972).
Endlich, N., *Kleb- und Dichtstoffe in der modernen Technik.* Giradet-Verlag, Essen (1980).
Fauner, Endlich, „Klebtechnik einfach dargestellt": Physikalisch-Chemische Grundlagen. *Verbindungstechnik* **9** (1977).
Habenicht, G., *Kleben.* Grundlagen, Technologie, Anwendung. Springer-Verlag, Berlin (1986).
Hahn, „Die Metallklebetechnik vom Standpunkt des Konstrukteurs", *Konstruktion, Journ.* **8,** S. 127 (1956).
Hinterwaldner, R., „Klebstoffe, Dichtungsmassen und Anwendungstechnologien der Achtziger Jahre", *Kunststoff* **10** (1979).
Imohl, W., „Eigenschaften und Anwendung von Polyamidschmelzklebern", *Coating* **9** S. 214 ff. (1975).
Jordan, O., *Das Kleben von Kunststoffen.* Hanser-Verlag, München (1963).
Keown, R., „Vereinfachtes Konstruktionskleben mit den Acrylatklebstoffen der 2. Generation", *VDI-Ber.* **360,** VDI-Verlag, Düsseldorf (1980).
Kimbal, M., „Polyurethane adhesives, properties and bonding procedures", *Adhes. Age* **6** (1981).
Kinloch, A. J., *Durability of Structural Adhesives.* Applied Science Publishers, APS London (1980).
Köhler, R., „Physikalische Grundlagen der Klebevorgänge", *Adhäsion* **2** u. **3** (1972).
Krebs, P., „Fügen mit Methacrylat-Klebstoffen", *Werkstatt u. Betrieb* **6,** S. 374 (1981).

Kuenzer, F.V., „Einfluß der Rauhigkeit von Stahloberflächen auf die Benetzung und Haftung beim Verbund mit Epoxidklebstoffen". Dissert. (1979) Technische Universität Berlin.

Kurek, E. G., „Klebgeschrumpfte Radsitze, viele Vorteile für die Eisenbahn jetzt und in Zukunft", *ZEV-Glas Ann. 101* **3** (1977).

Lees, W. A., *Adhesives in Engineering Design*. Springer-Verlag (1984).

Mattny, A., *Metallkleben, Technologie, Prüfung, Verhalten, Anwendung*. Springer-Verlag (1969).

Michel, M., „Die Klebstoffe. Eigenschaften und Verarbeitung", *VDI-Ber.* **258**, S. 13 ff (1976).

Niemann, G., *Maschinenelemente*, Bd. 1. Springer-Verlag, S. 168 ff, Berlin (1975).

Pohl, A., *Klebeverbindungen*. Theorie und Anwendung. Hallwag-Verlag, Bern (1961), Blaue TR-Reihe 44.

Reich, K., Tomaschek, H., „Fortschritte auf dem Gebiet der Cyanacrylat-Klebstoffe", *Adhäsion* **7** u. **8** S. 118 ff. (1981).

Ruhsland, K., „Vibrationskleben", *Adhäsion* **23** S. 6 (1970).

Schindel-Bidinelli, E. H., *Strukturelles Kleben und Dichten*. Hinterwaldner-Verlag München (1988).

Schindel-Bidinelli, E. H., „Sekundenklebstoff für viele Zwecke", *Verbindungstechnik* **7**, 5. Jahrgang S. 31 ff. (1973).

Schliekelmann, R. J., *Metallkleben*. Verlag für Schweißtechnik, Düsseldorf (1972).

Schneeberger, G., „Surface preparation", *Adhes. Age* (1985).

Simon, G., „Kohäsion von Klebstoffen", *Adhäsion* **18** (1974).

Skeist, Jr., *Handbook of Adhesives*. 2nd ed., van Nostrand, Reinhold Co., London.

Trietsch, F. K., *Die Metallklebung*. DEVA-Verlag, Stuttgart (1960).

VDI-Richtlinie Nr. 2229: *Metallverbindungen*. Hinweise für Konstruktion und Fertigung, VDI-Verlag Düsseldorf (1961).

Volkersen, O., „Die Schubkraftverteilung in Leim-Niet und Bolzenverbindungen", *Energietechnik* **3**, S. 68 ff, **5** S. 103 ff, **7** S. 150 pp (1953).

Walter, H., „Die Grundlagen der Adhäsionstheorien", *Adhäsion* **12**, S. 542 ff (1968).

Wake, C.W., *Developments in Adhesives* 1. APS Publ. LTD, London (1977).

Register

Abbinden 316
Abdichten
- Flächen 62 f
- Rohrverschraubungen 62
- von Verbindungen 79 f
Abdichtungsarten 71 ff
- für Blech- und Stahlkonstruktionen 78 f
Ablüftzeit 316
Ablüftung 158
Abminderungsfaktoren 213 f
Abschälen 190
Absorption 10, 14
Acrylate 286
Acryl-Butadien-Styrol (ABS)
- Vorbehandlung 145
Acrylnitril-Butadien-Styrol 282
Adhäsion 9 ff, 66, 113, 316
- chemische 10, 13
- mechanische 106
- physikalische 10, 14
- Versuch zur Darstellung 15 ff
Adhäsionsbruch 175
Adhäsive 65
Adsorption 10, 14
- skräfte 10
- sschicht 113
Agomet-Klebstoffe
  s. MMA-Klebstoffe
Aluminium 124, 133
- anodisch oxidiertes 124
- Ätzlösungen 124
- Legierungen 124

anaerobe Klebstoffe 286
- Alterungsverhalten 269
- anwendungstechnischer Hinweis 39 ff
- Aushärtung 266
- Dauerfestigkeit 270
- Fugeflächengröße 270
- Materialeinfluß 267
- Rauhtiefen 267
- Spaltbreiten 268
- Temperaturbeständigkeit 269
Anzugsmoment 43
Arbeitsablauf beim Klebeprozeß 157 f
Arbeitsgeräte 228
Arbeitshygiene 226
Arbeitsplatzgestaltung 155 f
Arbeitssicherheit 223 ff
arithmetischer Mittelwert 116
Asbest
- Vorbehandlung 150
ASTM-Normenverzeichnis 308 ff
Ausdruckkraft 216
Aushärtung 158 f
- Druckabhängigkeit 161 ff
- Lösungsmittelklebstoff an PMMA 234
- Raumbedingungen 161 f
- Temperaturabhängigkeit 160
- Zeitabhängigkeit 159
Aushärtungsmechanismus 30
Ausnutzungsfaktor 209

Bakelite 4
Beanspruchungsarten 185
Behandlung von Klebeverbindungen 169 ff
Beizen 120
s. a. Vorbehandlung von Oberflächen
Belastung
- axial dynamische 40
- dynamische Quer- 40
Beton
- Vorbehandlung 150
Betriebsmoment
- übertragbares 217
Biegemoment 207
Blei 127
Blooming-Effekt 37
Brandgefahr 227
Brockmann
- Dehnungsverhalten nach 201
Bruchlast 210
Bruchmoment 194
Butadien-Acrylnitril-Kautschuk 69
Butyl-Kautschuk 69

Cadmium 127
Celluloseacetat (CA) 283
- Vorbehandlung 146
Cellulosepropionat 283
Chrom 127, 133
Cyanacrylate 286
- Kunststoffverklebungen 262 ff
- Zugscherfestigkeit 259 ff
α-Cyanacrylsäureesterklebstoff 36 f

Dauerfestigkeit 215
de Bruyne
- Gestaltfaktor nach 205
Dehngrenze 200
Dehnschrauben 51 f
Demontage 177
Dichtstoffe 66 f
- Definition 65

- Silikonkautschuk 68
- Soll-Fugenbreite, Berechnung 86 f
- Verformungseigenschaften 81 f
Dichtung
- Anwendungsbeispiele 73 ff
- Feststoff- 72 f
- Flächen- 71
- technische 70 f
Dichtungsmassen 65 f
- Butadien-Acrylnitril-Kautschuk 69
- Butyl-Kautschuk (IIR) 69
- elastische 81
- plastische 78, 81
- Polyurethan 70
- profilierte 82
- ungeformte 82
- Verarbeitung 84
Dichtungsmaterialien
- Definition 65
Diffusionsklebung 13
Dimensionierungsverfahren 196 ff
DIN-Normenverzeichnis 302 ff
Doppellasche 192 f
Druck 161
Druckscherfestigkeit 54 ff, 239
Duroplaste 100, 262 f
- Übersicht 284

Edelsteine
- Vorbehandlung 150
Einkomponenten-Klebstoff 32, 34 ff
- anaerobe 38
- mit Härterlack 34
- pastös, reaktive 165 f
- Reaktion durch Luftfeuchtigkeit 36
- Reaktion durch Wärmezufuhr 32
- UV härtend 35
Elastomere 100
Elastomerklebungen 264
Epoxide 284, 286
Epoxidharz
- Vorbehandlung 141, 146

Epoxidklebstoff 31
s. a. Zweikomponenten-Klebstoff
- Abbindegeschwindigkeit 251
- Aushärtung 241
- Bindefestigkeit 246
- Härtung mit Aminen 247
- Klebstofftemperatur 245 f
- Metallklebungen 248 f
- Reaktionstemperatur 246 f
- Verklebung einer Rohrverbindung 294 f
- Zugscherfestigkeit 242 ff
Ethylentetrafluorethylen (ETFE)
- Vorbehandlung 146

Fehlverklebungen
- Ursachen 219
Fertigungsbedingungen 156 f
Fertigungskosten 60
Festigkeit 106 ff, 181 f
Festigkeitsbestimmung 199 f
Festkörper 316
Flächendichtung 71 ff
Flammpunkt 316
Fluorethylenpropylen
- Vorbehandlung 146
FPL-Beizen 126
Frey
- optimale Überlappungslänge nach 202
Fügeteil
- Berechnung, Bewertung geklebter 194 f
- klebegerechte Vorbehandlung 119 f, 157 f
- Klebefestigkeit 212
- Krafteinwirkung 182
- Materialbruch 176 f
- Verformung 200
Fügeteilfaktor 208
Fügeteiloberfläche 111 f, 121, 136
- Bearbeitungseinflüsse 118 f

Fügeteiltemperatur 54
Fügeverbindungen 52 ff
- Fertigungskosten 60 f

Gefahren 300
geschäftete Verbindung 202
Geschichte 1 ff
- der Dichtungsstoffe 3 f
- der Klebetechnik 2
Gestaltfaktor
- nach de Bruyne 205
Gestaltungsrichtlinien 186 f
Gips
- Vorbehandlung 153
Glas
- Vorbehandlung 151 f
Glättungstiefe 115
Gleitpassungen 52 f
- mit Klebstoff 55 f
- mit Keil und Klebstoff, Berechnung 56 f, 216 f
Gold 127
Graphit
- Vorbehandlung 153
Gummi-Gummi-Verklebung 265
Gummi-Metall-Verklebung 264

Haftklebstoff 28
Haftreibung 23
Haftreibwert 23
Handhabung 223 ff
Harnstoffformaldehyd 284
Härten
s. a. Abbinden
- im Autoklaven 163
- im Vakuum 162
Härter 316
Harz 316
Hotmelt-Klebstoff
- Verklebungsablauf 240
Handhabung 223 ff
Harnstoffformaldehyd 284

324 *Register*

Härten
s. a. Abbinden
- im Autoklaven   163
- im Vakuum   162
Härter   316
Harz   316
Hotmelt-Klebstoff
- Verklebungsablauf   240

Kautschuk
- Vorbehandlung   149
Klebebänder
- Anforderungen   91
- Aufbau   89 f
- Eigenschaften   92 f
- Einsatz   94
- Herstellung   95 f
Klebefläche   316
Klebeflächen
- Vorbehandlung   132 f
Klebe-Flanschverbindungen
- Berechnung der Überdeckungslänge   217
Klebefuge   316
Klebelösungen   26
Kleben   316
- Einordnung innerhalb der Fertigungsverfahren   7
Klebeprozeß
- Arbeitsablaufschema   157 ff
Klebeverbindungen
- Behandlung bei Weiterverarbeitung   169 ff
- Biegemoment   207
- Dauerfestigkeit   215
- Dimensionierungsverfahren einfach überlappter   196 f
- dynamisch beansprucht   215
- Einflußfaktoren auf Festigkeit   182, 185, 198
- Einteilung   235 f
- Festigkeitsberechnung   213

- Gestaltung   186 ff
- Grundformen   191
- Kontrolle, Prüfung   171 ff
- Nachteile   184
- Nahtformen   192 f
- Vorteile   184
- Wiederherstellen   178
- Zerstörung, Demontage   177 f
Klebnutzungsfaktor   209
Klebnutzungsgrad   209
Klebspanne   316
Klebstoffauftrag   54 f, 163 ff
Klebstoffbruch   175 f
Klebstoffdicke   212
Klebstoffe   316
- als Dichtungsmasse für Blech- und Stahlkonstruktion   78 ff
- anaerobe   39 ff
- Aufgaben   19
- Auftrag   163 ff
- Aushärtung   27, 30, 33, 158 ff
- Bearbeitung von ausgehärteten   230
- Berechnungsbeispiel   57 f
- chemische Basis   25
- chemisch reagierende   30, 106 f
- Definition   6, 65
- Einkomponenten-   32 ff
- elastische   78
- Kraftübertragung   107
- Lagerung   223
- natürliche   26
- physikalisch abbindende   30, 106 f
- reaktivierbare   30
- synthetische   4 ff
- Zweikomponenten-   31
Klebstoffestigkeit
- Einfluß der Fügeteildicke   207
Klebstofffilm   316
Klebstoffschicht   316
Klebstofftemperatur   160
Kohäsion   11, 111, 113, 316
Kohäsionsbruch   176

Kohle
- Vorbehandlung 153
Konditionierung 158
Konsistenz 316
konstruktive Gestaltung 209
Kontaktklebstoff 28, 316
Kontaktwinkel 106
Korona-Vorbehandlung 120, 144
Korrosion 24
- sbildung 24
- serscheinungen 54 f
Krafteinwirkungen 182 f
Kreidl-Verfahren 143
Kunststoffe 98 ff
- Klebbarkeit 102 f
- Polarität 101 f
- Vorbehandlung 134 ff, 145
- Zugscherfestigkeit 104 f
Kunststoffoberfläche 113
Kupfer 127, 133

Laschung 194
Leder
- Vorbehandlung 153
Leime 26
Lösungsmittel 179
Lösungsmittelklebstoff 27, 164
- Aushärtung 234
- Bindefestigkeit 237
- offene Zeit 238
Lötzinn 127

Magnesium 128, 133
MAK-Wert 316
Materialbruch 111
Materialverbund 108
mechanische Bearbeitung 170
Melaminformaldehyd 284
Messing 128
Metalle
- Vorbehandlung 127 ff
Metalloberfläche 113 f

Mindest-Lagerzeit 316
MMA-Klebstoffe
- Härtungsverlauf 257
- Zugscherfestigkeit 257 f
Monomer 316

Nabenbreite 194
Nabengeometrien 211
Nahtabdichtung 76 f, 79
Naßklebung 316
Nickel 128
Niederdruckplasma
- Vorbehandlung 121

Oberflächen
- aktive 97
- Kontaktwinkel bei Flüssigkeitsbenetzung 104
- künstlich hergestellte 119
- passive 97
Oberflächenbehandlung 122
- chemische (Tabelle) 130 ff
Oberflächenbeschaffenheit 112, 114 f
- Meßprinzipien 117
Oberflächeneigenschaft 112
Oberflächenrauheit 55
Oberflächenspannung 117 f
Oberflächentechnik 113 f
optische Verklebungen 167 f

persönlicher Schutz 224
Phenolformaldehyd 284
physikalische Größen 272 ff
Pickling-Beizen 125
Platin 127
Plexiglas
- Vorbehandlung 136

Polyacetal 139
- Vorbehandlung 147
Polyaddition (Definition) 30
Polyamide 283

- Vorbehandlung   136, 141, 146
Polycarbonat   120, 283
- Vorbehandlung   136, 141, 147
Polychlortrifluorethylen (ECTFE)   146
- Vorbehandlung   148
Polyester   284
Polyethersulfon
- Vorbehandlung   147
Polyethylen (PE)   103, 120, 282
- Vorbehandlung   139, 144 f, 147 f
- Zugscherfestigkeit   105
Polyethylenterephthalate
- Vorbehandlung   141
Polyimid
- Vorbehandlung   147
Polyisobutylen   103
Polykondensation (Definition)   30
Polymer   316
Polymerisation (Definition)   30
Polymethylmethacrylat   103, 283
- Vorbehandlung   136, 147
Polyoxymethylen   120, 283
- Vorbehandlung   140, 147
Polyphenylenoxid
- Vorbehandlung   148
Polypropylen   103, 282
- Vorbehandlung   139, 148
- Zugscherfestigkeit   105
Polystyrole   282
- Vorbehandlung   136, 139, 148
Polysulfon   283
- Vorbehandlung   147
Polyterephthalsäureester   103
- Vorbehandlung   147
Polytetrafluorethylen (PTFE)   103, 118, 120, 283
- Vorbehandlung   148
- Zugscherfestigkeit   103
Polytetrafluorethylen-Perfluorethylen
- Vorbehandlung   139, 147
Polytrifluorethylen
- Vorbehandlung   148

Polyurethan-Dichtungsmassen   70
Polyurethane   284
- Vorbehandlung   140, 149
Polyurethanklebstoff   31, 36
s. a. Zweikomponenten-Klebstoff
- Abbindeverhalten   252
- Einfluß von Beschleunigern   254
- offene Zeit   255
- Zugscherfestigkeit   253
Polyvinylchlorid (PVC)   103, 282
- Vorbehandlung   136, 140, 148
Polyvinylchloridacetat
- Vorbehandlung   148
Polyvinylfluoride
- Vorbehandlung   148
Polyvinylidenchlorid
- Vorbehandlung   148
Polyvinylidenfluorid
- Vorbehandlung   148
Porzellan
- Vorbehandlung   153
Preßpassungen   52 f
- mit Klebstoff   54 f
Prüfung von Klebeverbindungen   171 ff

Rauhtiefen   58, 115
- und Bearbeitungsgüten   123
Raumbedingungen   161 f
Reaktionsklebstoffe   164
- Übersicht   286
Reaktivierung   317
Reibungswerte   43 ff
Reinigung
- von Kunststoffoberflächen   135 ff
- von Nichtmetallen   151
Resorzin-Formaldehyd-Harz
- Vorbehandlung   149
Rohrverschraubungen   62
R/S-Sätze   300

Sandstrahlgerät 137
Schäftung 202
Schälkraft 183
Schälwiderstandsmessung (Diagramm) 183
Schallisolierung 107
Schmelzklebstoff 29, 166
Schmiedeisen 128
Schraubenverbindungen 39
- Sichern von 45 ff
- Ursachen für das Lösen von 39 ff
Schrumpfpassungen 52 f
- mit Klebstoff 54
Sicherheitsratschläge 300
Silber 127
Silikonkautschuk 68, 142
Silikonklebstoffe 25, 36
Sintermetalle 98
Soll-Fugenbreite 86
- Berechnung 86 ff
Spaltbreite 58 f
Spaltkraft 183
Spannungsverteilung 20 ff
- Einfluß der Fügeteildicke 207
Stahl 128
- rostfrei 129
- verzinkt 129
Streckdehnungsgrenze 200
Streckgrenzfestigkeit 202
Streckgrenzspannung 202
Styrolacrylnitril 282
Styrol-Acrylnitril-Copolymer
- Vorbehandlung 149
Styrolbutadien 282
- Vorbehandlung 149

Temperatur 160 f
Temperatur-Einsatzbereich 317
Thermoplaste 99, 262 f
- Übersicht 282 ff
Thixotrop 317
Titan 127, 133

Topfzeit 317
Torsionsfestigkeit 54 ff, 217
Trockenstrahlen 137

Überlappung
- abgeschrägte 192 ff
- abgesetzte 192 ff
- einfache 194
- gefalzte 192 ff
- rotationssymmetrische 192
Überlappungslänge
- Berechnung 197
- Berechnung bei Klebe-Flanschverbindungen 217 f
- optimale 199 ff
Überlappungsverhältnis 205
Übermaß 54 f
Umrechnungsfaktoren 276 ff
Urethane 286

Van-der-Waals-Kräfte 12
Verankerung 10, 13
Verarbeitungszeit 317
Verkleben
- Kunststoffe 98
- Metalle 97 f
- Sinterlager 98
Verklebung
- hochbeanspruchte 167
- optische 167 f
Viskosität 317
Volumeneigenschaft 111
Vorbehandlung von Kunststoffen 134 ff
Vorbehandlung von Oberflächen 119 ff
- schematische Darstellung 122
Vorspannkraft 43 f

Waalwijk-Verfahren 149
Wärmeisolierung 107
Wasserhaut 152

Werkstoffe
- harte 105
- Oberflächeneigenschaften 111 f
- physikalische Eigenschaften 288
- Verklebbarkeit 97
- Volumeneigenschaften 111
- Wärmeausdehnung 292
- weiche 106
Werkstoffoberflächen 111, 117 ff
- kritische Beurteilung 121 f
Widerstandsmoment 207
Wolfram 129
Wöhler-Kurve 213

Zelluloid 4
Zink 133, 134
Zinn 127
Zugkraft 183
Zugscherfestigkeit 104, 201, 206
- als Funktion des Überlappungsverhältnisses 198
- Diagramm 161
- Einfluß der Fügeteildicke 207 f
- Einfluß der Klebebreite auf 210
- Einfluß der Klebschichtdicke bei unterschiedlichen Verformungsverhalten 212 f
Zugscherkraft 183
Zukunftsaussichten 231 f
Zweikomponenten-Klebstoff 31, 32 f
- Klebstofftemperatur 247

Iromer Chemie, *die: Hersteller von Polyurethan-Harzen (IROSTIC) sowie Vernetzern für PUR- und Neopren-Klebrohstoffe (IRODUR).*

IROSTIC und IRODUR sind Markennamen für Polyurethan-(PUR)-Rohstoffe zur Formulierung von Klebstoffsystemen.

Auf Polyester-Basis hergestellt, zeichnen PUR-Harze der IROSTIC- und die Härter der IRODUR-Serie durch gute physikalische Eigenschaften und anwenderfreundliche Verarbeitbarkeit aus.

IROSTIC und IRODUR sind aufgrund ihrer chemischen Konstellation hervorragend für physikalisch und chemisch anspruchsvolle Verbindungen geeignet. Sie finden ihre Anwendung daher besonders in der Schuhindustrie, z. B. mit guter Haftung auf Weich-PVC und anderen Kunststoffen. In der Automobilindustrie werden die IROSTIC-Typen bevorzugt als Sprühaufkleber für die Verbindung von Dekorfolien und textilen Belägen auf Hartfaser- und Schaumuntergründen eingesetzt.

Darüberhinaus umfaßt das PUR-Programm der IROSTIC- und IRODUR-Serie intelligente Problemlösungen, die nach speziellen Kundenwünschen (z. B. Viskositäten und Formulierungen) entwickelt werden und in den verschiedensten Bereichen der Klebstoffindustrie ihren Einsatz finden.

IROMER Chemie
speziell • schnell • individuell

IROMER Chemie GmbH
Hafenringstraße 1
D-4500 Osnabrück

Telefon: 05 41/1 21 91-0
Telex: 9 4 657 iromer d
Telefax: 05 41/12 76 12

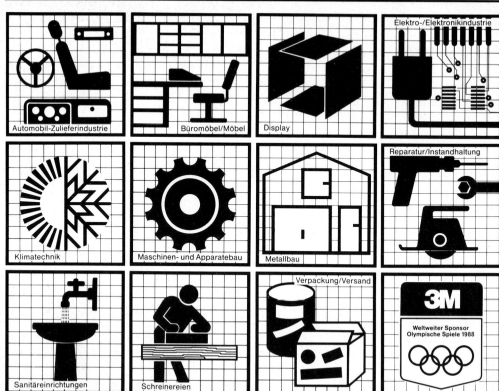

Der erfolgreiche Weg
von der starren zur
elastischen Verbindung
in der Industrie.

Sika AG
Geschäftsbereich Industrie   CH-8048 Zürich   Tel. 01/436 40 40   Fax 432 33 62

Fortuna-Werke Maschinenfabrik GmbH, Stuttgart-Bad Cannstatt, Postfach 50 04 40, Pragstraße 140
D-7000 Stuttgart 50, Telefon (07 11) 89 93-1, Telefax (07 11) 89 93-3 30, Telex 7 22 077 fospe d

sekunden-schnell kleben mit SICOMET

(Henkel)

Verbindet Metalle, Kunststoffe und Elastomere.

SICOMET-Cyanacrylatklebstoffe kleben sauber, sicher, wirtschaftlich. SICOMET, der weltweit bewährte Einkomponenten-Klebstoff.

Ein Unternehmen der Henkel-Gruppe:

SICHEL-Werke GmbH
3000 Hannover 91
Tel. 0511/2140-235
Telex 922129
Telefax 0511/2140-230

Klebstoffe – Leime – Dichtungsmassen Klebbänder – Bindemittel – Kleb- und Dichttechnologie

Haben Sie Probleme mit ROHSTOFFEN in Herstellung und Anwendung,

und suchen Sie Know-how, Rezepturen, Innovationen, eine periodische Fachberatung

dann sind wir die Fachleute mit 30jähriger internationaler Erfahrung.

Unsere Aktivitäten:
- Klebstoffe und Leime
- Dichtungsmassen und Kitte
- Reaktionsklebstoffe
- Haftklebstoffe
- Klebbänder
- Verbundfolien
- Strahlentechnik (UV und ESH)
- Papier- und Substratveredelung
- Releasepapiere
- KLEBTECHNIK und Gutachten

RUDOLF HINTERWALDNER UND PARTNER
Beratende Chemiker
Postfach 90 04 25 · D-8000 München 90

sichern
befestigen
dichten
mit

omniFIT Seal 50 H und omniFIT FD 20 Dichtungsmaterialien für die Gasversorgung, aushärtendes Dichtungsmaterial für Gewindeverbindungen in Armaturen und Gasgeräten Festigkeitsklasse 3 .... DIN-DVGW-geprüft, Lieferung in praxisgerechten 50-g-und 200-g-Tuben.

Anaerobe Einkomponenten-Klebstoffe für die metallverarbeitende Industrie.

omniFIT sichert Gewinde, befestigt Lager und dichtet Flanschverbindungen.
omniFIT – auch automatisch dosierbar.
omniFIT in unterschiedlichen Festigkeitsklassen.
omniFIT – die bewährte Alternative zu mechanischen Befestigungsmitteln.

Ein Unternehmen der Henkel-Gruppe:

omniTECHNIC GmbH
3000 Hannover 91
Tel. 0511/21966-12
Telex 9218179

ÜBER 30 JAHRE FACHVERLAG FÜR KLEB- UND DICHTSTOFFE, KLEB- UND DICHTTECHNIK

„Strukturelles Kleben und Dichten"
von Eduardo H. Schindel-Bidinelli

Teil 1: Grundlagen des strukturellen Klebens und Dichtens, Klebstoffarten, Kleb- und Dichttechnik
ca. 430 Seiten

Preis: ca. DM 122,–
ca. SFr 110,–
ca. ÖS 940,–

Aus dem Inhalt:
Allgemeine Grundlagen, Kleb- und Dichtstoffe in der Technik und ihre Aufgaben, Chemischer Aufbau und Art der Kleb- und Dichtstoffe – Kontaktklebstoffe – Dispersionsklebstoffe – Klebbänder und Klebfolien – Schmelzklebstoff – Reaktionsklebstoffe – Polykondensationsklebstoffe – Polyadditionsklebstoffe – Reaktive Klebstoffolien – Dichtungsmassen – Werkstoffe und deren Verklebbarkeit – Klebtechnische Eigenschaften der Werkstoffe wie Metalle, Kunststoffe und Elastomere, sonstige Werkstoffe – Elektrotechnik und Elektronik, Vorbehandlung der Werkstoffe – Grundlagen der Kleb- und Dichttechnik – Herstellung von Kleb-und Dichtverbindungen – Verarbeitungsvorrichtungen Kleb- und Dichttechnik – Raumgestaltung – Umgang mit Klebverbindungen – Kontrollen und Prüfverfahren – Zerstörende und zerstörungsfreie Prüfverfahren – Fehlverklebungen und ihre Ursachen – Fehlerquelle Kleb- und Dichtstoffe – Kleb- und Dichttechnik – Überwachungsprogramm – Konstruktionsbedingte Fehler – Demontage von Kleb- und Dichtungsverbindungen – Arbeitshygiene und Arbeitsschutzmaßnahmen, Wirtschaftlichkeit und Wertanalyse, Produkthaftung, Klebtechnische Begriffe.

Weitere Publikationen

Vortragsbroschüren der **Internationalen Klebtechnik-Seminare** (seit 1980)
„Holz- und Kunststoffverklebungen" (Band 1) – „Kleben, Dichten, Sichern und Befestigen im Fahrzeugbau-, Maschinen- und Anlagenbau" (Band 3) – Kleben und Leimen rund um's Holz" (Band 5) – „Aktuelle und zukünftige Aufgaben beim Kleben und Dichten in der Praxis des Fahrzeugbaus" (Band 6) – „Praxis des strukturellen Klebens in der Elektrotechnik, Elektronik und verwandten Gebieten" (Band 7) – „Hoch-und tieftemperaturbeständige Kleb- und Dichtstoffe und deren Einsatzgebiete" (Band 8) – Strukturelles Kleben und Leimen im Holzleimbau" (Band 9) – „Strukturelles Kleben und Dichten im Fahrzeugbau, fertigungstechnische Aufgaben und Lösungen in Gegenwart und Zukunft" (Band 10)

Klebstoff-Monographien
von Ralf Jordan

„Schmelzklebstoffe" Band 4a Rohstoffe – Herstellung (1985)
„Schmelzklebstoffe" Band 4b Anwendungen – Einsatzgebiete (1986)
„Schmelzklebstoffe" Band 4c Rohstoffe – Herstellung – Anwendung (1987)
„Haftklebstoffe" Lösungsmittelhaltige und wäßrige Systeme (voraussichtlich Ende 1988)
„Schmelzhaftklebstoffe" (voraussichtlich 1989)

Klebstoff-Dokumentum (seit 1968) monatlich erscheinende Referate-Karten

Sachgebiete: Rohstoffe – Herstellung – Technik des Verklebens – Anwendung nach Werkstoffen und Branchen
über 1.200 signalisierende Inhaltsreferate/Jahr aus der internationalen Patent- und Zeitschriftenliteratur
Fordern Sie Musterkarten an!

**HINTERWALDNER VERLAG, Postfach 900425
D-8000 München 90, Telefon: (089) 6908151**